美丽乡村生态建设丛书

农村地区
生活污染防治

熊文　总主编

时亚飞　汪淑廉　主编

长江出版社
CHANGJIANG PRESS

图书在版编目(CIP)数据

农村地区生活污染防治 / 时亚飞，汪淑廉主编.
—武汉：长江出版社，2021.1
（美丽乡村生态建设丛书 / 熊文总主编）
ISBN 978-7-5492-7527-4

Ⅰ.①农… Ⅱ.①时… ②汪… Ⅲ.①农村－污染防治－
研究－中国 Ⅳ.①X505

中国版本图书馆 CIP 数据核字(2021)第 009086 号

农村地区生活污染防治   时亚飞 汪淑廉 主编

责任编辑：张蔓

装帧设计：汪雪 彭微

出版发行：长江出版社

地 址：武汉市解放大道 1863 号   邮 编：430010

网 址：http://www.cjpress.com.cn

电 话：(027)82926557(总编室)

      (027)82926806(市场营销部)

经 销：各地新华书店

印 刷：武汉市首壹印务有限公司

规 格：787mm×1092mm   1/16   13.25 印张   287 千字

版 次：2021 年 1 月第 1 版   2021 年 1 月第 1 次印刷

ISBN 978-7-5492-7527-4

定 价：39.00 元

《美丽乡村生态建设丛书》

编纂委员会

主　　任：熊　文

委　　员：（按姓氏笔画排序）

刘小成　李　祝　李　健　时亚飞　吴　比　汪淑廉

张会琴　高林霞　黄　羽　黄　磊　彭开达　葛红梅

《农村地区生活污染防治》

编纂委员会

主　　编：时亚飞　汪淑廉

副 主 编：张会琴　葛红梅

编写人员：（按姓氏笔画排序）

丁成程　王　春　王　铮　朱兴琼　李　政　李晓冉

李　健　吴　比　邹兵兵　宋　娜　周　梅　夏　浩

高林霞　黄　羽　黄　磊　梅泽宇　彭开达　黎　甜

总前言

提到乡村，你第一时间会联想到什么？

是孟浩然"绿树村边合，青山郭外斜"的理想居住环境，是马致远"小桥流水人家"的诗意景象，还是传世名篇《桃花源记》中记载的悠然自得的农家生活？

是空心村、破瓦房、荒草地，是满眼荒芜、贫困破败，还是"晴天扬灰尘，雨天路泥泞"的不堪？

一直以来，这两种情景交织在一起，构成了人们对乡村的第一印象，也让现代人对乡村的情感变得复杂而纠结。

但从 2013 年开始，乡村建设却出现了历史性的重大转折。

这一年的 12 月，习近平总书记在中央城镇化工作会议上发出号召："要依托现有山水脉络等独特风光，让城市融入大自然，让居民望得见山、看得见水、记得住乡愁。"

这样诗一般的表述，让人眼前一亮，印象深刻。"山水""乡愁"不仅勾勒出了城乡建设的美好愿景，也为中国美丽乡村建设吹来了春风。

与此同时，习近平总书记还就建设社会主义新农村、建设美丽乡村提出了很多新理念、新论断。"小康不小康，关键看老乡。""中国要强，农业必须强；中国要美，农村必须美；中国要富，农民必须富。"这些脍炙人口的金句，不仅顺应了广大农村人民群众追求美好生活的新期待，更发出了美丽乡村建设的时代最强音。

随后，党的十九大报告正式提出乡村振兴战略。2018 年 1 月"中央一号文件"指出："推进乡村绿色发展，打造人与自然和谐共生发展新格局。乡村振兴，生态宜居是关键。良好的生态环境是农村的最大优势和宝贵财富。必须尊重自然、顺应自然、保护自然，推动乡村自然资本加快增值，实现百姓富、生态美的统一。"

2018 年 2 月，中共中央办公厅、国务院办公厅印发《农村人居环境整治三年行动方案》。该方案进一步指出："改善农村人居环境，建设美丽宜居乡村，是实施乡村振兴战略的一项重要任务，事关全面建成小康社会，事关广大农民根本福祉，事关农村社会文明和谐。"

2018 年 4 月,习近平总书记又对美丽乡村建设作出重要指示:"我多次讲过,农村环境整治这个事,不管是发达地区还是欠发达地区都要搞,但标准可以有高有低。要结合实施农村人居环境整治三年行动计划和乡村振兴战略,进一步推广浙江好的经验做法,因地制宜、精准施策,不搞"政绩工程""形象工程",一件事情接着一件事情办,一年接着一年干,建设好生态宜居的美丽乡村,让广大农民在乡村振兴中有更多获得感、幸福感。"

伴随着国家一系列政策的出台,全国各地掀起了一波又一波美丽乡村建设的热潮,乡村面貌也随之焕然一新,涌现出了许多美丽乡村建设样板,已然初步勾勒出了美丽中国版图上美丽乡村的新格局。

正是在这样的大背景下,长江出版社组织本书编著者策划了《美丽乡村生态建设丛书》,从农村水生态建设与保护、农村地区生活污染防治、农村地区工业污染防治、农业污染防治等方面,系统分析美丽乡村建设的现状与存在的问题,创新美丽乡村建设体制与机制,集成高新技术成果,提出实施的各项措施与保障体系,为推进乡村绿色发展、乡村振兴提供技术支撑。

经湖北省学术著作出版专项资金评审委员评审,本丛书符合《湖北省学术著作出版专项资金项目申报指南》的要求,属于突出原创理论价值、在基础研究领域具有重要意义的优秀学术出版项目,湖北省新闻出版局批准本丛书入选湖北省学术著作出版专项资金资助项目。

本丛书分为《农村地区生活污染防治》《农业污染防治》《农村地区工业污染防治》及《农村水生态建设与保护》,共四册。

在《农村地区生活污染防治》一书中,主要针对农村地区生活污染现状,系统分析了农村地区生活污染的类型、存在的问题与危害,全面梳理了农村地区污水污染防治、生活垃圾处理处置、生活空气污染防治的最新技术与治理模式,在此基础上结合近几年农村地区生活环境治理的诸多实践,选取典型案例分析,力求为美丽乡村建设提供参考和指导。

在《农业污染防治》一书中,从农业污染的概念着手,从种植业污染防治、养殖业污染防治、农业立体污染防治、农业清洁生产等方面进行了综合分析与梳理,提出了农业污染管控的具体政策建议。选取典型案例进行分析,为农业污染防治实施提供参考。

在《农村地区工业污染防治》一书中,系统分析了农村地区工业污染现状、存在的问题以及乡村振兴背景下农村地区工业产业的发展方向,重点选取了农产品加工业、制浆造纸业、建材生产与加工、典型冶炼业等农村地区工业行业,梳理总结了典型行业污染防治的现状、主要治理技术及管理措施,创新提出了乡村振兴背景下农村工业绿色发展对策建议。

在《农村水生态建设与保护》一书中,主要针对农村水生态系统的特点,系统分析了农村水生态建设与保护的现状和存在的问题，全面梳理了农村水生态监测调查与评价，农村水环境综合治理、水生态建设与保护、水安全建设与保护技术体系、对策措施，创新地提出了农村水生态建设与保护管理技术，剖析了部分典型案例以资借鉴研究。

　　本丛书的编纂工作，从最初的策划酝酿筹备，到多次研究、论证及编撰实施，历时近两年，全体编撰人员开展了大量的资料收集、分析、研究等工作，湖北工业大学资源与环境工程学院编写团队的多位权威专家、教授及编写人员付出了辛勤劳动和汗水。同时，长江出版社高素质的编辑出版团队全程跟踪书稿编写情况，及时沟通，为本书的高质量出版奠定了坚实的基础。本书在撰写过程中还得到了中国地质大学（武汉）、华中师范大学、长江水资源保护科学研究所、湖北省长江水生态保护研究院、湖北省协诚交通环保有限公司、湖北祺润生态建设有限公司、湖北铨誉科技有限公司、武汉博思慧鑫生态环境科技有限公司等单位相关专家给予悉心指导并提供资料，在此一并致谢！

　　因水平有限和时间仓促，书中缺点错误在所难免，敬请批评指正。

编　者

2020 年 12 月

前　言

　　我国是一个农业大国，农村范围广，农村人口多，长期以来，农村环境，尤其是生活环境问题没有得到足够的重视，农村环境问题已经成为我国环境治理的薄弱环节。2018年5月召开的全国生态环境保护大会明确了到2035年、到21世纪中叶的"美丽中国"建设蓝图：确保到2035年，生态环境质量实现根本好转，美丽中国目标基本实现。到21世纪中叶，物质文明、政治文明、精神文明、社会文明、生态文明全面提升，绿色发展方式和生活方式全面形成，人与自然和谐共生，生态环境领域国家治理体系和治理能力现代化全面实现，建成美丽中国。美丽中国离不开美丽乡村，建设美丽中国的难点和重点也在建设美丽乡村。

　　党的十九大报告中提出"实施乡村振兴战略"，按照"生态宜居"的要求，推进农村生产、生活方式的生态化、绿色化，改变过往重视工业和城市污染防治，忽视农业、农村污染防治的现状，加强农村人居环境和生态环境整治，实现城乡污染治理并重。2018年中共中央办公厅、国务院办公厅印发《农村人居环境整治三年行动方案》指出，改善农村环境，建设美丽宜居乡村，是实施乡村振兴战略的重要任务，要推进农村生活垃圾和生活污水处理、开展厕所粪污治理、提升村容村貌、加强村庄规划管理、完善建设和管护机制。

　　伴随着国家一系列政策的出台，我国大部分地区的乡村面貌正在发生可喜的变化，各个地方政府、企业的重视也促进了农村生活环境治理工作。但是目前广大农村地区采用的农村生活环境防治体系仍然存在"照搬城市""急功近利"等问题。本书是编著者在探索、研究和系统分析近几年农村生活环境治理的许多实践、案例和资料，开展农村生活环境治理情况调查的基础上，针对农村生活环境治理中存在的一些问题而编写的，力求能为美丽乡村建设提供理论指导。

　　本书系统阐述了农村生活环境治理问题，在农村环境污染防治中，重点论述了农村生活污水和生活垃圾的防治现状、防治方法以及一些最新的防治技术。

目录 Contents

第1章　农村生活污染概述 ··· **001**

1.1　基本概念 ··· 001

　1.1.1　农村生活环境 ··· 001

　1.1.2　美丽宜居乡村 ··· 001

　1.1.3　农村生活污染 ··· 001

　1.1.4　农村生活污染防治 ·· 001

　1.1.5　农村厕所革命 ··· 001

1.2　农村生活污染源现状及其危害 ··· 002

　1.2.1　农村生活污水现状及其危害 ··· 006

　1.2.2　农村生活垃圾现状及其危害 ··· 011

　1.2.3　农村大气污染现状及其危害 ··· 017

1.3　农村生活污染防治及存在的问题 ·· 020

　1.3.1　生活污水污染防治 ·· 020

　1.3.2　生活垃圾污染防治 ·· 024

　1.3.3　生活废气污染防治 ·· 029

1.4　乡村振兴背景下的生活污染防治 ·· 030

　4.4.1　生活污染排放特征的变化 ··· 030

　1.4.2　生活污染治理思路的转变 ··· 033

　1.4.3　生活污染防治要求的提升 ··· 035

第2章　农村生活污水污染防治 ··· **037**

2.1　农村生活污水处理发展历程 ··· 037

　2.1.1　农村生活污水处理的意义 ··· 037

2.1.2 农村生活污水处理的发展 ·· 038

2.1.3 农村生活污水处理的思路 ·· 039

2.2 农村生活污水处理模式 ·· 039

2.2.1 农村生活污水收集原则 ·· 039

2.2.2 村落分散处理模式 ·· 040

2.2.3 村落集中处理模式 ·· 041

2.2.4 接入市政管网统一处理模式 ·· 041

2.3 农村生活污水处理技术 ·· 042

2.3.1 稳定塘技术 ·· 042

2.3.2 人工浮岛技术 ·· 042

2.3.3 土地处理系统 ·· 043

2.3.4 人工湿地处理技术 ·· 047

2.3.5 厌氧生物滤池处理技术 ·· 049

2.3.6 好氧生物滤池处理技术 ·· 050

2.3.7 生物接触氧化法 ·· 050

2.3.8 蚯蚓生态滤池技术 ·· 050

2.4 农村生活污水处理工艺选择 ·· 051

2.4.1 污水处理工艺方法分类 ·· 051

2.4.2 污水处理工艺选择原则 ·· 051

2.4.3 污水处理工艺方法选择 ·· 052

2.4.4 分散式污水处理工艺 ·· 052

2.4.5 集中式污水处理工艺 ·· 054

2.5 农村生活污水治理发展趋势与政策建议 ·································· 058

2.5.1 农村生活污水治理发展趋势 ·· 058

2.5.2 农村生活污水治理政策建议 ·· 058

2.6 农村污水处理案例分析 ·· 062

2.6.1 A^2/O＋人工湿地组合处理工艺 ···································· 062

2.6.2 高效藻塘系统处理工艺 ·· 066

第3章 农村"厕所革命" ·· **069**

3.1 农村改厕历程 ·· 069

3.1.1 农村改厕的意义 ·· 070

3.1.2　农村改厕的发展 ……………………………………………… 071

3.1.3　农村改厕取得的成效 ………………………………………… 072

3.1.4　农村改厕推进经验 …………………………………………… 073

3.2　农村改厕模式 …………………………………………………… 074

3.2.1　农村厕所类型 ………………………………………………… 074

3.2.2　改厕模式选择原则 …………………………………………… 075

3.2.3　改厕模式选择方法 …………………………………………… 076

3.3　农村厕改技术 …………………………………………………… 077

3.3.1　化粪池 ………………………………………………………… 077

3.3.2　微水气冲技术 ………………………………………………… 078

3.3.3　沼气池 ………………………………………………………… 079

3.4　"厕所革命"实施存在的问题及对策建议 …………………… 081

3.4.1　厕所革命推进存在的问题 …………………………………… 081

3.4.2　深化厕所革命对策建议 ……………………………………… 082

3.5　"厕所革命"案例分析 ………………………………………… 083

3.5.1　探索市场化运营——采取特许经营模式 …………………… 084

3.5.2　对接政策银行——破解资金难题 …………………………… 084

3.5.3　坚持因地制宜——确立改厕模式 …………………………… 085

3.5.4　强化质量监管——保证改厕效果 …………………………… 086

3.5.5　建立使用者付费制度——偿还改厕贷款 …………………… 086

第4章　农村生活垃圾处理处置 ……………………………………… **088**

4.1　农村生活垃圾处理历程 ………………………………………… 088

4.1.1　农村生活垃圾处理的意义 …………………………………… 089

4.1.2　农村生活垃圾处理的发展 …………………………………… 090

4.1.3　农村生活垃圾处理的思路 …………………………………… 091

4.1.4　现有农村生活垃圾处理的主要模式 ………………………… 091

4.2　农村生活垃圾收集模式 ………………………………………… 093

4.2.1　农村垃圾收集、转运与回收模式 …………………………… 093

4.2.2　农村生活垃圾分类收集模式 ………………………………… 114

4.2.3　农村生活垃圾收集案例 ……………………………………… 116

4.3　农村垃圾处理模式 ……………………………………………… 125

4.3.1　农村垃圾处理原则 ………………………………………… 125

4.3.2　农村垃圾处理模式选择方案 ………………………………… 126

4.3.3　农村生活垃圾处理模式发展 ………………………………… 128

4.4　农村垃圾处理技术 ………………………………………………… 129

4.4.1　垃圾堆肥 …………………………………………………… 129

4.4.2　垃圾厌氧发酵 ……………………………………………… 131

4.4.3　有机垃圾综合处理技术 ……………………………………… 132

4.4.4　垃圾填埋 …………………………………………………… 133

4.4.5　垃圾衍生燃料技术 ………………………………………… 134

4.4.6　农村干垃圾资源化技术 ……………………………………… 134

4.4.7　水泥窑协同处置 …………………………………………… 141

4.4.8　垃圾处置的其他技术 ………………………………………… 143

4.5　农村生活垃圾管理 ………………………………………………… 145

4.5.1　农村生活垃圾管理模式 ……………………………………… 145

4.5.2　农村生活垃圾管理对策 ……………………………………… 147

4.5.3　农村生活垃圾管控法律法规体系 …………………………… 148

4.6　农村生活垃圾处理的发展趋势与政策建议 ……………………… 151

4.6.1　农村生活垃圾处理存在的问题 ……………………………… 151

4.6.2　农村生活垃圾处理的发展趋势 ……………………………… 153

4.6.3　农村生活垃圾处理的政策建议 ……………………………… 154

第5章　农村生活空气污染防治 …………………………………………… **157**

5.1　农村生活空气污染防治的发展历程 ……………………………… 157

5.1.1　农村生活空气污染防治的意义 ……………………………… 157

5.1.2　农村生活空气污染防治的工作方法 ………………………… 158

5.1.3　农村生活空气污染防治相关法律法规 ……………………… 158

5.2　室内空气污染物防治 ……………………………………………… 160

5.2.1　农村室内空气污染产生的途径 ……………………………… 160

5.2.2　室内空气污染物防治技术 …………………………………… 161

5.2.3　清洁能源替代技术 ………………………………………… 162

5.2.4　节能环保炉灶技术 ………………………………………… 163

5.2.5　清洁供暖技术 ……………………………………………… 163

5.3 恶臭气体污染的防治 ·· 165

    5.3.1 农村恶臭污染产生的途径 ··· 165

    5.3.2 农村恶臭污染防治方法 ··· 166

5.4 农作物秸秆焚烧防治 ·· 166

    5.4.1 露天焚烧秸秆的危害 ··· 167

    5.4.2 秸秆综合利用情况 ··· 168

    5.4.3 秸秆综合利用技术 ··· 168

第6章 乡村振兴背景下农村污染防治典型案例 ··················· 171

6.1 循环经济与农村污水处理 ·· 171

    6.1.1 循环经济 ·· 171

    6.1.2 循环经济与污水处理 ··· 172

    6.1.3 典型案例 ·· 174

6.2 农村生活垃圾收运实例分析 ·· 175

    6.2.1 四川省DL县研究区收集布点实例分析 ···························· 176

    6.2.2 四川省DL县农村生活垃圾转运技术研究实例 ······················ 177

6.3 农村生活垃圾处理实例分析 ·· 188

    6.3.1 浙江农村生活垃圾治理回顾 ······································ 188

    6.3.2 农村生活垃圾治理经验总结 ······································ 189

6.4 移动式有机质垃圾沼气化处理 ·· 195

    6.4.1 沼气装置安装简单 ··· 196

    6.4.2 原料来源丰富 ·· 196

    6.4.3 产气情况良好 ·· 196

    6.4.4 沼肥利用 ·· 196

    6.4.5 处理成本低 ·· 196

    6.4.6 处理投资少 ·· 196

    6.4.7 处理占地少 ·· 197

    6.4.8 经济价值高,具备可持续发展前景 ································· 197

参考文献 ·· 198

第 1 章　农村生活污染概述

农村是农民生活和从事农业生产的地方,不仅是重要的社会功能区,而且是自然资源和生态环境维护的重要阵地。农村承担着保障国家粮食安全、生态安全等方面的重任。农村生态文明建设是我国生态文明建设的重要组成部分,是实现农村可持续发展与现代化的重要保障和有力措施。目前农村生活环境的污染问题,是生态文明建设迫切需要解决的问题。

1.1　基本概念

1.1.1　农村生活环境

农村生活环境是指以农村居民为中心的乡村区域范围内,各种天然的和人工改造的自然因素的总体。

1.1.2　美丽宜居乡村

美丽宜居乡村是指田园美、村庄美、生活美的行政村。

1.1.3　农村生活污染

农村生活污染是指在农村居民日常生活或为日常生活提供服务的活动中产生的生活污水、生活垃圾、废气、人(畜)粪便等污染,不包括为日常生活提供服务的工业活动(如农产品加工、集中畜禽养殖)产生的污染物。

1.1.4　农村生活污染防治

农村生活污染防治是指农村居民日常生活中产生的生活污水、生活垃圾、粪便和废气等生活污染的防治。

1.1.5　农村厕所革命

农村厕所革命是涉及厕所污染物的收集、贮存、运输、处理、处置、利用等过程的生态链工程,强调物质能量系统、污染物处理、污水回用的闭路循环,是我国乡村振兴、旅游发展、智能化产业战略的重要组成部分。

1.2 农村生活污染源现状及其危害

在农村,由于居民习俗惯性、卫生环境意识不足,虽然居民生活水平不断提高、生活条件得到极大的改善,但是农村的卫生环境却没有得到相应的改变。生活垃圾散乱倾倒,积存垃圾围村堵门,生活污水肆意横流,简易厕所臭气冲天,畜禽散养就地乱窜,河道沟塘淤积堵塞等现象仍是常态。与此同时,随着农村居民消费水平的提高,各种现代工业生产的日用消费品日益普及,家用汽车不断增加,必然产生大量的消费性生活垃圾与尾气。大量生活垃圾无序丢弃或露天堆放,如果不及时加以整治,将会严重影响农村居民的生存健康。农村垃圾成灾会导致对生态环境的破坏,形成农村生活污染,村庄内与周边的土壤环境、水体环境、大气环境都会受到影响。

1.居住环境质量严重恶化

建设部(现住房和城乡建设部)曾经对全国 74 个村庄进行抽样调查,发现 9％的村庄没有规范的排水沟渠和污水处理系统,89％的村庄将垃圾堆放在房前屋后、坑边路旁甚至水源地、泄洪道、村内外池塘,无人负责垃圾收集与处理。浙江省环境保护局进行的局部调查也表明,除了大气污染指标外,农村聚居点的其余环境要素指标已全都劣于城市。

目前全国农村每天有大量的生活污水未经处理直接排放,这对农村居民的居住环境造成了不利的影响,严重威胁到了农村居民的身心健康。

2.水污染加重

农业生产和生活废弃物污染,主要表现在生活污水和生产生活固体废物污染数量巨大、资源回收率低、污染物数量不断增加等问题上。但是农村基础设施落后,普遍缺乏基本的排水和垃圾清运处理系统,水体成为农村生活污染物最主要的排放途径。环境保护部监测到:2015年,全国废水排放总量为 735.32 亿 t,COD 排放总量为 2223.5 万 t,比 2014 年下降3.10％;氨氮排放总量为 229.9 万 t,比 2014 年下降 3.61％。考虑到城市废水处理能力增强,在环境保护部监测到的上述排放总量中生活源污染物中的绝大多数应该来源于农村(表 1-1)。

表 1-1   **2014—2015 年全国废水中主要污染物排放量**   (单位:万 t)

年度	COD					氨氮				
	排放总量	工业源	生活源	农业源	集中式	排放总量	工业源	生活源	农业源	集中式
2014	2294.6	311.3	864.4	1102.4	16.5	238.5	23.2	138.1	75.5	1.7
2015	2223.5	293.45	846.9	1068.6	14.5	229.9	21.7	134.1	72.6	1.5

资料来源:2014 年、2015 年《全国环境统计公告》。

生活污水在农村直接被排入附近的沟渠,汇集到溪河,随流而下;生产生活固体废弃物数量巨大,资源回收率低,一般露天堆放,一旦下雨,在雨水的冲刷下,大量的渗滤液排入水体。我国住宅的建设喜欢傍水而居,各处农村和村镇有沿河岸、沿湖岸堆放垃圾的习惯,这些垃圾在下暴雨时会被直接冲入河道,进入湖泊或水库,从而形成更直接、危害更大的面源污染。

农村居民将生活污水直接排放到附近的水体,并且由于洗涤剂的使用造成生活污水中磷的含量越来越高,畜禽粪便污染致使氮浓度很高。当水体中的氮、磷、硫含量较高时,会在水中微生物的作用下产生具有恶臭气味的气体,从而破坏水体的生态环境。未经处理的农村生活污水不仅对饮用水水源地造成了潜在的威胁,同时也是形成河流湖泊富营养化的重要原因,给农村居民的生产生活都造成了不利的影响。

环境保护部监测数据显示(图 1-1、图 1-2),2018 年,监测 111 个重要湖泊(水库)中,Ⅰ类水质的湖泊(水库)7 个,占 6.3%;Ⅱ类 34 个,占 30.6%;Ⅲ类 33 个,占 29.7%;Ⅳ类 19 个,占 17.1%;Ⅴ类 9 个,占 8.1%;劣Ⅴ类 9 个,占 8.1%。主要污染指标为总磷、COD 和高锰酸盐指数。监测营养状态的 107 个湖泊(水库)中,贫营养状态的 10 个,占 9.3%;中营养状态的 66 个,占 61.7%;轻度富营养状态的 25 个,占 23.4%;中度富营养状态的 6 个,占 5.6%。

艾比湖、呼伦湖、星云湖、异龙湖、大通湖、程海、乌伦古湖、纳木错和羊卓雍错为劣Ⅴ类;巢湖、洪湖和仙女湖为Ⅴ类;滇池、太湖、沙湖、鄱阳湖和洞庭湖为Ⅳ类,其中滇池经过昆明市有关部门的大力整治其水质由劣Ⅴ类变为Ⅳ类,沙湖经过整治由Ⅴ类变为Ⅳ类,水质有所好转;高邮湖和洪湖的水质由Ⅳ类变为Ⅴ类;其余大型淡水湖泊水质无明显变化。

艾比湖、呼伦湖、星云湖、杞麓湖和龙感湖为重度营养化,拓林湖、抚仙湖和泸沽湖为贫营养化。与 2017 年相比,滇池由重度营养化改善为轻度富营养化(图 1-3),艾比湖和龙感湖由轻度富营养化变为中度富营养化,赛里木湖由贫营养变为中营养;其他湖泊营养状态无明显变化。

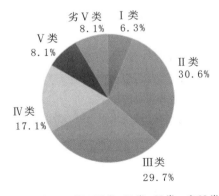

图 1-1　2018 年重点淡水湖泊水质状况

资料来源:2018 年《中国生态环境状况公报》。

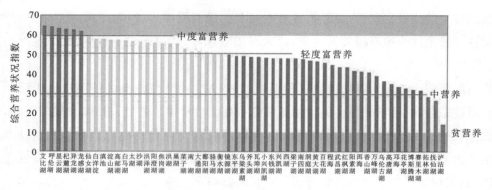

图1-2　2018年重点淡水湖泊水质营养状况

资料来源：2018年《中国生态环境状况公报》。

图1-3　滇池蓝藻富集变"绿湖"

3.传染病菌出现

由于特殊的社会经济条件，绝大多数的村庄根本没有垃圾处理机制，生活垃圾利用率极低，大部分都露天堆放，这不仅占用了大片的耕地，还可能传播病毒、细菌；垃圾中残留的有毒有害物质不仅会污染土壤，还会阻碍植物根系的生长和发育，导致粮食减产。固体废物进入水体之后，会杀死水中生物，造成水体污染，产生病菌载体，危害人体健康。垃圾随意堆放，对大气环境也会造成污染，产生有毒气体，危害动物健康。固体废物随意露天堆放，在温度、湿度适宜的条件下，会繁殖大量有害病菌，危害人们的身体健康。

4.大气污染

农村家庭是主要的社会化细胞，家家户户每天都烧薪材，排放出大量的烟尘；而随着农村工业化进程的加速，以及农户家用汽车等燃油型机械的增加，燃油后产生大量的尾气，向空中自由排放，加上非卫生的厕所与散养畜禽等导致的气态物质的排放，混合城市空气污染，使得农村的空气也不如以前那样清新，有的地方还会产生十分难闻的恶臭。2015年全国降水年均pH值统计如表1-2所示，周边农村也是如此。2015年，全国废气中二氧化硫排放量1859.1万t，烟（粉）尘排放量1538.0万t，与2014年相比分别下降5.8%、11.65%（图1-4和图1-5）。

表 1-2

2015 年全国降水年均 pH 值统计表

pH 年均值范围		<4.5	4.5~5.0	5.0~5.6	5.6~7.0	≥7.0
全国	城市数(个)	5	36	67	270	102
	所占比例(%)	1.0	7.5	14	56.3	21.2
酸雨控制区	城市数(个)	5	27	55	93	8
	所占比例(%)	2.7	14.4	29.3	49.4	4.2
二氧化硫控制区	城市数(个)	0	0	1	46	17
	所占比例(%)	0.0	0.0	1.6	71.9	26.5

资料来源:2015 年《中国环境年鉴》。

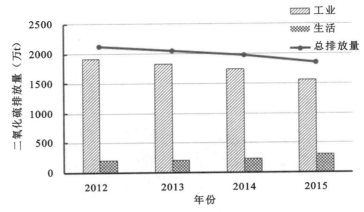

图 1-4 全国废气中二氧化硫排放量统计(2012—2015 年)

资料来源:2012—2015 年《全国环境统计公告》。

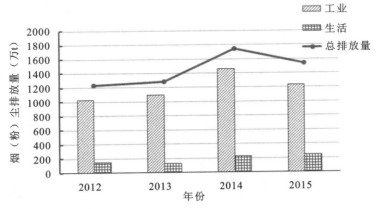

图 1-5 全国废气中烟(粉)尘排放量统计(2012—2015 年)

资料来源:2012—2015 年《全国环境统计公告》。

1.2.1　农村生活污水现状及其危害

在快速工业化、城镇化的进程中,农村人居环境并没有得到同等的关注,导致了城乡之间环保投资以及由此带来的环保设施的不均衡。特别是在新型城镇化的背景下,农村人居环境整治被边缘化。尽管国家及相关部门出台了一系列政策措施,但并没有引起基层政府的重视。有关研究表明,2016年我国农村生活污水产生量为55.67亿～125.26亿 m³,成为农村人居环境整治的难点及重点之一,不仅引起了各级政府的广泛关注,而且也日益成为学术界研究的焦点问题之一。据2016年《中国城乡建设统计年鉴》数据显示,全国52.62万个行政村中,对生活污水进行处理的行政村比例为20%(图1-6),远低于城镇污水处理率。

图 1-6　全国行政村对生活污水的处理情况

一般而言,农村生活污水是农村居民在生活和家庭养殖等过程中产生的污水的总称。与城镇生活污水相比,农村生活污水具有排放范围广、水质波动大的特点,而且具有随意性,同时针对农村生活污水治理成效也具有随意性。尽管学术界对农村生活污水排放标准进行了探讨,但国家层面还没有出台相应的技术标准,由此导致了农村生活污水污染物含量较高、变化系数较大等问题,若不经处理直接排放进入环境,将会对环境造成严重污染。20世纪80年代末,学术界就开始了对农村生活污水处理技术的研究,推动了越来越多的工艺处理技术在农村生活污水处理中的应用。从理论上来讲,农村生活污水治理模式具有多方位的综合性特征。由于我国地域广阔,不同区域农村的区位特征、地形地貌、气候特点、经济发展水平、生活习惯、生活水平、居住方式等存在较大差异,农村生活污水处理模式具有明显的多样性,因此需要多种技术的集成。为更科学客观地选取农村生活污水处理模式,需要在充分考虑技术经济性、有效性的原则下,构建适宜不同地区发展需要的农村生活污水处理技术评价指标体系,对不同农村生活污水处理模式进行综合评价,为农村生活污水处理模式的选择提供科学依据,已有的研究包括模糊优劣系数法、分层模糊积分模型等。长期以来,农村人居环境都没有得到关注,农村生活污水处理自然也没有得到关注。近年来,农村生活污水带来的人居环境污染问题才受到了政府和社会的广泛关注,随着农村环境连片整治工作和农村人居环境整治行动的开展,农村生活污水治理工作得到进一步推动。但在此过程中,也暴露出了一些问题。事实上,无论是社会主义新农村建设,还是美丽乡村建设,以及美丽宜居乡村建设,广大农村居民无疑是建设的主体,但由于长期以来广大农村居民对政府充满期盼,以及"自上而下"的项目推动与"自下而上"的项目需求之间错位,导致基层相关部门替代农民成为建设的主体,而应该作为主体的农民则游离在外。之所以形成如此局面,与缺乏有效的机制,农民的参与意识、责任意识不足有很大的关系。除了参与主体错位之外,农村生活污水处理设施运营机制缺失,包括运营组织、人员、经费等缺失,导致污水处理设施不能正常运行。这种重建轻管的现象长期普遍存在,学术界已经呼吁了多年,依然没有引起相关部门的重视,也没有找到有效机制来解决这个问题。此外,在农村生活污水处理设施建设中,由于缺乏健全的工程项目招投标制度,导致施工不规范,甚至出现尚未运行管道就已破裂等现象。

除了农村生活污水处理设施建设及运营方面存在主观问题之外,农村生活污水处理技术或形式也具有一定的空间适宜性要求。广泛的基层调研发现,在一些诸如高寒地区的地方,农村生活污水处理技术缺失;还有一些地方不考虑实际,机械地将城镇污水处理方式照搬到广大的农村地区,投入大量资金铺设生活污水处理管网,而不顾及后期运营管护所需要的人员、经费等一系列问题。此外,对农村生活污水处理缺乏有效的管控,导致了农村生活污水治理监管的空白。当前农村生活污水治理水平低下,不利于满足提升农村人居环境质量和扎实推进美丽宜居乡村建设的需要。

1.2.1.1　农村生活污水的产生

我国农村人口众多,因而农村生活污水排放量也很大,已成为农村水环境恶化的主要原因之一。2016 年我国农村生活用水量为 139.18 亿 m^3(表 1-3),其中,东部地区占64.36%,中部地区占 35.93%,西部地区占 38.67%。由此产生的农村生活污水排放量为55.67 亿～125.26 亿 m^3,相应地,东部地区农村生活污水排放量为 25.74 亿～57.92 亿 m^3,中部地区农村生活污水排放量为 14.37 亿～32.34 亿 m^3,西部地区农村生活污水排放量为 15.47 亿～34.80 亿 m^3。由于广大农村地区普遍缺乏污水处理设施,对生活污水难以进行有效处理,随意将生活污水倾倒在院外的现象较为严重。

表 1-3　　　　　　　　　　**2016 年不同区域农村生活污水排放量**　　　　　　　　　(单位:亿 m^3)

区域	农村生活用水量	农村生活污水排放量	
		低值	高值
全国	139.18	55.67	125.26
东部地区	64.36	25.74	57.92
中部地区	35.93	14.37	32.34
西部地区	38.67	15.47	34.80

农村生活污水的主要来源为以下几个方面：

（1）厨房排放的污水。主要包括洗碗水、刷锅水、淘米水和洗菜水等生活污水中的生化需氧量（BOD），主要来源于厨房污水。随着农村生活水平的提高，农村居民对肉类食品的需求量以及油类的使用量增加，厨房污水的污染程度也日趋严重。

（2）生活洗涤污水。主要由洗衣服、清洁、洗浴、洗漱等排放的废水组成。此类生活污水的主要特点是排放量较大，其中的污染物质含量较少，经过简单处理即可排放或回用。

（3）厕所排放的水。部分农村厕所经过改造后，使用了抽水马桶，产生了大量的生活污水，且污水中的化学需氧量（COD）、氮、磷等排放量远高于其他环节的污染物排放量。厕所污水是农村生活污水中污染物的主要来源。部分农村仍在使用旱厕，且有的农户养畜禽，产生了冲圈水。

（4）其他污水，如雨水冲刷产生的污水。主要指雨水冲刷地面的垃圾、污物所形成的污水。

以上几种不同生活污水的产生量和其中的主要污染物存在很大差别。

1.2.1.2　农村生活污水的特点

农村污水与城市废水的水质差别较大，农村生活污水主要为冲厕污水、炊饮污水、洗澡污水、洗衣污水等，其中的有机污染物含量低于城市污水，主要污染物为COD、氮和磷，水质相对较稳定。但在经济发达地区，由于有工厂的存在，农村污水成分与城市废水相近，与偏远地区、经济落后的农村污水水质相差明显。研究发现，农村生活污水排放具有不同于城市污水的独特特征：农村居民因水文地势等原因，居住相对分散，污水排放分散；而且，每日用水时间较为集中，昼夜用水量变化大；另外，污水成分较为复杂，不仅有餐厨洗涤污水，甚至还有畜禽饲养、农药使用等污水。

近年来，国家加大对城市污染的控制，一些城市污染严重的企业迁至城郊和农村，致使原本以单一生活污水为主要特征的农村污水，向工业废水与生活污水混合的复杂废水型转变。城市废水与垃圾向农村的迁移，使原本靠环境容量自净的农村环境更是雪上加霜。我国96%的农村没有污水处理及收集系统，少数靠近城镇的农村虽建有排水管网，多采用雨、污合流形式排水。多数农村采用明渠或自然沟渠排放生活污水和雨水。在南方经济较发达的地区建有化粪池，化粪池出水由明渠排放，或就近排入水体。虽然污水得到一定的处理，但经化粪池处理后的污水中含有大量的有机污染物，满足不了保护环境的要求，对地表与地下水体还存在污染的隐患。

农村人均污水排放量少于城市居民，经济越欠发达的地区，人均污水排放量越少。在不同地域的农村，污水排放量也有很大差异，北方农村人均污水排放标准低于南方，而且同一地区农村污水流量日变化波动较大，季节性变化更为明显。由于我国多数农村没有污水收集系统，只采用明渠和自然沟渠排放污水，居民洗衣、洗菜污水直接泼洒地面，因此大部分生活污水渗入土壤中，而由排水沟渠能收集到的污水少之又少。

随着农村自来水、洗衣、卫生、厨房设备的普及与应用,家庭生活污水可分为灰水和黑水两类,其中灰水由厨房排水、卫生淋浴水、洗衣水构成;黑水由粪便、尿液及其冲洗水构成。根据有关资料,家庭人均年排放灰水 25000~100000kg,黑水 550kg,其中尿液 500kg,粪便 500kg。农村生活污水综合排放是指农村家庭产生的黑水和灰水混合,并通过污水管网收集后的污水排放。一般农村生活污水排放量较小,排放时间集中在早、中、晚,因农村居民生活规律相近,生活污水夜间排水量最小,甚至可能断流,水量变化明显,日变化系数大,一般为3.0~5.0。一般农村生活污水综合排放浓度与家庭用水量有关,所含有机物浓度相对偏高,但重金属、有毒有害物质较少。

1.2.1.3 农村生活污水的排放及治理情况

对农村生活污水产生量进行匡算,是有效推进农村生活污水处理的基础性工作。为此,依据《中国城乡统计年鉴》中的有关数据,对不同层面农村生活污水排放量进行匡算,并对农村生活污水治理情况进行分析。

1.农村生活污水产生量及其变化

从理论上来讲,农村生活污水排放量应根据村庄饮水条件、卫生设施水平、污水管网系统完善程度等因素确定,因此,对每个省(区、市)农村生活污水排放量难以进行准确计算。根据住房和城乡建设部 2010 年制定的《分地区农村生活污水处理技术指南》,农村居民的排水量应根据实地调查结果确定,在没有调查数据的地区,总排水量可按总用水量的60%~90%估算。据此,对 2013 年、2016 年农村生活污水产生量进行了匡算(表1-4)。从国家层面农村生活污水产生量及其变化可以看出,2016 年,全国农村生活污水产生量为 83.51 亿~125.26 亿 m³。从 2013 年到 2016 年的变化情况来看,全国平均水平低限农村生活污水产生量从 74.69 亿 m³ 增加到 83.51 亿 m³,增加了 8.82 亿 m³;高限农村生活污水产生量从 112.04 亿 m³增加到 125.26 亿 m³,增加了 13.22 亿 m³。二者增长率为11.80%,年均增长 3.93%。区域层面农村生活污水产生量及其变化情况,从静态来看,2016 年,东部地区农村生活污水产生量为 38.62 亿~57.92 亿 m³,中部地区、西部地区农村生活污水产生量分别为 21.56 亿~32.34 亿 m³、23.20 亿~34.80 亿 m³,分别占全国农村生活污水产水量的 46.25%、25.82%、27.78%。

表 1-4 农村生活污水产生量变化情况 (单位:亿 m³)

区域	2013 年		2016 年		增加量		增长率(%)
	低限(60%)	高限(90%)	低限(60%)	高限(90%)	低限	高限	
全国	74.69	112.04	83.51	125.26	8.82	13.22	11.80
东部地区	36.31(48.61)	54.47	38.62(46.25)	57.92	2.31	3.46	6.35
中部地区	18.3(24.58)	27.54	21.56(25.82)	32.34	3.20	4.80	17.42
西部地区	19.82(26.54)	29.73	23.20(27.78)	34.80	3.38	5.07	17.06

资料来源:根据 2013 年、2016 年《中国城乡建设统计年鉴》中的数据整理得到。

注:表中的数据不包括西藏自治区。

从动态来看,不同区域农村生活污水产生量变化情况表现出明显的差异性,东部地区农村生活污水产生量变化最低,为 2.31 亿~3.46 亿 m³,增长 6.35%;而中部地区、西部地区农村生活污水产生量变化分别为 3.20 亿~4.80 亿 m³、3.38 亿~5.07 亿 m³,增长比例分别达到 17.42%、17.06%,明显高于全国平均水平,更远远高于东部地区的 6.35%。

2.农村生活污水治理情况分析

从农村生活污水治理的实践来看,尽管国家在相关政策中有所提及,但进展并不是太快,效果也不尽理想。进入新时代,以农村生活污水治理为重要内容的农村人居环境整治受到高度关注,党中央、国务院出台了一系列政策措施,有力地推动了农村生活污水治理。

从国家层面农村生活污水治理情况来看,2016 年全国 52.62 万个行政村中,对生活污水进行处理的行政村比例为 20%。从动态来看,无论是对生活污水处理的行政村数量,还是对生活污水处理的行政村比例都有很大的变化。对生活污水处理的行政村数量从 2007 年的 1.50 万个增加到 2016 年的 10.52 万个,增加了 9.02 万个,增长 6.01 倍;同期,对生活污水处理的行政村比例从 2.6% 增加到 0.0%,增加了 17.4 个百分点,年均增长 1.93 个百分点。

从区域层面农村生活污水治理情况来看,对不同区域而言,农村生活污水处理的行政村比例具有明显的差异性,而且与其经济发展水平紧密相关(表 1-5)。2016 年,东部地区对生活污水进行处理的行政村比例为 28.2%,高于全国平均水平,而中部地区、西部地区对生活污水进行处理的行政村比例分别为 14.22%、14.2%,基本持平,均低于全国平均水平。从动态变化来看,与 2013 年相比,东部地区、中部地区、西部地区对生活污水进行处理的行政村比例分别增加了 10.9%、9.9%、9.7%。

表 1-5 不同区域对生活污水进行处理的行政村比例的变化情况

区域	2013 年(%)	2016 年(%)	变化量(%)
全国	9.1	20.0	10.9
东部地区	17.3	28.2	10.9
中部地区	4.3	14.2	9.9
西部地区	4.5	14.2	9.7

资料来源:根据 2013 年、2016 年《中国城乡建设统计年鉴》中的数据整理得到。
注:表中的数据不包括西藏自治区。

从省级层面农村生活污水治理情况来看,由于经济社会发展水平以及地理地貌特征的不同,导致了广大农村生活污水处理水平的差异。从对生活污水处理的行政村比例来看,2016 年,该比例最低的 3 个省(区)分别为黑龙江省(4%)、内蒙古自治区(5%)、吉林省(5%),而该比例最高的 3 个省(市)分别为浙江省(84%)、上海市(64%)、江苏省(44%)。由此可见,省级层面的差异性非常明显。在 30 个省(区、市,不包含西藏自治区)中,只有 8 个省份对生活污水进行处理的行政村比例高于全国平均水平,除了上述 3 个省(市)之外,还有北京市(42%)、福建省(40%)、广东省(29%)、湖北省(22%)、重庆市(20%),其余 22 个省

（区、市）对生活污水进行处理的行政村比例都低于全国平均水平（图 1-7）。从动态来看，与2007 年相比，对生活污水进行处理的行政村比例增加幅度最小的 3 个省（区）依次为吉林省、黑龙江省、内蒙古自治区，分别为 2.5％、3.2％、4.0％；而增加幅度最大的 3 个省（市）依次为浙江省、上海市、江苏省，分别为 73.8％、51.2％、36.1％。

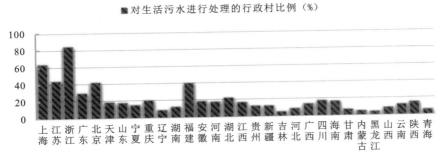

■ 对生活污水进行处理的行政村比例（％）

图 1-7　2016 年全国省、直辖市和自治区行政村对生活污水的处理情况

资料来源：2016 年《中国城乡建设统计年鉴》。

随着农村居民生活水平的提高，农村产业结构的不断调整和经济的快速发展，农村生活污水和生产污水的排放量都越来越大。然而现阶段，很多地区的农村没有完善的排水系统和污水处理系统，污水处理率很低，大部分生活污水都随意排放，造成了水体污染严重。水污染受影响的因素多，治理难度大，农村污水的随意排放不仅容易传播很多疾病，严重威胁到农村居民的身体健康，给自身环境造成了破坏，而且对附近的河流、湖泊、水塘等水体也有不良的影响。为了加速我国社会主义新农村的建设进程，营造整洁、舒适的农村居住环境，改善村容村貌，保护农村生态环境，解决农村水污染问题，整治农村水环境十分必要，也十分紧要。

1.2.2　农村生活垃圾现状及其危害

农村生活垃圾是指农村日常生活中或者为农村日常生活提供服务的活动中产生的固体废物，以及相关行政法规规定视为农村生活垃圾的固体废物。主要包括农村居民日常生活中产生的炉灰、渣土、粪便、厨余、废旧电器、园艺废物、商品包装、弃用的生活用品等；不包括村内企业、作坊产生的废弃物，建筑垃圾和医疗垃圾等。

相对城市，在农村，自然村落十分分散，农村生活垃圾具有分布广、总量大、种类复杂、危害性不确定等特点。随着现代化进程的加快，农村聚居点规模迅速扩大。在"新镇、新村、新房"建设中，由于投资约束，农村聚居点一般只有地面规划，没有地下配套基础设施设计，忽视了与土地、环境、产业发展等规划的有机联系；农村聚居点缺少规划，使城镇和农村聚居点或者沿公路带状发展，或者与工业区混杂。小城镇和农村聚居点的生活污染物则因为分散，基础设施和管制缺失，一般直接排入周边环境中，造成严重的"脏乱差"现象。农村生活垃圾几乎全部露天堆放，农村生活污水几乎全部直排，使农村聚居点周围的环境质量严重恶化。

尤其值得注意的是,在我国农村现代化进程较快的地区,这种基础设施建设和环境管理落后于经济和城镇化发展水平的现象并没有随着经济水平的提高而改善,其对人群健康的威胁与日俱增。

随着经济的繁荣,农民对于垃圾的界定标准也相应放宽,农村生活垃圾会逐渐增加。原本依靠大自然环境承载农村生活垃圾,因适当的环境自净的循环系统已经超载,"多余"的未能降解的生活垃圾时刻影响着农村居民生活。通过现实观察与已经得到的教训,人们的环保意识与资源意识也在处理垃圾的过程中逐渐得到强化,并决定着行为方向,因此,人们对农村生活污染产生了新的认识。现在,农村已经在模仿城市,积极推进村庄环境整治,以"减量化、资源化、无害化"为操作标准,对生活垃圾进行处理。在初始阶段,由于经济发展的层次较低,成本约束成为最主要的障碍,农村只能采取含有简单循环利用方式的初级处理模式(图1-8)。

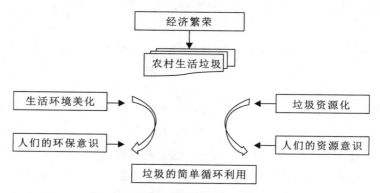

图1-8 农村生活垃圾循环利用示意图

1.2.2.1 农村生活垃圾的特点

总体上看,我国现阶段农村生活垃圾具有量大面广、分布分散、组成成分复杂、有害成分上升和地域差异大等特点,农村生活垃圾治理面临的形势并不轻松。

1.产生总量大且仍将增长

我国目前尚无农村生活垃圾产生量的全面统计资料,相关数据都是研究者根据各自的实地调研或住房和城乡建设部的统计年鉴数据推算出来的,并没有形成一致和连续的看法。如2016年国务院参事室"农村垃圾问题研究"课题组认为,农村生活垃圾年产生量是1.1亿t,"央视网"报道2016年农村生活垃圾年产生量为1.5亿t。基于实践判断,我国大部分农村地区生活垃圾产生量应该还处于倒U形曲线的上升阶段。随着中西部经济加速发展赶超发达的东部地区,农村生活垃圾的产生量可能会迎来一个迅猛增长的新阶段,垃圾治理也将面临严峻的形势。

2.组成成分复杂化,有毒有害物质增加

随着农村工业化、城市化的发展以及人们生活水平的提高,农村生活垃圾的种类不断增加,成分逐渐复杂化,由传统的堆肥类垃圾转为以可堆肥类垃圾为主、多种组成成分并存的类型。目前,可堆肥类垃圾占垃圾总量的60%以上。由于农村居民生活和消费习惯日趋城市化,生活垃圾的组成和分布特征也日趋城市化,一次性用品、工业制品和塑料制成品增加。以前农村居民不轻易扔的衣物、耐用消费品也逐渐在垃圾中占有一定比例。曾经可当饲料喂养畜禽的剩菜饭、果皮菜叶,农作物藤蔓、秸秆等,现在都成了垃圾。由于塑料、工业制品等在农村居民生活中越来越被广泛使用,农村垃圾中有毒有害物质和不易降解物质也越来越多。

3.人均产生量和构成与地区经济发达程度密切相关

从人均产生量上看,经济发展水平越高的农村地区,人均产生的生活垃圾量越多。如北京农村生活垃圾人均日排量在1.5~3.0kg,而青海省农村生活垃圾人均日排量在0.2~1.5kg。农村生活垃圾产生量总体上呈现出东部高于西部的特点。从构成上看,与城市垃圾相比,农村生活垃圾尽管组成成分上与城市生活垃圾类似,但是在组成比例上却差异较大。农村生活垃圾具有低厨余、低金属和高灰土含量的特点,含水量也高于城市。这种差异性也体现在农村的农业地区和非农业地区:农业地区生活垃圾人均产生量低于非农业地区,垃圾组成成分较简单,以厨余垃圾为主。非农业地区尽管也以厨余垃圾为主,但是组成成分更为复杂,塑料包装等白色垃圾和废旧工业制品占据一定比例。同时,特殊的农村地区垃圾类型也会有所不同,如旅游发达地区,易燃垃圾含量较高。

4.南方、北方农村生活垃圾人均产生量和构成存在地域差异

从地理上看,我国农村生活垃圾产生量总体上呈现北方高于南方的特点。如南方农村生活垃圾人均日产生量为0.66kg,低于北方的1.01kg。同时,南方、北方农村生活垃圾的组成成分差异明显。我国南方地区的农村生活垃圾以厨余垃圾为主,占总量的43.56%,其次是渣土,占26.56%;而北方以渣土为主,占总量的64.52%,其次是厨余垃圾,占25.69%。其他组成成分如金属、玻璃和布类则基本相同。这可能与地理特征、生活习惯及经济发展水平等因素有关。

5.空间分布广而散

随意堆放现象依然存在,从空间分布上看,我国农村村庄内部、村庄之间和村镇之间距离较远,与城镇集中居住产生的生活垃圾相比,农村生活垃圾空间上具有分布广而散的特点,决定了在收集和转运上要更为困难。同时,我国仍然有相当一部分农村地区还没有形成有效的生活垃圾处理体系,日趋增长的垃圾产生量与落后的垃圾处理能力之间冲突严重,农民只能寻求最简便的方式,将生活垃圾随意丢弃堆放在路边,各种类型垃圾混合在一起,污染周围环境。

1.2.2.2 农村生活垃圾产生现状

我国是一个农村人口占大多数的农业大国,随着新型工业化、信息化、城镇化和农业现代化"四化"的同步推进,农民的生活方式和生活环境正在迅速发生变化,而随之出现的农村垃圾问题也愈加明显。

随着农村经济的发展和农民生活水平的不断提高,我国农村一年的生活垃圾产生量接近3亿t,农村生活垃圾成为农村环境整治中亟须解决的问题。我国农村生活垃圾产生存在的主要问题有以下几个方面:

(1)我国大部分地区还没有形成农村生活垃圾有效的收集转运处理体系,生活垃圾产生后随意丢弃堆放在路边,污染周围环境,如北方地区堆放在路边、河边,严重污染土壤及地表、地下水体;南方地区天气炎热,产生的臭气对周边居民和大气造成污染。

(2)经济不发达地区生活垃圾人均日产生量相对较小,且居民分布较分散,不利于建立垃圾收集转运系统。

(3)农村地区村民没有形成环保意识,垃圾源头分类收集积极性不高,各种类型垃圾混合在一起,对分类收集处理造成很大影响。

长期以来,我国城市垃圾的收集处理作为社会公益事业由政府包揽,而对于农村垃圾的收集处理,政府却是心有余而力不足。国家在近几年才逐渐对农村环保科技进行投入,但我国农村面积大、人口多,相对的环保科技投入就显得过于分散。目前,国家对农村生活垃圾污染防治缺少技术政策引导和技术评价,市场上有很多不同的技术,但适合农村生活垃圾污染防治的技术很少,缺乏科学的研究基础,农村生活垃圾处理环保基础设施发展严重不平衡,与城市形成了巨大的反差。现在的农村环境保护多是直接套用城市环境保护的技术体系和管理办法,不符合农村实际,投资大,能耗高,运行管理复杂,工艺流程长,未形成适合我国农村特点的适宜的处理技术体系或模式。农村生活垃圾处理与处置面临规模小,处理成本高,人员管理缺乏,收集、运输体系尚待建立,小规模的焚烧处理和填埋处置一时难以达到现行标准的状况。

我国农村垃圾的处理还处于刚刚起步阶段。部分农村已经实施或者准备实施村收集、镇转运、县市处理的垃圾处理模式;小部分农村已经在尝试农户分类、源头减量来减少农村垃圾的产生量,农村垃圾的处理流程必须经过村、镇(乡)、县的收集网络才能有效分类处理。目前,很大一部分农村还缺乏资金开展基础设施网络建设:村小组建垃圾池、村委会设垃圾收集点、镇(乡)建垃圾压缩中转站、县建垃圾填埋场。一般农村的转运站都设在镇区中心或居民区旁边,没有对转运站的布点选址作综合规划、分析,从而造成部分收集点运输距离远、运输费用高;转运站周围缺乏防护设施或离居民区距离太近,从而造成转运站作业所产生的臭气、噪声、废水及灰土等问题,给周边居民生活带来很大影响。大部分农村的生活垃圾收集运输一般采用拖拉机或农用车的散开式运输方式,运输过程容易造成垃圾的散落、废水滴漏和产生有害气体等二次污染问题。

全面治理农村生活垃圾,是广大农民群众的迫切愿望,是实现全面建成小康社会奋斗目标的基本要求。解决好农村垃圾问题已成当务之急、长远之计。

1.2.2.3 农村生活垃圾源头分类现状

对农村地区而言,生活垃圾中的果皮、菜叶、腐败食物、渣土、树叶、燃煤垃圾、草木灰、陶瓷类等有机和无机垃圾产量约占生活垃圾总量的 70%,甚至更多,同时生活垃圾中的可回收废物和有毒有害垃圾产量却相对较低。一般来说,废纸、纸类容器、金属制品、塑料瓶罐、废旧衣物、玻璃瓶、废弃电子产品、废弃家具等可回收废物,大部分均流入当地回收市场,直接被废品回收站收纳而不进入生活垃圾最终收运体系或不被随意丢弃。而受到当地废品市场主导,剩余回收价值低、回收渠道不畅的可回收废物,则与不可回收废物混合丢弃。有毒有害垃圾如农膜、地膜、农药外包装等农用垃圾,油漆罐、日光灯管、过期药物、废旧电池等日常产生有毒有害垃圾,以及少量医疗垃圾,通常不设置单独收集和转运的渠道,而是与其他进入生活垃圾收集体系的垃圾进行混合收集和转运。目前,大部分农村地区的生活垃圾依旧处于混合收集、混合转运阶段,甚至部分地区连基本的垃圾收运都尚未实现,生活垃圾被随意倾倒和堆放在屋前房后、河道或路边,严重危害生态环境。

1.2.2.4　农村生活垃圾处理现状

随着我国新农村建设的全面开展,农村生活垃圾处理问题受到广泛关注,各级政府不断加大农村地区投入,提供资金、技术、政策支持,以推进农村地区的垃圾密闭化管理和无害化处理进程,改善村容村貌。目前农村生活垃圾主要采取混合收集、统一清运、集中处理的方式,取得了一定的成效。然而,在部分偏远农村这一方式却无法推广,许多镇政府和村委会往往无力负担高额的环卫设施建设和清运处理费用。

据调查,我国农村平均每人每天生活垃圾产量为 0.86kg,全国农村一年的生活垃圾产量接近 3 亿 t。截至 2013 年底,全国 58.8 万个行政村中,没有设置垃圾收集点的农村占总数量的 40% 以上;没有对生活垃圾进行处理的农村超过 60%,有 14 个省不到 30%,有少数省甚至不到 10%。由于不同地区的生活习惯、经济状况以及各级地方政府的管理理念等方面的不同,目前各地的农村生活垃圾管理水平不一,在管理的方式方法上也不尽相同。在我国经济一般或不发达地区,大部分农村的生活垃圾还普遍处于粗放的“无序”管理状态,很多地方基本上是“四无”:无环卫队、无固定的垃圾收集点、无垃圾清运工具、无处理垃圾专用场地。村民自行将生活垃圾清理到户外,随意丢弃或堆放,村内卫生环境较差甚至恶劣。

某些经济条件较好或当地政府对环境保护较为重视的农村地区,积极探索适合当地农村的生活垃圾处理技术和方式。例如,河北省迁安市杨各庄镇阎官屯村,在将各村各户收集上来的垃圾送往垃圾填埋场之前,要经过一道网筛过滤分类的程序。过滤出来的细土、碎柴草、菜叶等回收制成农作物的有机肥料,成为优质的有机肥料;粗渣、细石、砖头等统一存放,用于填坑、修路;废塑料、废弃物等不可回收利用的垃圾烧后放入垃圾填埋场。采用这套技术,该村每年可清运处理垃圾 50t,生产有机肥料 10t,可节省肥料费用 1 万多元,节约垃圾填埋空间 50% 以上。

1.经济发达地区农村或大城市周边农村生活垃圾处理现状

我国少数地区,主要是经济较发达地区或大城市周边的农村,如北京市、广州市、上海市、浙江省等地城郊的农村,建立了科学的垃圾管理机制,对农村生活垃圾进行统一收集、运输和处理,比较有代表性的是"户收集、村集中、镇转运、县(市)集中处理"的城乡一体化的运作模式。这种管理模式取得的实际效果很好,但是运输处理成本比较高,所以目前在广大农村,尤其是在经济欠发达地区的农村推广有一定的难度。浙江省义乌市从 2005 年开始全面实行城乡垃圾一体化处理,农村环卫服务实行户、村、镇街、市"四级联动"的保洁制度。农户负责自家房前屋后的卫生保洁,垃圾收集后放至指定容器内,每个农户配置一只垃圾桶;各村配备一名以上的保洁员负责各村垃圾清扫保洁工作,每个村建有一座垃圾房,垃圾由各村收集到垃圾房内;镇街主要做好辖区内的环境卫生监督和管理工作,负责将各村垃圾房内的垃圾清运到各镇街垃圾中转站;市环卫处的职能向农村延伸,负责各镇街垃圾中转站内垃圾的清运和处理工作。

2011 年,四川省珙县按照"户收集、村保洁、镇清运、县处理"的原则,开展城乡环境综合治理,取得了良好的效果:50%多的镇、90%的农村生活垃圾实现了分类无害化处理,全县不可回收垃圾量减少到 30%,减量率达 70%,不可回收垃圾无害化处理率达 100%。

2.远郊村或偏远农村生活垃圾处理现状

我国大部分偏远农村没有符合标准的垃圾处理设施,仍以利用废旧坑塘简易填埋为主;有些村庄的生活垃圾根本不作处理,随意堆放在村外、路边、河流旁,且不能及时覆盖,二次污染严重,制约了后续处理方案选择。长期以来,我国城市生活垃圾的收集处理作为社会公益事业由政府包揽,而农村生活垃圾,政府却是心有余而力不足。除了少部分经济较发达地区的乡村对生活垃圾进行收集处理外,大部分农村,尤其是经济较为落后地区的农村,乡镇和农村没有能力提供垃圾处理的服务,通常将垃圾收集后露天堆置,或者任由村民随意倾倒,无序堆放于村前屋后、沟渠河塘、道路两旁。

从总体上看,我国大部分农村生态环境普遍较差,生活垃圾处理问题亟待解决。除了少数农村的生活垃圾能得到妥善处置外,大部分农村的生活垃圾没有处理或者处理不当而影响生态环境。

1.2.2.5 我国生活垃圾处理产业化现状

我国的生活垃圾处理作为一项公益性事业,一向由政府统管包办,改革起步晚,市场化程度低,缺乏竞争和活力。另一方面,生活垃圾处理属高投入、低产出,没有切实可行的产业配套政策,企业无利可图,社会资金和国外资金都不愿意投入生活垃圾处理设施的建设和运营,从而大大限制了生活垃圾处理产业的发展。

1.旧体制阻碍了生活垃圾处理的产业化运作

由于长期在计划经济体制下,生活垃圾处理都由政府作为一个公众服务事业包办,而企业和居民对承担合理的垃圾处置费用缺乏认识,未能很好地贯彻"谁污染、谁付费"的环保政策,直接结果是导致了市场机制的丧失,最终的结果是政府为处理城市生活垃圾而承担了庞大的资金支出。市场机制在我国的经济建设中扮演着越来越重要的角色,而在城市生活垃圾处理等环境保护领域,除了深圳等少数城市外,其他城市市场机制应用较少。在市场运作的情况下,政府、企业和市民都应对城市生活垃圾的处理承担责任:政府负责宏观调控和对环境法律、法规进行修改、补充;商业化企业在经济利益的驱动下处理生活垃圾;通过付费和其他经济手段,增强市民的环境意识。

2.政策的不完善阻碍了企业进入生活垃圾处理领域

城市生活垃圾处理产业跟其他环境保护产业一样,具有经济效益、环境效益和社会效益。但在垃圾处理市场中,投资者必须考虑生活垃圾处理运作成本。一方面是条件不允许对生活垃圾收集与处理进行收费;另一方面又由于较高的税收而无法从它的再生产品中获得足够的经济收入。

3.处理技术的欠缺阻碍了生活垃圾处理产业的发展

现代的城市生活垃圾处理是一项复杂的系统工程,包括城市生活垃圾的产生、收集、转运、处理及最终处置等环节,先进的技术可以在每个环节发挥重要的作用。但是中国和其他发展中国家一样,城市生活垃圾处理的技术水平相当于发达国家 20 世纪 70 年代末或 80 年代初的水平,源头分类收集和减量化工作还不到位,还处于试点阶段;综合利用程度相对较低,尤其是适应于循环经济的废物回收和再利用等整个生活垃圾处理层次还处于一个基本的、自发的、无序的状态;城市生活垃圾处理还未达到足够的专业化和社会化,仅仅停留在小打小闹及不完全处理上。低技术水平企业的普遍存在和分散的市场机会正在阻碍生活垃圾处理产业化的发展。

1.2.3　农村大气污染现状及其危害

1.2.3.1　农村室内空气污染的现状

室内空气污染是危害人体健康的主要环境因素之一,全球 4% 疾病的产生可归因于室内空气污染。我国农村特别是贫困地区农村室内环境空气污染形势非常严峻。引起农村室内空气污染的主要来源如下。

1.低质量燃煤产生的室内污染

我国农村居民使用的低质量高硫煤是主要生活燃料之一。低质量的煤燃烧除了释放颗粒物和二氧化硫外,还产生其他有害致癌物质。不同的燃料品种,燃烧产生的致癌物质浓度也不一样,烟煤产生的致癌物浓度最高,燃柴次之,无烟煤最低。在贵州、陕西、四川、重庆和云南等地,人们使用开放式炉灶燃烧高氟煤,使室内空气氟浓度超过日平均容量的 2～84 倍,再加上摄入含氟水平较高的膳食,导致氟病的高发。燃煤型砷污染和砷中毒主要分布在贵州。临床检查发现砷中毒者除有明显的皮肤色素异常及角化过度等典型病变外,还有消化系统、神经系统、呼吸系统、心血管系统等损害,并且砷能引发皮肤癌、膀胱癌及肺癌等多种癌症。

2.生物质燃烧产生的室内污染

我国农村居民使用的另外一种主要的生活燃料为作物秸秆、柴草等生物质燃料。由于炉灶落后,燃烧时通常满堂浓烟,释放大量的可吸入颗粒物、一氧化碳、二氧化硫、氟化物、醛类等对人体健康有害的物质。有些颗粒物可以直接侵入人体的防御系统,侵害肺组织深部,造成呼吸系统损害,可使肺癌及其他严重呼吸道疾病的风险明显增加,同时对眼黏膜也有危害。

3.居室装修造成的室内污染

随着农村居民生活水平的提高,很多村民也都盖起了新房,进行精致的室内装修。居室装修时使用的胶合板、细木工板、中密度纤维和刨花板等人造板材中的胶黏剂均以甲醛为主要成分,板材中残留的和未参与反应的甲醛会逐渐向周围环境释放,是室内空气中甲醛的主体。各类装饰材料,如壁纸、油漆和涂料等也含有甲醛及苯、甲苯等挥发性有机物,如果室温较高则挥发量会增加,通风不良可以造成上述污染物在室内的积蓄。

近年来,因居室装修而引起的氡气污染致人的身体健康受损害的病例越来越多,已引起人们的关注。氡气主要存在于天然石材、瓷砖和水泥中,它是自然界中唯一具有放射性的气体,因其无色无味,所以它的存在及其对人体的损害不易被察觉。氡在作用于人体时很快衰变成人体能吸收的核素,进入人的呼吸系统造成辐射损伤,诱发肺癌。氡还对人体脂肪有很高的亲和力,从而影响人的神经系统,使人精神不振,昏昏欲睡。室内装修也多用天然石材,而天然石材中的辐射物质直接照射人体后,会对人体内的造血器官、神经系统、生殖系统和消化系统造成损伤。为了防治放射性污染,保护环境,保障人体健康,2003 年 6 月 28 日,我国通过了《放射性污染防治法》。

4.农民的传统生活方式导致的室内污染

我国农村大部分家庭使用功能简单的开放式炉灶做饭、取暖、烘烤食品,燃料燃烧不全且排风不良(图 1-9)。部分北方农村采用炕连灶,而且炕与灶之间没有阻隔,冬天取暖和做饭产生的烟气都要通过炕内曲折的烟道,排烟不畅,造成大部分燃烟滞留在室内,对居民的身体健康构成极大的威胁。并且大部分农村地区有明火或烟熏干燥食物的习惯,导致燃烟中的颗粒物、氟化物、砷化物及其他有害物质大量附着在食物的表面,人食用后严重威胁健康。

图 1-9 烟雾弥漫的山村

1.2.3.2　农村室外空气污染的现状

1.农村恶臭污染

农村恶臭(臭气)是来自畜禽粪便、饲料、污水、塑料和动物尸体腐烂分解等而产生的有害气体。农村的恶臭污染主要来源于农村集约化经营的大型养殖场,由于其没有有效的管理,缺乏有效的除臭措施,或是将粪便等垃圾放置在一个开放的粪坑里或是裸露堆放,其腐败分解产生的气体释放到空气中,随着空气流动而扩散,形成臭气污染。农村农户家禽、牲畜的分散经营所致的臭气污染也不容忽视,几乎每家每户都有家禽和牲畜圈,大量的粪尿、废弃物和有机废水如不及时处理,则会造成水源、空气、土壤的污染以及传染性疾病的流行。

2.农村耕作引起的扬尘和沙尘暴污染

农村传统的耕作方式一般需要通过翻耕、耙糖将土地整理得细碎、平整,令地表干净整洁,并造成一个疏松的耕层,便于来年春季的耕种。传统农业对秸秆的处理一般采取焚烧、收割或打碎秸秆后再翻地耙平等方法。这种耕作方式在翻耕时会引起扬尘污染,更为严重的是收割过后,地表失去作物的保护,进入裸露休闲状态时,裸露的土地得不到保护,干燥的土壤很容易被风刮走,而农田土壤地表几厘米的土是最肥的,不仅浪费土壤资源,而且容易产生扬尘造成环境空气污染,这还成为我国水土流失和严重风蚀的根源。此外,沙尘暴特别是强沙尘暴的沙物质主要来源于北方裸露干燥的农田和退化的草地,退化草地占北方天然草地的一半以上,裸露农田占耕地的七成以上。不合理的农牧业生产行为,如过度放牧和春秋翻耕等活动,增加了地表的沙尘来源,加剧了沙尘暴的发生。

3.乡镇工业企业污染

乡镇企业的废气排放是农村空气环境污染主要的污染源之一。据统计,农村的各类乡镇企业烟尘和粉尘排放都超过了全国排放总量的一半以上。由于乡镇企业设备简陋、工艺落后,很多企业没有防治污染的措施,即使有排污设备也是闲置不用;再加之其布局分散、地方政府环保机构和环保人员设置不健全,对乡镇企业污染难以监管和治理。据2001—2004年《全国环境统计公报》,全国乡镇企业二氧化硫和烟尘的排放量分别增长了12.5%和16.3%,在全国主要工业污染物排放总量有所控制的情况下,乡镇企业排放量却在增加。

4.生物质燃烧造成的空气污染

随着农村经济的发展和农民生活水平的提高,农村对秸秆的传统利用发生了很大变化,燃烧秸秆就成了农民最方便的处置方法。露天焚烧秸秆带来的一个最突出的问题就是对大气的污染。秸秆焚烧造成浓烟遮天、灰尘悬浮,是形成酸雨、"黑雨"的主要原因,特别是刚收割的黏秆尚未干透,经不完全燃烧会产生大量氮氧化物、二氧化硫、碳氢化合物及烟尘,氮氧化物和碳氢化合物在阳光作用下还可能产生臭氧等,造成二次污染。

5.燃煤产生的大气污染

在农村,随着能源消费由利用秸秆、薪柴等生物能向燃煤过渡,农村大气质量面临严重的威胁。近年来,农村燃煤的用量大大增加,尤其是北方农村,冬季用煤时间长、面积大,燃煤烟尘直接排入大气,对空气造成较大的污染。

6.农业生产产生的污染

在农业生产中,我国大量使用农药、化肥等化学肥料,对农村空气环境带来极大的影响。近20年来,我国化肥的亩施用量超出世界平均施用量的一倍多,其利用率只有30%~40%,其余都进入环境,污染大气、水体和土壤。农药是农业生产中造成空气污染的另一较大污染源。人体吸入被农药污染的空气,身体健康会受到损害。农作物本身也会产生有害气体,如农业生产是温室气体氧化亚氮的一个主要来源,水稻种植是温室气体甲烷的重要来源之一。

7.城市污染工业向农村转移带来的污染

近年来,随着我国现代化、城镇化进程的加快以及城市人口的不断增加,加之国家政策导向的产业结构调整和农村生产力布局调整的加速,越来越多的开发区、工业园区特别是化工园区在农村地区兴起,造成城镇工业废气向农村地区转移,给农村大气环境造成极大的污染与危害。

1.3 农村生活污染防治及存在的问题

1.3.1 生活污水污染防治

1.3.1.1 污水收集环节存在漏洞

我国大部分农村地区经济发展水平相对滞后,在村民家庭内部,没有建立完善的生活污水收集系统,特别是厕所问题尤为突出。在农村地区仍然存在较多的传统旱厕,部分家庭由于观念问题,甚至没有自建厕所,依然在使用公厕。这些厕所大部分没有按照《农村户厕卫生规范(GB 19379—2012)》进行建设。部分农村地区虽然集中建设了"三格式卫生厕所",但为了避免定期清理工作,有意将"三池"不作防渗处理,进而导致污水下渗土壤。此外,淋浴产生的污水也没有进行有效收集,而是就近排进户外沟渠。

1.3.1.2 农村生活污水处理中的"两难一低"问题突出

由于农村居民分散居住,特别是在山区、丘陵地区,农民居住点更加分散,再加上生活污水管网铺设的成本相当高,财政难以支撑,因此,这些地方农村普遍缺乏污水收集管网与处理设施,对生活污水实施收集存在困难。同时,由于不同地域农村居民用水习惯不同,生活污水产生量和排放规律存在很大的空间异质性,客观上决定了生活污水处理难度较大。此外,一些地方采取的污水处理模式不适合当地的具体情况,导致生活污水处理效率较低。这是当前我国广大农村生活污水处理中存在的突出问题。

1.3.1.3 污水输送系统不完善

受传统农业的影响,农村居民点较为分散,从而造成农村地区普遍没有完善的排水管网系统,污水和雨水就近流入河流、低洼坑处或渗入地下水。部分农村地区采用明渠排水,但由于防渗处理不到位,大量污水在沿途渗入地下。此外,农村生活污水产生时间主要集中在三餐前后,以厨卫和洗浴污水为主,虽成分相对简单,污染物浓度也较低,但水量波动很大,给收集和处理带来了一定难度。

1.3.1.4　污水处理方式缺乏因地制宜措施

近年来,在国家财政支持下,部分农村地区建设了小型污水处理设施,在农村生活污水处理方面取得了一定成就。但各地小型污水处理设施在建设过程中缺乏因地制宜的措施。有的地方在缺乏配套收集和输送设施的情况下,盲目建设污水处理厂,导致污水处理厂建成后,水量无法有效收集,进而造成污水处理设施闲置;有的地方为了迎合领导对于"高技术含量"的要求,不顾实际需求,大幅提升污水厂造价,以及运行过程中设备的维护费用,由于缺乏持续资金和相关专业人才,导致污水处理厂无法正常运行;有的地方按照《城镇污水处理厂污染物排放标准(GB 18918—2002)》的要求,采用成熟的城镇污水处理工艺,建成后由于处理规模较小,性价比较低,没有第三方运维公司竞标运营。

1.3.1.5　农村生活污水处理等环保基础设施投入严重不足

相对于城镇而言,农村人居环境近几年才得到广泛关注。对基层政府而言,城镇及其环境建设历来是其关注的重点,也是基层领导展示"政绩"的关键,因而对广大农村环保基础设施建设投入严重不足,由此导致了农村人居环境治理难以取得显著成效。从总体上看,我国城市用于排水和污水治理的财政投入都保持着稳定的上升趋势,2016年城市排水投入1222.51亿元,其中污水治理投入达到489.9亿元。与此同时,我国农村排水和污水治理的财政投入虽然也保持了持续稳定的增长,但是投入额度的绝对量却明显低于城市,2016年农村排水投入228.76亿元,仅为城市投入额度的18.71%,其中污水治理投入98.7亿元,仅为城市投入额度的20.15%。农村排水设施投资占市政投资的比例为10.79%,而污水处理设施投资占市政设施投资的比例仅为4.66%,占排水设施投资的比例为43.15%,相对于农村生活污水治理等人居环境整治的巨大需要,其投入则显得严重不足。同时,不同区域农村排水设施投资、污水处理设施投资及所占相应投资的比例也表现出明显的差异性。对农村排水设施投资而言,东部地区为144.33亿元,占全国排水设施投资总额的63.09%,而中部地区、西部地区分别占16.06%、20.10%;对农村排水设施投资占市政投资比例而言,东部地区为16.19%,而中部地区、西部地区分别占8.13%、6.03%。农村排水设施及污水处理设施的投资强度,可以采取两种方式来计算,一种是按照每个行政村来计算,另一种是按照行政村人口来计算(表1-6)。从行政村的投资强度来看,2016年每个行政村排水设施投资仅为4.35万元,污水处理设施投资仅为1.88万元,分别比2013年增长了72.62%、213.33%。从人口的投资强度来看,2016年人均排水设施投资强度为28.94元/人,人均污水处理设施投资强度仅为12.49元/人,分别比2013年增长了68.94%、203.89%。但在当今材料价格、劳动力价格日益攀升的情境下,如此低的投资强度根本解决不了实际问题,导致的结果则是基层政府相关部门为了完成上级下达的"指标",只能采取降低工程质量的方法,以应对上级部门的检查与验收。不同区域排水设施、污水处理设施的投资强度的变化情况如图 1-10 所示。

表 1-6 农村排水设施、污水处理设施投资强度及变化

年份	每个行政村排水设施投资强度(万元)	每个行政村污水处理设施投资强度(万元)	人均排水设施投资强度(元)	人均污水处理设施投资强度(元)
2013 年	2.52	0.6	17.13	4.11
2016 年	4.35	1.88	28.94	12.49
增加量	1.83	1.28	11.81	8.38
增长率(%)	72.62	213.33	68.94	203.89

资料来源:根据 2013 年、2016 年《中国城乡建设统计年鉴》中的数据整理得到。

注:表中的数据不包括西藏自治区;人均是按照户籍+暂住人口进行匡算。

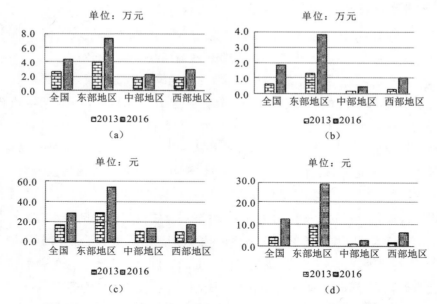

图 1-10 不同区域农村排水设施、污水处理设施投资强度及变化

注:(a)、(b)分别是按照行政村计算的排水设施、污水处理设施投资强度;(c)、(d)分别是按照行政村人口计算的排水设施、污水处理设施投资强度。

1.3.1.6 农村生活污水相关立法不完善

近年来,污染防治理念已经由末端治理转向预防为主。但在部分农村地区,农民普遍缺乏环境保护意识,单纯地重视经济发展,无视或轻视环境保护的理念依然根深蒂固,没有意

识到"绿水青山就是金山银山"的深层含义。与此同时,我国水污染防治法律制定过程中,往往以城市为中心,而忽略了农村水污染问题,给农村生活污水防治工作造成了诸多不利影响。当前,农村生活污水防治法律依据主要有《中华人民共和国环境保护法》和《中华人民共和国水污染防治法》等,这些法律的设置主要是为了控制城市生活污水或工业废水的无序排放。在农村地区,由于村民居住较为分散,以及地形地貌、经济发展水平和生活习惯的差异,给农村水环境保护执法带来了相当大的困难。因此,因地制宜地制定相关法律法规势在必行。

1.3.1.7　政府对农村环境污染存在监管缺位

当前,我国对农村生活污水环境污染问题的监管存在比较严重的缺位。首先,我国最基层的环保部门是县级环保机构,乡镇一级尚无相关职能部门,县级环保部门受各种条件限制,很难对乡镇环保工作进行有效的管理。其次,我国基层从事环境保护工作的人员相对较少,不仅没有建立起农村生活污水污染的监测网络系统,而且也无法充分利用相关的农村水质监测技术。再次,我国环境保护的法律体系中对何种行为应该处罚以及处罚的程度规定得过于笼统,导致环保执行部门难以行使环境执法权。在环保监管实践中,我国环境监管机构不健全、监管手段落后、监管方式不够规范,导致政府对农村生活污水污染环境的监测与监察工作基本缺位,一方面出现了以权代罚、以费代罚的现象;另一方面,由于监管权力和执法权力存在重叠或冲突,导致环境保护部门承担环境治理责任时出现互相推诿的现象,污染事故无人管、环保咨询无处问的情况也时有发生。此外,我国环境保护法最突出的特征就是实体法为主,程序法很少,而且程序法大部分分散在各个实体法中,这在很大程度上阻碍了我国农村生活污水污染防治措施的有力实施,限制了我国治理农村生活污水污染的发展。

1.3.1.8　农村生活污水排放标准不健全

农村生活污水处理排放标准依据主要有《污水综合排放标准(GB 8978—1996)》《城镇污水处理厂污染物排放标准(GB 18918—2002)》和《小城镇污水处理工程建设标准(建标148—2010)》。这些标准建立的主要目的也是为了控制城市生活污水的排放,但并没有专门制定农村生活污水的相关排放标准。从规范农村生活污水治理工作角度出发,制定针对性的农村生活污水排放标准迫在眉睫,标准的制定也将为农村生活污水防治和监管提供理论依据和技术支撑。

1.3.1.9　农村生活污水处理机制有待建立与完善

一是缺乏生活污水处理设施的运营管护机制。目前包括农村生活污水处理设施在内的一些环保设施,还没有一个有效的运营与管护机制,既没有运营组织,也缺乏管护经费,从而导致了设施的闲置与浪费。二是缺乏对农村生活污水处理的评估和监督机制。由于农村生活污水处理在最近几年才得到重视,还没有建立起相应的评估和监督机制,在一定程度上影响了处理的成效。三是缺乏有效的农民参与机制。农村居民受传统生活习惯的影响,对生活污水造成的污染缺乏认识。同时，我国农村生活污水处理刚进入探索阶段，农村居民对生活污水处理持有怀疑态度，对生活污水处理设施的建设行为不能充分理解，参与程度较低。

1.3.2　生活垃圾污染防治

1.3.2.1　农村垃圾管理中的问题

1.环境立法和规章制度较为粗放，系统性和针对性不高

关于环境保护的法律法规众多，但专门针对农村地区环境保护的立法、规章制度以及对环保责任主体、环境责任的系统定位仍处于待完善状态。2016 年，《国家环境保护"十三五"规划纲要》中首次将生态文明建设写入五年规划，5月国务院出台的《关于加快推进生态文明建设的意见》中也引入了绿色城镇化的概念和目标，而环保部《关于深化"以奖促治"工作促进农村生态文明建设的指导意见》无疑也是农村环保逐步完善的简明体现，但总的来说，现有法律法规内容较为粗放，而建立更系统、规范和可行的法律仍任重而道远。

2.环境管理机构数量不足，职责不明，环境管理失灵

近年来，随着城乡一体化的推进以及各地乡镇区划的规范与调整，我国乡镇区划个数逐渐降低并已渐趋稳定，同时，我国环保系统机构和乡镇环保系统机构的数量整体上呈现出不断上升的趋势，尤其是我国乡镇环保机构的数量在全国环保机构数量中的占比，近几年更是快速攀升（图 1-10）。根据国家统计局最新数据显示，2014 年乡镇环保机构的数量在全国环保机构总数的占比为 20.2％，达到历年最高。然而，农村现有环境管理体系仍存在结构漏洞和结构真空现象，环保机构数量严重不足，管理体系不健全。

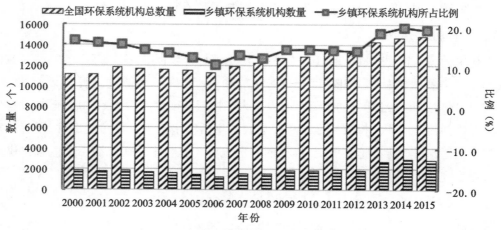

图 1-11　全国和乡镇环保机构数量变化趋势

其次，现有环境管理部门的责任范围界限不明，环境监管职责缺乏规范、统一的定位，各机构间存在功能交叉和迭代现象，由此导致上下级环保部门管理脱节、监管不力，环保工作执法困难，农村地区环境管理的组织构架需体系化和正规化。

3.全投入不足,基础设施落后,垃圾资源化程度低

环境保护工作的公益性、低盈利性决定了我国农村地区环境建设在短时期内还脱离不了对政府部门强烈的依赖性,且环境建设水平与当地经济发展程度有着高度相关性。不难理解,农村地区的经济水平决定了其首要任务是发展经济提高 GDP,对环境建设的重视不够。加之环卫投入通常由政府财政支出,虽然中央财政下放了专项资金用于村庄的环境整治,但放眼全国也无疑是杯水车薪。在这样的经济背景下,其环境现状直接表现为环卫基础设施落后甚至缺失,部分地区生活垃圾源头收集和转运尚无法实现,其资源化和最终处理处置更无从解决。此外,环保资金严重不足还导致垃圾资源化设备配置低,无法有效引进和推行垃圾资源化技术。加之受到经济利益驱使,其有价废品市场相对混乱无章,造成部分可回收废物无法被再利用,生活垃圾整体资源利用率较低。但归根结底,环保资金投入不足是造成农村地区环境建设滞后、环境管理失灵的主要原因。

4.环境宣传教育不到位,垃圾源头分类进展缓慢

农村地区经济条件差,环境保护意识和法制观念也相对淡薄。具体表现为:对生活垃圾污染及其造成的二次污染认知较差、对生活垃圾源头分类意识模糊、无法正确区分有毒有害垃圾等各类垃圾,甚至在其自身环境权益遭到侵害时无法进行有效维权。特别是这些地区的一线环卫人员通常又是社会底层弱势群体,因缺乏一定的环境常识,恶劣的环卫工作条件极有可能对其身心造成严重危害,但相关培训教育工作却未得到足够重视。一系列问题均直接反映出我国农村地区在环保宣传、教育、培训工作中的不足,强化环境维权教育,举办环境知识和垃圾源头分类宣传培训等是推进其环境建设的重要前提。

5.管理模式单一,居民参与度低

对我国大部分农村地区而言,包括生活垃圾处置在内的环卫保洁仍是一项依赖于政府的公共服务行为。在传统运作模式下,农村地区生活垃圾的清运主要为各级政府统筹安排一线环卫人员直接负责,同时该过程还受到县、乡镇、村多级部门和干部的综合管制。在这种体制背景下,政府部门扮演了执行者和管理者两个角色,且管理过程大多强调的是政府行为,农村居民没有机会参与环境政策的制定,低参与度反过来又使其积极性和能动性受挫。其次,由于这些地区的环卫资金通常来源于政府,为了最大限度降低环卫给政府财政造成的负担,环卫作业成本被压低,又导致环卫作业效率低下,环卫人员权益得不到保障。此外,这种传统的环境管理模式执行力和针对性不强,大多是借鉴甚至照搬城市老一套的环境治理方案,而能够适应我国农村特点的多元化环境管理模式尚需深入研究。

1.3.2.2 农村生活垃圾源头分类收集问题

1.适合于农村地区的生活垃圾源头减量及处置设备缺失

农村生活垃圾主要包括塑料、橡胶、玻璃瓶、废铁、旧报纸、旧衣服(鞋)、编织袋、农作物秸秆、人畜粪便、炉渣和灰土等,组成杂、区域差异大。生活垃圾中的塑料、橡胶、玻璃瓶、废铁、旧报纸、旧衣服(鞋)、编织袋等具有较高的回收和再利用价值,直接混合收运则不利于垃圾分类、分流、源头减量和后续资源化利用。但相应的源头减量及处置设备仍处于缺失状

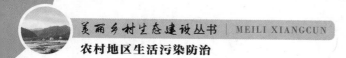

态,因此,研发生活垃圾源头高减量分类、分流、分选技术,是实现农村生活垃圾减量和高效回收的必由之路。

2.农村地区生活垃圾收集、转运技术与设备体系不完善或缺失

生活垃圾的收集和运输是连接垃圾产生源和处理处置设施的重要环节,其耗资最大,操作过程也最复杂。相对于城市而言,农村地区生活垃圾收集、中转处置技术相对落后,设施水平严重不能适应快速发展的经济需求。尽管部分农村配置了生活垃圾收集与转运设施,但其规格、布点及规划都缺乏系统性,生活垃圾收运效率不高、匹配性差、垃圾收运混乱等问题层出不穷,以致收运体系处于半瘫痪状态。因此,开展针对农村地区的生活垃圾收集和转运模式,建立其稳定运行的外在保障机制具有重要的现实意义。

1.3.2.3 生活垃圾治理存在的问题

目前,农村垃圾问题形势严峻,垃圾随时在产生危害。但是,实际上,垃圾处理问题不仅需要从技术层面进行研究,还需要从社会、文化角度进行研究。

主要问题:农村生活垃圾处理目前还没有专门的立法,存在重视程度不高、垃圾处理体系覆盖率低、监管机制弱、建设和运营资金保障不足、收运和处理设施落后、垃圾分类普及推广难和正确投放率低等问题。

1.相关法律法规不完善

农村生活垃圾处理的法律不完善,首先表现在没有农村生活垃圾污染防治的专项立法。现阶段我国农村生活垃圾污染防治的法律依据主要来自《中华人民共和国环境保护法》(以下简称《环境保护法》)和《中华人民共和国固体废弃物污染环境防治法》(以下简称《固体废弃物污染环境防治法》),以零散的方式存在。如《环境保护法》第四十九条规定"县级人民政府负责组织农村生活废弃物的处置工作",第五十条规定"各级人民政府应当在财政预算中安排资金,支持农村……其他废弃物处理……",再如《固体废弃物污染环境防治法》第十七条规定"禁止任何单位或者个人向……等法律、法规规定禁止倾倒、堆放废弃物的地点倾倒、堆放固体废物",第三十八条规定"县级以上人民政府应当统筹安排建设城乡生活垃圾收集、运输、处置",从中可以看出目前缺少以农村垃圾处理为主体的法律。以农村垃圾为主体的规定仅在《固体废弃物污染环境防治法》中第四十九条出现,即"农村生活垃圾污染环境防治的具体办法,由地方性法规规定"。该条文是原则性的,没有明确规定具体的防治措施。其次是各地出台地方性垃圾管理办法的法规进展不一,权威性不同,详略差别大。比如有的管理办法是由地方人大通过的,有的则是由当地政府发布的。有的地区不仅出台了农村生活垃圾管理办法,还出台了农村生活垃圾分类管理办法(如浙江),而有些地区则连管理办法都没有。有的地方管理办法详细规定了实施细则,有的则仅是方向性规定。

2.垃圾处理体系建设滞后,重视程度待提高

农村生活垃圾处理体系建设滞后,未能实现农村地区全覆盖。几乎所有地区垃圾处理所需的配套设施、人员队伍、资金保障和行政监管体系建设都存在不同程度的滞后,与工作需求不匹配,不能满足任务需求。这与我国农村环境问题长期以来没有获得足够重视有关。相当部分的农村地区生活垃圾处理没有纳入环卫收运体系,环保先天重视不足。农村垃圾处理从规划、建设、运营到管理监督都较弱。面对复杂的农村垃圾问题,一些地方领导还存在畏难情绪。农民对垃圾危害性认识不足,环保卫生意识也不强,垃圾分类意识更弱,履行垃圾处理义务的积极性较低。

3.乡镇以下垃圾处理基础设施落后

基础设施落后首先表现在收运设施存在设置数量少、服务半径小和放置位置不合理等问题。首先,大部分地区收集垃圾使用的露天垃圾池或垃圾桶缺乏必要的密封和清洁措施。其次,转运工具也存在数量不足和设施不配套问题。除个别地区配备了垃圾压缩车外,大部分农村以其他交通工具运送垃圾,存在转运效率低、运输费用高和转运中的跑冒滴漏现象。一些距离生活垃圾处理地点远、运输费用高、财力又较弱的农村就会选择就近处理,存在较大的环境风险。再次,一些既有的填埋场和垃圾堆放场建设标准低,配套设备如压实机械数量少、防渗处理不到位,存在对水土的二次污染风险和填埋气体迁移聚集风险。还有些地区农村生活垃圾处理方式简单,垃圾处理基本采取集中填埋,没有进行无害化及防渗处理。

4.建设和运营资金保障不足,来源单一

除各种试点和创建活动点外,各级政府对农村垃圾处理的投入很少,基层开展相关工作主要依靠上级财政转移支付。由于财政支持力度和村镇经济承受能力有限,垃圾处理设施建设和运营经费缺口较大。欠发达的村庄由于本级财政收入少、集体经济弱,垃圾处理费用更难以在本级及以下筹集。农民不愿或不能承担垃圾收运处置费。由于后期的运营也需要大量资金保障,在财力薄弱的农村地区由行政命令硬压下建设的集中处理设施,往往建得起却用不上。发达的农村地区由政府包办一切也有资金压力。

5.垃圾分类缺乏强制性,管理弱,村民分类意识差

从法律角度看,垃圾分类没有立法,不具有强制性,基层工作以示范、劝导为主,缺乏硬约束。从政府角度看,基层政府任务重、压力大,配套管理滞后,生活垃圾分类工作基础不扎实,如认识不统一、配套资金不足、管理不规范,基层工作机制不健全等。这是很多农村地区堆肥类垃圾机械化处理终端不能正常运行的重要原因之一。以机械堆肥运营体系的资金筹措为例,由于机械堆肥需要配备专门的清运、分拣人员,而且设备能耗比较高,在政府投入不足的情况下,不够富裕的集体经济积累较难承担每年生活垃圾处理运行费用,导致设备买得起用不起。从村民角度看,分类意识尚待提高,正确投放率低。在宣传发动过程中,村民的不理解给工作带来阻力。部分村民认为在农村开展垃圾分类不切实际,发达的城区都没有做到,农村更难做到;也有人认为垃圾分类太麻烦,分类意识被动,在反复劝导下才勉强为之,正确投放率较低。

在现实中,集权的各级政府一直想方设法将其污染治理文化强加于农村大众的信仰之上。近年来,城市垃圾分类的观念和处理方法对农村地域主体关于垃圾的传统分类和处理

方式的影响越来越大,更有甚者,部分农村已经开始走起城市垃圾处理的路子,村委会在农村垃圾处理过程中承担着管理者和垃圾处理方法制定者的角色。然而,生活垃圾在城市和农村两个场域中是不同的:城市处理垃圾的目的是将垃圾踢出城市;而在农村,垃圾本来就可以和农村共存于同一场域中,其中主要的缘由在于,土壤和绝大多数农村垃圾本来就属于一体。农村经济的发展引起了农村关于生活垃圾认识的变迁,农村也慢慢开始将垃圾和居住场所分开,即用混合垃圾处理方法来处理农村垃圾。村镇地区往往基础设施条件薄弱,生活垃圾中的渣土类无机垃圾含量高,如果不进行分类收集,而将这些垃圾集中并长距离运输,显然是不经济的,也是不必要的;将可腐烂的有机垃圾进行长距离集中,同样是不经济的,也不利于有机垃圾资源利用。农村生活污染治理文化的变迁有其自身的规律,这种变化过程是自我的丰富、发展和完善,而非他者的替换、取代和同化。但是,长期习惯在家门口倾倒生活垃圾的农民并不先天具备先进的污染治理意识,加上对各级政府保持戒备之心,村民垃圾分类意识的培养问题解决得十分缓慢。

6.无法明确农村生活污染的治理主体

首先,农民不是农村生活垃圾污染治理的主体。由于农民生活在农村,生活环境污染对于农民而言不是最主要的问题,收入低下、农业补贴极少、市场接纳度不高、非职业化、受教育程度低下等问题一直在困扰着中国农民。从外部性原理出发,农民如果去治理生活污染,不但要承担治理成本,影响已经处于收入最低端的农民收入的增加,造就"新贫农",而且与城市生活污染的多元化主体模式不同,会出现新的社会不公平。尤其要注意的是,在这个过程中,农民本身利小弊大,农民不是主要的受益者,所以这样做是不现实的,而且会由于与其他国策的冲突,引起其他问题,久而久之,也可能成为动摇城镇化战略的重大原因之一。

其次,把地方政府列为农村生活垃圾污染的主体也不是很适当。在中国,广大农村地方政府是比较穷的,导致许多农村走"先发展,后治理"的老路。经济不发展到一定程度,各地农村地方政府拿不出钱治理农村生活垃圾;与此同时,即使地方政府有责任,但也有一个投入与受益的问题。农村生活环境污染具有传导性,上游地区主要是确保本地区的发展,当地确实出现了生活垃圾污染,但是往往倒霉的是下游区域,这就往往会造成上下游地方政府对农村环境污染责任划分不清晰。如果没有良好的区域间补偿与惩罚制度顶层设计与执行,建立起利益科学分享体系,再好的政策组合也无法完全奏效。

最后,按照奥斯特罗姆的多中心治理理论,在众多的责任群中,作为全国社会管理者的中央政府,应当推为全国农村生活垃圾污染治理的总负责者。原本我国的环境管理体系是建立在城市和重要点源污染防治上的,确立了"谁污染,谁治理"模式。农村环境治理体系的建设滞后于农村现代化进程,又不能把农民与地方政府确立为农村生活垃圾污染治理主体,实质上就体现了农村生活垃圾污染具有公共产品性质,而且属于影响范围宽广的重要公共产品。

7.处理技术适用性问题

用什么样的方式来处理生活污染物,是治理农村生活污染物的关键。就以生活垃圾处理为例进行讨论。农村目前垃圾构成比例中,传统的垃圾依然占着80%的比例,包括菜叶、树叶、牲畜粪便等。这些有机垃圾依靠自然界广泛分布的细菌、放线菌、真菌等微生物,在一定的人工条件下,可以控制其从可被生物降解的有机物向稳定的腐殖质转化。传统垃圾处理之后,余下的20%的垃圾是白色垃圾、穿戴垃圾、废铜烂铁、废弃玻璃制品、废弃塑料制品等,这些垃圾只能通过引进现代垃圾处理办法来进行解决。

中国的大型垃圾填埋场的平均生命周期只有15年,大量垃圾集中填埋的最终效果如何,我们现在还不得而知。垃圾转移、垃圾焚烧等方法也有很大的缺陷,而且很多方法都是远水救不了近火,并且还把垃圾问题转移到其他地方去了。此外,这些城市普遍实行的垃圾处理方法在农村的实施效果我们目前还没能见到,但是其隐藏的危害却是可以预见的。如果将这些还有待考察的方法用于农村的垃圾处理问题当中,其效果如何我们也不得而知。最重要的是,农村是城市垃圾的承载者这一事实已经是公开的秘密了。倘若坚持用城市垃圾处理办法来处理农村垃圾,那么谁将是农村垃圾的承载者呢?地球是一个封闭的系统,这个事实也意味着没有任何东西可以跑出去,所有的废物最终都会归集到地球上的某个地方——农村。既然农村的垃圾无法转移,或者无法完全转移,那么只有在农村就地解决垃圾或者解决绝大多数垃圾才是农村垃圾处理的关键所在,这就需要适当的处理技术。

8.农村生活垃圾处理研究出现"缺位"

由于受资源配置的影响,城市垃圾处理向来是环境科学、生态学等学科的专项研究领域,相关研究成果和实践案例数不胜数;然而,农村垃圾处理研究却是冷冷清清,只有少数人提出农村垃圾是一个隐形的定时炸弹,即使是极少的农村生活垃圾应用性研究,却也是城市垃圾处理方法的不合实际的引进。这些研究成果和实践绝大多数都存在科学主义的影子,难以避免其局限性,而且忽视了地域主体、政府、社会力量之间的微妙关系。人文社会科学也在关注垃圾处理问题,但更多的是从意识形态层面进行解释,很少有人涉足农村垃圾实地调查和农村垃圾处理应用研究领域。由于专项研究缺位,鼓与呼的力道长期不足,直到最近十余年,农村生活垃圾处理的声音才逐渐增强。

1.3.3　生活废气污染防治

农村生活废气来源并不多,主要是垃圾分散焚烧、家用炉灶和厕所恶臭带来的空气污染。主要存在的问题有以下几点。

1.3.3.1　村民缺乏绿色环保意识

受传统的自给自足和自产自销生活方式的影响,多数村民都存在乱扔、乱堆和乱倒垃圾的不良习惯,最终致使村内垃圾成堆,严重污染环境。村民处理垃圾一般都是采用焚烧的方式。农民受教育的程度不高,环保意识比较薄弱,多数农民的科学文化水平较低,对新观念和新的无污染技术接受能力有限,社会责任感不强,环保态度也不积极。

1.3.3.2 地方政府没有把农村环境治理工作落到实处

加强环境保护工作,推动振兴乡村战略步伐,是各级政府的重要任务和责任,因此,政府应该把环境保护作为重要事件来抓,努力改善农村环境质量,为村民创造一个美好的生活环境。然而,目前许多地方政府不重视农村环境治理工作。首先,环境治理流于形式化,这种现象在较为落后的农村体现更加明显,一些政府部门为了应付上级检查,采取拉横幅、贴标语、写大字等效果不明显、群众不重视的措施,这样一来,群众也认为环境保护可有可无。

1.3.3.3 缺乏完善的农村环保制度体系

治理农村环境问题是一项长期的工程,完善的农村环境保护制度是解决这个问题的重要手段。改革开放以来,我国对环境保护比较重视,颁布和实施了许多法律法规,也取得了良好效果。然而,这些法律法规的重点是工业污染以及城市环境保护,对农村环境保护方面较少。随着乡村振兴战略的实施,许多省份都在积极完善各省的农业环境保护制度。然而,有的法律法规比较抽象,操作性不强,没有结合各个农村的实际情况,致使法规与农村的环境治理问题不相适应。缺少能够规范村民行为、强化村民环保意识的法律法规,这是农村环境治理问题中的一大弊端,不利于农民的环保积极性的提高。

1.4 乡村振兴背景下的生活污染防治

4.4.1 生活污染排放特征的变化

本节以湖北省 2007 年、2010 年和 2012 年农村生活污染为例,对各年生活污染排放情况进行介绍。

1.4.1.1 污染物排放总量

对湖北省农村生活源各污染物的产生量、排放量进行了 3 年调查分析,结果显示,全省农村生活源污水、垃圾、有机垃圾、COD、总氮、总磷、氨氮的年平均产生量分别为44514.55 万 t、407.31 万 t、212.26 万 t、456279.68t、35412.59t、5456.51t、12604.63t,各污染物的产生量呈小幅增加趋势,年增幅约为 0.15%(表 1-7)。全省农村生活源污水、垃圾、有机垃圾、COD、总氮、总磷、氨氮的年平均排放量分别为 36996.53 万 t、237.55 万 t、63.58 万 t、364910.13t、28202.75t、3866.51t、11818.72t,各污染物的排放量也以每年 0.15%的幅度增加(表 1-8)。

表 1-7 湖北省农村生活源污染物年产生量

年份	污水(万 t)	垃圾(万 t)	有机垃圾(万 t)	COD(t)	总氮(t)	总磷(t)	氨氮(t)
2007	44185.85	405.27	210.86	452923.05	35100.03	5409.63	12480.94
2010	44423.85	407.04	211.99	455575.10	35340.96	5445.25	12578.27
2012	44933.94	409.64	213.93	460340.90	35796.80	5514.66	12754.70
平均	44514.55	407.31	212.26	456279.68	35412.59	5456.51	12604.63

表 1-8　　　　　　　　　　湖北省农村生活源污染物年排放量

年份	污水（万 t）	垃圾（万 t）	有机垃圾（万 t）	COD（t）	总氮（t）	总磷（t）	氨氮（t）
2007	36671.16	236.89	63.3	361631.40	27929.51	3830.73	11695.78
2010	36907.31	237.50	63.49	364108.10	28137.24	3857.51	11791.25
2012	37411.14	238.25	63.94	368990.96	28541.50	3911.30	11969.14
平均	36996.53	237.55	63.58	364910.13	28202.75	3866.51	11818.72

1.4.1.2　污染物的组成特征

对农村生活源氮素产生和排放的组成进行分析可知,不管是哪个年份,农村生活源氮素的产生都以农村生活污水为主,农村生活污水产生总氮量平均为 85061.99t/年,占总产生量的比例平均为 80.1%,生活垃圾中有机垃圾产生氮素较少,仅为 7058.6t/年。农村生活源排放氮素也以生活污水为主,其排放量平均为 25936.03t/年,占总排放量的比重高达 92.0%,有机垃圾排放氮素占比也较低,仅为 8.0%（图 1-12）。

农村生活源磷素的产生和排放特点与氮素类似,农村生活污水也是磷素的主要产生和排放贡献者,其产生量和排放量分别为 3575.83t/年和 3288.47t/年,占总产生量和总排放量的比重分别高达 65.5% 和 85.0%（图 1-13）。

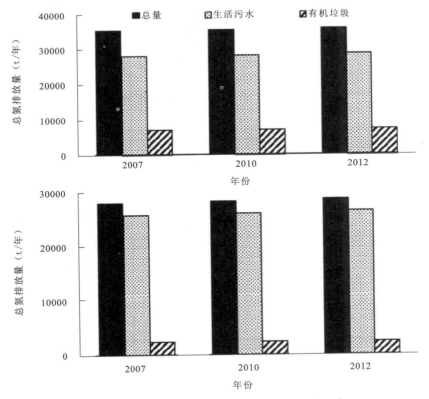

图 1-12　湖北省农村生活源氮素产生和排放组成

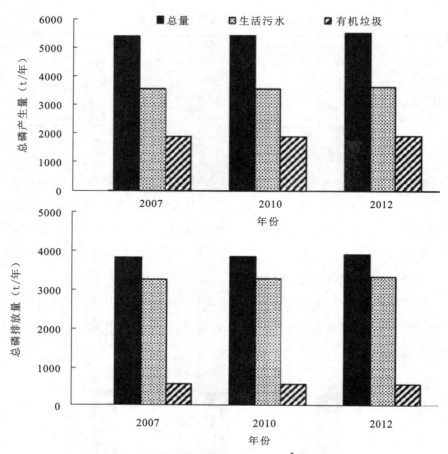

图 1-13　湖北省农村生活源磷素产生和排放组成

1.4.1.3　污染物排放的空间分布特征

湖北省农村生活源生活污水、生活垃圾、COD、总氮、总磷和氨氮等污染物产生量的空间分布见图 1-14。从图中可以看出,江汉平原和鄂东沿江平原地区,特别是江汉平原地区是上述污染物的主要产生区域,两个区域农村生活污水、生活垃圾、COD、总氮、总磷和氨氮的产生量占总产生量的比例分别为 51.6%、44.9%、49.8%、59.0%、58.0%和 64.4%。

从污染物排放的空间分布来看,江汉平原和鄂东沿江平原地区,特别是江汉平原地区也是上述污染物的主要排放区域,两个区域农村生活污水、生活垃圾、COD、总氮、总磷和氨氮的排放量占总排放量的比例分别为 60.2%、34.0%、60.5%、64.5%、62.3%和 68.2%。

1.4.1.4　结论

(1)湖北省农村生活污水、垃圾、生活垃圾、COD、总氮、总磷、氨氮等污染物在 2007 年、2010 年和 2012 年的平均产生量分别为 44514.55 万 t、407.31 万 t、212.26 万 t、456279.68t、35412.59t、5456.51t、12604.63t,平均排放量分别为 36996.53 万 t、237.55 万 t、63.58 万 t、

364910.13t、28202.75t、3866.51t、11818.72t,各污染物的产生量和排放量呈增加趋势,年增幅约 0.15%。

（2）从排放源来看,不管氮素还是磷素,农村生活污水都是其产生和排放的主要贡献者。

（3）从空间分布来看,江汉平原和鄂东沿江平原是农村生活各污染物的主要产生和排放区域。

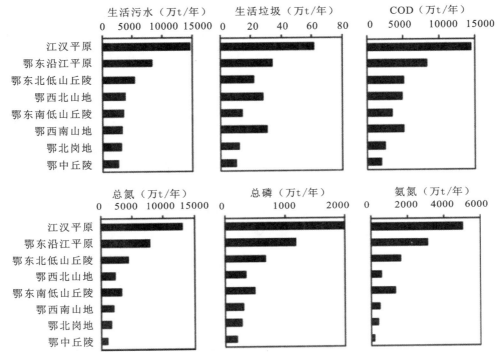

图 1-14　湖北省农村生活源各污染物产生量的空间分布

1.4.2　生活污染治理思路的转变

1.4.2.1　加大农村环保观念宣传教育力度

农村环保工作需要广大农村干部群众的大力支持和积极参与,使村民的主体作用得到全面发挥。首先,大力开展各种宣传教育活动。采用村民喜欢听、乐意看、愿意参与的教育方式,使群众自觉并积极地参与到农村环保工作当中,强化他们的环保意识。其次,大力提倡文明生活风气。让农民自觉改掉一些不文明的生活习惯,逐渐养成讲卫生、爱护环境的良好风气。最后,农村干部要带好头,做好榜样。农村党员干部要带头行动,树立模范,带领全村群众积极投身到环境治理工作当中,形成全村参与、人人行动的环保氛围,才能真正地激发群众改善生活环境的动力和决心。

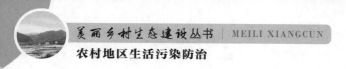

1.4.2.2 构建严格完善的管理体系

要想落实环境治理工作,必须要完善的管理体系为保障。首先,构建长远的环境管理体系,例如农业环保责任制度、农村生态环境综合治理定量考核制度以及兽禽、水产养殖污染防治管理制度等。不断完善农村环保基础设施管理体系和考核制度,才能保证农村环保工作逐步落到实处。从乡镇到村,每一级别都要配置专门的监管人员,以便于全面监督农村环境,大力加强农村环保执法力度。其次,提高农村环保执法队伍的整体素养。农村环保执法人员素养的高低关系到环保制度是否落实到位,对出现的违法现象一定要依法纠正,要从源头根本上治理环境污染问题。

1.4.2.3 构建科学合理的垃圾治理监督体系

首先,完善和细化垃圾处理和回收的标准。构建垃圾分类监督员管理监督体系,实行网络化垃圾监管管理模式,实现对垃圾分类的全面管理。其次,建立严格的垃圾治理责任制度。明确责任,制定严格的绩效考核制度,保证垃圾治理责任制度落到实处。同时,要根据我党提出的要求,构建合理的城乡环境损害赔偿体系。最后,严格处罚乱丢垃圾的现象。一方面,一些污染环境的简易填埋场必须要关闭,对违规者严厉处罚;另一方面,对乱丢垃圾和不按规定丢垃圾的现象,进行教育和处罚,增强人们保护环境的内在意识。

1.4.2.4 政府要加大资金投入力度,构建完善的垃圾处置设施

政府在环境治理工作起着关键作用,因此,政府应该借助于财政、税收等各种方式来加大资金投入力度。政府也可以联合农业、科技、环保等不同部门,整合多方面资金,保证乡村环境治理资金充足。首先,构建城乡生活垃圾管理体系,合理规划资金。各级政府都要把城乡生活垃圾治理工作作为国民经济和社会发展规划的重要内容,把处理垃圾经费纳入财政预算当中。其次,合理规划能够满足垃圾总量处理的设施构建计划。各级政府都要准确判断和预测自己管辖区域内的城乡生活垃圾存量以及增长量,进而采取合理的解决方案和应对措施。明确项目建设标准和日期,加强监督和管理。最后,要大力创新垃圾分类、收运和处理模式。

要想治理好生活垃圾,就必须要对其进行分类处理,才能降低垃圾总量。目前我国多数地区垃圾分类回收处理依然是环境治理中最为薄弱的环节,必须要重视并解决。其一,可以加大垃圾分类宣传力度,让居民自觉在家中对垃圾进行分类,做好保护环境,人人有责。其二,对垃圾终端收运处理进行严格监督和管理。构建网络化监督体系,全面监督回收和处理垃圾整个过程,避免出现垃圾终端收运当中各种垃圾混装的现象。深入研究垃圾收运处理的每个环节,促使垃圾收运处理朝着科学化、信息化、无污染化方向发展。建立城乡生活垃圾终端处理新模式。其三,构建集约化生活垃圾综合处理园区,把垃圾处理工作和可持续发展相互结合,尽可能地实现降低垃圾总量的目标。

1.4.2.5 加强农村生活垃圾治理,推动乡村振兴建设

进行农村生活垃圾治理属于乡村振兴战略的必要环节,是解决农村环境问题的重要措

施。2018 年中办、国办联合印发了《农村人居环境整治三年行动方案》，并提出了以"厕所革命"为突破口建设美丽乡村，因此有必要保证治理资金的充足。政府部门要和村民一起分担治理经费，才能保证农村生活垃圾治理顺利落实。另外，保证保洁经费充足，把农村卫生保洁员管理制度落到实处。其次，根据不同地区的情况，因地制宜地实施农村生活垃圾分类工作，明确垃圾分类工作要求，提升农村生活垃圾的综合回收利用效率。

总之，保护环境是每个公民的职责和义务，而农村居民环保意识不强、参与程度低，地方政府不重视，环保基础设施不完善等问题都严重制约了农村环境的治理。坚持人与自然和谐相处，乡村发展走绿色之路，解决乡村环境治理的瓶颈，使村民拥有一个无污染、清洁健康的生活环境是乡村振兴战略的核心和重要议题。因此，政府部门要把乡村振兴战略提出的措施和要求落到实处，才能真正地为农村百姓更好地服务。

1.4.3　生活污染防治要求的提升

我国农村地区经济欠发达、居住分散、收入水平相对较低的特点，决定了新农村建设不能采取城市型的集中、大规模和高成本的建设模式。如何设计适合农村地区分散、小规模和低成本的建设模式，是解决农村相关环境卫生问题的关键所在。目前，农村的城镇化进程在快速发展，新农村建设中相关环境问题的解决最缺的不是资金，而是管理。新农村建设解决环境问题长效机制的建立和完善，是确保新农村建设的环境管理"有人干事、有经费作保障、有制度来约束"的重大举措。因此，理顺农村环境管理的关系，明确职能，强化农村管理，让管理与建设同行，这是推动新农村建设环境问题解决的根本保证。同时，要建立和健全完善新农村环境建设的引导机制，优化资源在城乡之间的合理配置和重新组合，通过投资政策、土地政策、科技政策和政绩考核机制，对地方政府和农民的行为进行引导，对环境友好的实践加以扶持和鼓励。

1.4.3.1　政策引导，资金扶持

农民始终是农村环境建设的主体，也是最终受益者。新农村环境建设，首先必须充分尊重村民的意愿，发挥农民的积极性、主动性和创造性，组织和引导村民参与村庄规划和供水、排水、供电、通信等生产、生活设施的建设。政府积极引导扶持，但不搞包办代替，形成村庄的自我调整机制和自我更新能力。此外，新农村环境建设还应与本地村民的生活习惯相符合，与各地资源特点和村舍民居相结合，立足乡村实际，从村民最迫切的需要出发；尊重各地的传统习惯，突出地方特色，使农民能够接受和使用。

"钱从哪里来"是当前新农村环境建设最核心的问题。必须调整财政支出，采用"以工业反哺农业"和"以城带乡、以工带农"的模式，建立支持性和保障性投入，形成政府资金与金融资金的联动机制，形成社会资本的引导机制，强化对新农村基础设施和生态环境的投资；增加直接补贴，建立对农村环境维护费用的补偿机制；加大对生态脆弱区、水源涵养区和重点功能区的财政支持力度，并发挥市场的作用，建立财政、集体、农民和社会力量共同帮扶的资

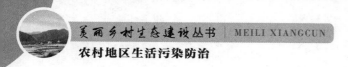

金长效机制。

1.4.3.2 坚持因地制宜、保持地方特色

农村城镇化进程的推进,使城乡的差距在缩小。2004年底,全国已有建制镇1.9万多个、乡级镇2万个、行政村63万个、自然村253万个,乡村社区人口7.6亿。我国农村地区广大,经济社会发展、自然地理条件、民族风俗传统等各地迥异,东、中、西部农村环境问题更是千差万别,因此,必须结合本地的经济社会发展水平、地理特征、环境资源状况、人口素质和乡村未来发展方向等因素因地制宜,分类指导,突出特色,体现多样化,不搞统一标准、固定模式或达标升级等。

1.4.3.3 优先保障饮用水安全,重点改善公共卫生条件

在新农村建设中,我们应把保障饮用水安全和改善公共卫生条件放在优先和突出的位置,将其作为提高农民寿命、减少疾病、改善生活条件、提升劳动力质量的重要措施,作为提高牲畜的成活率、改善农产品的产量和品质的重要保障。各级政府要制定明确的计划,务必经过若干年的努力,使农村的用水标准和公共卫生标准达到与城市相同或相近的水平。

第 2 章　农村生活污水污染防治

我国农村在近几十年发生了翻天覆地的变化。伴随着农民生活水平的提高,农村的生态环境受到了巨大的冲击,曾经的"阡陌交通,鸡犬相闻"在今天变成了瓦房林立的村庄;曾经的"昼出耕田夜织麻,村庄儿女各当家"在今天变成了机械化作业;曾经的"漾漾泛菱荇,澄澄映葭苇",在今天变成了垃圾遍布的小河。因历史传统、自然地理等因素形成了我国村落零散分布的形态,其中生活污水未经收集处理、肆意排放,严重污染了农村的水环境,威胁农村居民的饮用水安全,危害农村居民的身体健康,制约了农村的发展。农村生活污水污染问题受到社会和政府的关注,在第三次全国改善农村人居环境工作会议上,国务院副总理汪洋强调"全面推进农村生活垃圾治理,积极开展农村生活污水治理,大力推进农村厕所革命,有效整治村容村貌"。党的十九大工作报告中提出"开展农村人居环境整治行动",破解农村生活污水污染难题是一项关乎民生的重要课题。

中共中央办公厅、国务院办公厅 2018 年 2 月发布了《农村人居环境整治三年行动方案》。方案明确了梯次推进农村生活污水治理的任务,强调根据农村不同区位条件、村庄人口聚集程度、污水产生规模,因地制宜采用污染治理与资源利用相结合、工程措施与生态措施相结合、集中与分散相结合的建设模式和处理工艺,推动城镇污水管网向周边村庄延伸覆盖。积极推广低成本、低能耗、易维护、高效率的污水处理技术,鼓励采用生态处理工艺。加强生活污水源头减量和尾水回收利用。以房前屋后河塘沟渠为重点实施清淤疏浚,采取综合措施恢复水生态,逐步消除农村黑臭水体,将农村水环境治理纳入河长制、湖长制管理。

2.1　农村生活污水处理发展历程

2.1.1　农村生活污水处理的意义

我国多数村镇的环境质量并不乐观,水资源短缺、土地沙漠化、污水乱排乱放。目前全国农村每年有大量的生活污水都是直接排放的,96％的村庄没有排水渠和污水处理系统。加强农村生活污水的处理,是村容整治的组成部分,也是社会主义新农村建设的重要内容。农村生活污水造成的环境污染不仅是农村水源地潜在的安全隐患,还会加剧淡水资源的危机,使耕地灌溉得不到有效保障,危害农民的生存发展。因此,加强农村生活污水收集、处理与资源化设施建设,避免因生活污水直接排放而引起的农村水体、土壤和农产品污染,确保农村水源的安全和农民身心健康,是新农村建设中加强基础设施建设、推进村庄整治工作的重要内容,也是农村人居环境改善需要解决的迫切问题。

2.1.2 农村生活污水处理的发展

自党的十九大提出实施乡村振兴战略后,农村地区纷纷开展"改厨改厕改圈"的"三改"工作,在改善农村人居环境的同时,对农村厕所、厨房、圈舍等生活污水处理提出了新的要求。政府、环保部门要加大农村生活污水处理工作的宣传力度,增强村民的生活污水处理意识,净化农村水环境,对农村水资源进行循环利用,有效规避农村水资源污染、浪费问题。农村污水处理技术最早始于国外的一些发达国家,但随着近年来我国经济的发展,人们生活水平的提高,对环境的要求提高,也促进了国内对农村污水处理技术的研究,并形成了一些适合我国农村环境的新技术。

2.1.2.1 厌氧沼气池处理技术

在我国农村生活污水处理旳实践中,最通用、节俭的生活污水处理方式是厌氧沼气池。厌氧沼气池与污水处理有机结合,实现了污水的资源化。污水中的大部分有机物经厌氧发酵后产生沼气,发酵后的污水被去除了大部分有机物,达到净化的目的;产生的沼气可作为浴室和家庭用炊能源;厌氧发酵处理后的污水可用作浇灌用水和观赏用水。

2.1.2.2 稳定塘处理技术

稳定塘是在经过人工适当修整的土地建设围堤和防渗层的污水池塘。净化原理与水体自净原理相似,通过微生物(细菌、真菌、藻类、原生动物等)的代谢活动,以及相伴的物理、化学、物化过程,使污水中的污染物进行多级转换、降解和去除。

2.1.2.3 人工湿地处理技术

人工湿地污水处理系统是对自然湿地的模拟,其利用自然生态系统中物理、化学和生物三者的协同作用实现污水的净化。湿地系统由植物、动物、微生物形成一个独特的生态环境,通过过滤、吸附、沉淀、离子交换、植物吸收和微生物分解等,实现对污水的高效净化处理。

2.1.2.4 土壤渗滤系统

土壤渗滤系统主要有慢速渗滤土地处理系统和快速渗滤土地处理系统。传统的慢速渗滤土地处理系统运行成本低,易于维护,但是水力负荷较小,处理能力有限。快速渗滤土地处理系统是将污水有控制地投配到具有良好渗透性能的土地表面,在污水向下渗透的过程中,在过滤、沉淀、氧化、还原、生物氧化、硝化、反硝化等一系列物理、化学及生物的作用下,得到净化处理的一种污水土地处理工艺。

2.1.2.5 "五环"式(ACGMP)生态高效农村生活污水处理系统

"五环"代表了5个生态环保概念的组合,分别是厌氧、人工湿地、基因水稻、微生物、池塘。"五环"式(ACGMP)农村生活污水处理技术在三峡库区已经应用,并取得了良好的效果,具有重要的推广价值和广阔的应用前景。

2.1.3　农村生活污水处理的思路

在农村水污染治理过程中,一定要重视对农村居民生活方式的引导,加强绿色社区建设,提高水质监测工作,这样才能改善农村水污染情况,提高农村居民的生产生活质量。具体的控制治理思路主要表现为以下几点。

首先,要提高农民的环保意识。乡镇农民是农村污水的主要提供者,也是农村水污染的主要受害者。因此,在乡镇农民中加强环保意识宣传,提高其对农村水污染的认识程度,提高对环境保护工作的重视程度就非常重要。通过乡镇干部和下乡文化团体及时地向当地农民宣讲国家的法律法规,了解环境保护和乡镇经济发展的和谐关系,提高农民对农村水污染所产生的环境问题和疾病问题的正确认识,从而能够自上而下形成维护生活用水安全的意识。

其次,要创建绿色社区工程。在农村,农民的社会关系大多是由亲戚组成,他们很多都是同宗同族,在处理农村各种公共事务上都具有协同性。因此,在农村水污染处理过程中,应该充分利用乡镇农民的这个特点,建立社区层面的水污染应急处理组织,加强乡镇农民的参与机制,发挥乡里乡亲的主观能动性,提高齐抓共管的积极性。在此过程中,各级政府机关和乡镇领导应该加强建设和引导,保证绿色社区能够真正涵盖乡镇居民的每一个人。

最后,加强水质监测工作。在农村水污染中,污染物包含着工业污染物、生活污水和生活垃圾等诸多方面因素,而乡镇主管部门和乡镇农民想要了解本地水质状况,就必须建立起完善的水质监测体系,加强和了解本地水质污染的成因和规律,提高防治污染的治理能力,也为加强水污染的治理提供了第一手的数据资料,从而能够建立起规范的污水处理标准和水质管理提高条例。

2.2　农村生活污水处理模式

2.2.1　农村生活污水收集原则

由于农村地区地域发展不平衡,不同地域的农村差别较大,加之农村地区长期以来形成的生产方式、生活习惯等方面的差异,使得污水处理模式不能过于单一;同时,因主导经济的差异,所产生的污水及污染物性质有所不同,由此产生的农村地区污水收集及处理方式也不同。应针对不同的农村污水来源、水质特点来考虑污水处理模式,还要注意自然、经济与社会条件,因地制宜地采用多元化的污水处理模式。例如,如果是工业生产废水(如印染、制革、造纸)产生的污染,则应考虑采用高负荷的污水处理方式,如生物膜法、活性污泥法等;如果是因养殖业生产、人们排泄产生的粪便污染,则应考虑可将排泄物转化为肥料的污水处理方式,如沼气池法、土地处理法等;如果是有机物含量低的盥洗、厨房排水产生的污染,则应考虑低负荷、低耗能的稳定塘法、湿地法等。

2.2.2　村落分散处理模式

将农户污水按照分区进行收集，以稍大的村庄或邻近村庄的联合为宜，每个区域污水单独处理，采用中小型污水处理设备或自然处理等形式处理村庄污水。此种模式一般有以下几种方法，如人工湿地、稳定塘、土壤渗滤等适合农村实际的污水处理工艺技术（表2-1）。

该处理模式具有布局灵活、施工简单、管理方便、出水水质有保障等特点。适用于村庄布局分散、规模较小、地形条件复杂、污水不易集中收集的村庄污水处理。无动力污水处理设施一般不用专人管理。动力设备的管理维护也较为简便，可由当地村民充任。

表2-1　　　　　　　　　各种分散式生活污水处理技术比较

技术	去污效果	运行费用（元·m²）	占地	适用范围	缺点
一体化处理系统	TN＞60%，TP、COD等主要污染物去除率在80%以上	0.24～0.37	小	经济条件相对较好的农村地区	设备出现故障后，不方便检修与更换
土壤慢速渗滤	TN、TP、COD、NH_4^+-N去除率在80%左右	0.28～0.39	较小	经济较为落后的村庄	水力负荷小、处理污水能力有限
土壤快速渗滤	SS＞80，TP＞60%，BOD_5、COD、NH_4^+-N去除率在80%以上		较小	气候相对稳定的地区	易受气候影响
土壤地下渗滤	BOD_5、TP＞80%，COD、TN去除率在60%左右	基本无运行成本	小	地势平坦，地基好的地区	长期处于地下，系统内氧气含量不足，削弱了系统对污水的处理能力
人工湿地	COD＞80%，BOD_5、TSS＞80%，TN约50%，TP＞80%	0.05～0.1	较大	地势平坦，坡地居住相对集中的中小村庄	占地面积大，易受病虫害的影响，稳定运行所需时间长
稳定塘	COD＞70%，BOD_5、TSS、病原体、NH_4^+-N去除效果较好，脱氮除磷差	0.05	较大	经济欠发达，水资源短缺，规模小且拥有自然池塘或闲置沟渠地形的村庄	占地面积大，水力停留时间较长，散发臭味，处理效果不稳定
蚯蚓生物滤池	COD、TN、TP、NH_4^+-N去除率分别在81%、66%、89%和82%左右			人口居住较为分散的农村地区	蚯蚓活动易受季节的影响

2.2.3　村落集中处理模式

对所有农户产生的污水进行集中收集,统一建设,统一处理设施处理村庄全部污水。污水处理采用自然处理、常规生物处理等工艺形式,该处理模式具有占地面积小、抗冲击能力强、运行安全可靠、出水水质好等特点。污水集中处理方式由于采用的设备较多,工艺较为复杂,需要专门设计污水处理站,以便于污水处理构筑物、设备等的集中管理、维护,此时需要聘任专业技术人员对污水处理站进行管理。为保证运行的稳定,监测水质,一般还要配套建设可以进行主要污染物监测的化验室。

此方式适用于村庄布局相对密集、规模较大、相应的污水收集管网较为健全的地区,有较好的条件建设集中污水处理设施。此类农村经济水平较高,农村企业或旅游业发达,或处于水源保护区内。

2.2.4　接入市政管网统一处理模式

将村庄内所有农户污水经污水管道集中收集后统一接入邻近市政污水管网,利用城镇污水处理厂统一处理村庄污水。该处理模式只需要建设排水管网(有些条件下需要建设提升泵站),因此该模式具有投资省、施工周期短、见效快、统一管理方便等特点,适用于距离市政污水管网较近(一般 5km 以内),符合高程接入要求的村庄污水处理。此种模式的管理运行则由城市污水处理厂统一进行,无需增加污水处理设施相关的管理及运行费用。

以上 4 种模式的对比如表 2-2 所示。

表 2-2　　　　　　　　　　　农村生活污水处理模式对比

对比选项	分户处理模式	分散处理模式	集中处理模式	接入市政管网
占地面积	单块很小	占地面积大,单块面积小	占地面积相对较小,单块面积大	较大
管网建设	管网很小,投资极低,维护费用低	管网量大,投资高,维护费用低	管网量小,投资低,维护费用低	管网量很大,投资高,维护费用高
运行成本	很低	低	高	较高
处理效果	还需进一步处理	需进一步处理	能达标排放	能达标排放
出水处置	还田回用	还田回用	排放水体	排放水体
污泥处理	农用	农用	农用或脱水填埋	脱水填埋
常用技术	处理槽、小型湿地、生物滤池	处理槽、人工湿地、生物滤池	活性污泥法、生物膜法、人工湿地等	活性污泥法、生物膜法

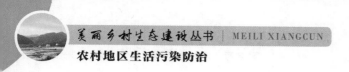

2.3 农村生活污水处理技术

农村污水处理技术的选择应根据农村自然环境、经济环境与人口规模等条件确定,因地制宜,采取集中收集处理与分散处理相结合的策略,以投资少、简单实用、管理方便、效率高、运行成本低为污水处理技术选取原则。

目前我国研究并应用较多的农村污水处理工艺有稳定塘技术、人工浮岛技术、稳定塘系统、土地处理系统、生活污水净化沼气池技术、生活污水地下自动连续处理技术、蚯蚓生态滤池等。

2.3.1 稳定塘技术

稳定塘是经过人工适当修整、设围堤和防渗层的污水池塘,它是一种主要依靠自然生物净化功能使污水得到净化的一种污水处理技术。稳定塘的污水净化过程类似于天然水体的自净过程,主要通过在污水中存活的微生物的代谢活动和塘内水生植物及多种生物的共同作用使有机污染物得到降解。根据塘内溶解氧含量及微生物特性,稳定塘工艺可分为好氧塘、兼性塘和厌氧塘。稳定塘对农村生活污水处理来说具有明显的优点:①可以充分利用地形,工程简单而且施工周期短,易于施工,投资省;②能够实现污水资源化,使污水处理与利用相结合,塘内可种植经济植物,也可放养水生动物,如虾、鱼、水禽等而形成综合处理塘;③污水处理能耗少,维护方便,成本低。稳定塘也有其固有的缺点:①占地面积大;②污水处理效果受季节、气温、光照等自然因素的影响较大,且处理效果不够稳定;③易于散发臭气。

稳定塘结构简单,易于维护,基建费用低,人均建设费用为 150～250 元,为传统二级活性污泥法的 1/4,无设备运行费用,但稳定塘占地面积大。该工艺适用于经济欠发达、水资源短缺、规模较小且拥有自然池塘或闲置沟渠地形的村庄。稳定塘技术多用于南方,在北方也有应用,但基建投资与运行费用高于南方,且冬季稳定塘对污水处理效果降低。

进入稳定塘的污水应先经化粪池或沉淀池处理,去除污水中的悬浮物质。在环境要求较高、经济条件较好的地区,可在氧化塘前加自控 A/O、A^2/O 或 SBR 处理工艺。污水经稳定塘处理后,可用于农田灌溉、环境绿化等。

2.3.2 人工浮岛技术

人工浮岛技术是运用无土栽培技术,将高等水生植物移栽到受污染水体中,并以漂浮材料作为载体,通过植物强大的根系吸收、吸附作用和根系生态系统的物质转化途径,削减水体中的氮、磷等营养物质,并以收获植物体的形式将其搬离水体,从而达到净化水质的效果。人工浮岛具有良好的景观效应、技术易行、基建费用较低、后期维护运行简单等特点。

人工浮岛类型多种多样,通常可将其分为干式浮岛和湿式浮岛两大类,其中浮岛植物与水体直接接触的为湿式浮岛,与水体不直接接触的为干式浮岛。干式浮岛因植物与水不接触,可以栽培大型的木本、园艺植物,通过不同木本的组合,构成良好的鸟类生息场所,同时也美化了景观,但这种浮岛对水质没有净化作用。湿式浮岛植物与水体直接接触,因此该类浮岛有明显净化水体的作用,在修复水体技术中应用广泛。湿式浮岛按其外形分为圆形浮岛、长方形浮岛、三角形浮岛、正方形浮岛、正六边形浮岛等;按其浮力的来源方式分为一体式浮岛和组合式浮岛,若浮力来自泡沫、椰壳纤维等固定基质则为一体式浮岛,若浮力来自植物固定装置及浮力装置的组合则为组合式浮岛。湿式浮岛按其结构又可分成无框式浮岛和有框式浮岛,无框式浮岛通常以聚苯乙烯泡沫板或者塑料浮板为载体种植浮岛植物,此类浮岛结构简单,但容易受风浪影响;有框式浮岛指有框架的浮岛,此类浮岛抗冲击性好,使用寿命长,并对植物有较强的保护作用。据统计,到目前为止,湿式有框架型的人工浮岛的施工实例比较多,占 70%左右,因此人工浮岛技术在实际应用当中大多为有框式浮岛。

人工浮岛修复营养化水体是一个由植物、微生物共同作用的复杂综合过程。通常认为,浮岛植物根系发达,与水体接触后形成一道天然的过滤层,将水体中较大颗粒的污染物截留在表面,一方面植物根系分泌的生物酶和有机酸加速其分解,另一方面植物本身也对其吸收、吸附、转化和沉降等;同时,植物通过光合作用将氧气输送至植物根部供植物进行呼吸,不仅能促进植物生长对氮、磷的不断吸收,还能在根部形成厌氧—好氧的环境,增强微生物的生长繁殖和新陈代谢,从而净化了水体。

2.3.3　土地处理系统

2.3.3.1　概述

污水土地处理是在人工控制条件下将污水投配在土地上,通过土壤植物系统,经物理、化学和生物等一系列的净化过程,使污水得到净化的污水处理方法。

土地处理对污水的缓冲性能较强、工程简单、基建投资省、污水处理能耗低、维护方便、处理成本低,还可以与农业利用相结合,利用水肥资源浇灌绿地、农田,使土壤肥力增加,提高农作物产量。

土地处理系统的不足:①停留时间长,占地面积大;②处理效果不稳定,受季节、气温、光照等自然因素影响大;③防渗处理不当,可能污染地下水;④此法不能用于过高浓度污水的处理,否则会引起臭味和蚊虫孳生。

土地处理系统对水质净化原理主要有以下几个方面。

(1)物理作用。通过土壤的毛细管现象及表面张力原理,将水与污染物的胶体部分、溶解部分分离开来,土壤颗粒间的空隙能截留、滤除污水中的悬浮物及胶体物质,起到渗滤作用;土壤颗粒则可吸附溶解性污染物存留于土壤中。

(2)微生物降解。土壤或土壤处理系统填料中附生的微生物能对污水中的悬浮固体、胶体、溶解性污染物进行生物降解,并利用污水中有机物作为污染物质进行新陈代谢。

（3）植物吸收。处理系统表面生长着大量的草坪、花卉或树丛等植物,其根系生长入系统填料的内部,植物生长能够吸收大量溶解在水中的氮、磷等营养物质,可有效降低水中的氮等植物营养物的含量。

2.3.3.2 类型和结构

土地处理根据污水的投配方式及处理过程的不同,可以分为慢速渗滤、快速渗滤、地表漫流和地下渗滤系统 4 种类型。其中慢速渗滤、快速渗滤和地表漫流均需要较大的处理场地,处理场地土填的物理化学和水力学性质等都将影响工程处理效果。

1.慢速渗滤系统

在慢速渗滤中,处理场上通常种植作物,污水经布水后缓慢地向下渗滤,借助于微生物分解和作物吸收进行净化,其过程如图 2-1 所示。慢速渗滤系统适用于渗水性能良好的土壤如砂质土壤,用来处理少量污水,通过蒸发、作物吸收、入渗过程后,不产生径流排放,即污水完全被系统所净化吸纳,污染地下水的可能性很小,被认为是最适宜的土地处理技术。

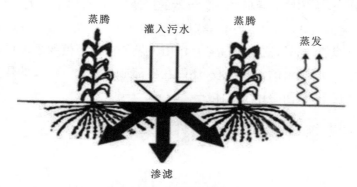

图 2-1 慢速渗滤系统

慢速渗滤系统可设计为两种基本类型:一是以处理污水、再生水为主要目的,适用于土地资源紧张地区,设计时应尽可能少占地,选用的作物要有较高耐水性、对氮磷吸附降解能力强;二是以污水资源化利用为目的,根据土质、气候和污水特点选择以经济作物为主,以获得经济效益,广泛适用于缺水地区,在土地面积相对充裕的情况下可充分利用污水进行生产活动,以水处理为目的兼用水肥资源。

典型的慢速渗滤系统所投配的污水入渗速率非常慢,并且很大一部分被植物吸收和蒸发,因此污水进入地下水的过程是不连续的并且非常缓慢:处理系统负荷较低,再生水质好,渗滤水可以补充地下水,但是处理系统受气候的影响比较大,在冬季、雨季和作物插种期不能投配污水,因此其处理连续性较差。土地慢速渗滤系统通常需要设置预处理,并对进水中的工业废水加以控制。

慢速渗滤系统的具体场地设计参数包括:土壤渗透系数为 0.036～0.36m/d,地面坡度小于 3%,土层深大于 0.6m,地下水位大于 1.2m。

2.快速渗滤系统

快速渗滤是为了适应城市污水的处理出水回注地下水的需要发展起来的,处理场土壤应为渗透性强的粗粒结构的沙壤或沙土。污水以间歇方式投配于地面,在沿坡面流动的过程中,大部分通过土壤渗入地下,并在渗透过程中得到净化,其过程如图 2-2 所示。

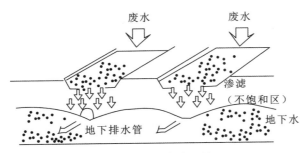

图 2-2　快速渗滤系统

快速渗滤系统适用于渗滤性能极好的土壤,如砂土、砾石性砂土等,可处理较大量的污水。快速渗滤可用于两类目的:地下水补给和污水再生利用。在地下水位较低,或是由于成水入侵而使地下水水质变坏的地方采用快速渗滤,能使水位提高或使水力梯度逆向,从而使地下水免受成水入侵的危害,不需要设计集水系统。在需要利用或现有地下水质与回收水质不相容时,则可采用埋设地下集水管道或用竖井将净化水提升到地面。在地下水敏感区域采用快速渗滤系统时还必须设计防渗层,防止地下水受到污染。

快速渗滤系统具有较高的水力负荷,对生活污水具有较好的净化效果。渗滤池的土质要求渗透性强、活性高,可选择距居民区有一定距离的河滩地、砂荒地。若无上述土质,也可以用砂、草炭及耕作土人为配置成滤料,制成人工滤床。一般在系统运行 4~5 周后,就需要对渗滤床耕作,以恢复其渗滤速度。

出水方式可采取地下暗管或竖井方式,如果地形条件合适,可使再生水从地下自流进入地表水体。最优设计参数为:土壤渗透系数为 0.45~0.6m/d,地面坡度小于 15%,以防止污水下渗不足,土层厚大于 1.5m,渗透性能好;地下水深 2.5m 以上,地面坡度小于 10%。

快速渗滤系统因其对污染物较高的去除率和较高的水力负荷,在国内得到了较多应用。北京通州区小堡村生活污水经快速渗滤系统处理后,出水指标达到《污水综合排放标准》一级排放标准。北京市昌平区使用的快速渗滤处理系统由预处理池、渗滤池、集排水系统、贮存塘等部分组成,它对 COD、SS、总氮、总磷的去除率均较高。

3.地表漫流

地表漫流是以喷洒的方式将污水投配在有植物的倾斜土地上,使其呈薄层沿地表流动,径流水由集水槽收集,其过程如图 2-3 所示。污水在投配前需要进行预处理,并且只能在植被正常生长期运行,因此需要筛选那些净化和抗污能力强、生长期长的植被,这使得地表漫流在北方地区的应用受到限制。

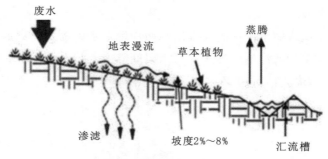

图 2-3　地表漫流系统

　　地表漫流适用于土质渗透性差的黏土或亚黏土的地区,或场地 0.3～0.6m 深处有弱透水层的土地;地面最佳坡度为 2%～8%,经人工建造形成均匀、缓和的坡面。废水以喷灌法和漫灌(淹灌)法有节制地在地面上均匀漫流,流向坡脚的集水渠,地面上种牧草或其他作物供微生物栖息并防止土壤流失,大部分出水以地表径流汇集,可回用或排放水体。

　　4.地下渗滤系统

　　地下渗滤系统是将污水投配到距地表一定距离,有良好渗透性的土层中,利用土壤毛细管浸润和渗透作用,使污水在向四周扩散的过程中经过沉淀、过滤、吸附和生物降解达到处理要求(图 2-4)。地下渗滤处理系统具有不影响地表景观、氮磷去除能力强、处理出水水质好、可回用、基建及运行管理费用低、运行管理简单、维护容易、对进水负荷的变化适应性强、可与绿化结合等优点。地下渗滤的处理水量较少,停留时间较长,水质净化效果比较好,且出水的水量和水质都比较稳定,适用于污水的深度处理。地下渗滤系统亦适用于无法接入城市排水管网的小水量污水处理,如分散的居民点住宅、度假村、疗养院等。污水在进入处理系统前需要经过化粪池或水解酸化池等预处理。

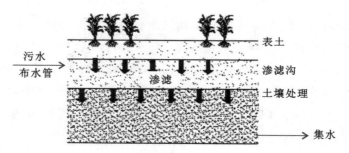

图 2-4　地下渗滤系统

　　地下渗滤系统地下布水管最大埋深不超过 15m,污水投配到距地面约 0.5m 深,投配的土、介质要有良好的透性,通常需要对原土进行再改良,提高渗透率至 0.15～5.0cm/h,土层厚大于 0.6m,地面坡度小于 15%,地下渗水埋深大于 1.0m,表土可种植景观性的花草。

　　地下渗滤系统的处理方式是生态的工程方法,符合节能减排的要求,符合农村生活污水的排水特点。因地制宜设计规划各个村庄和各个农户的处理设施,在节约成本、合理规划的基础上,能够达到处理生活污水、改善农村居民生活环境、有效防止地表水及地下水污染的目的。

地下渗滤系统根据其形式和构造特点可以分为渗滤坑式地下渗滤系统、渗滤沟式地下渗滤系统、渗滤腔式地下渗滤系统、尼米槽式地下渗滤系统等。

四种土地处理系统的工艺特点如表 2-3 所示。

表 2-3 四种土地处理系统的工艺特点

工艺事项	慢速渗滤	快速渗滤	地表漫流	地下渗滤
废水投配方式	地面投配(面灌、沟灌、畦灌、淹灌、滴灌等)	通常采用地面投配	地面投配	地下布水
水力负荷(m/年)	0.5～6.0	6.0～125.0	3～20	0.4～3.0
投配水的去向	蒸发、下渗	下渗	地表径流,蒸发,少量下渗	下渗、蒸发
是否需要种植植物	谷物、牧草、林木	有无均可	牧草	草皮、花卉等
对地下水水质的影响	一般有影响	一般有影响	有轻微影响	
土地渗滤速率	中等	高	低	

2.3.4 人工湿地处理技术

人工湿地是通过人工优化模拟自然湿地系统而构建的、由部分潜水性植物或浮水性植物及处于水饱和状态的基质层与生物组成的复合体,在系统环境中通过一系列物化、生物过程对污水进行净化。人工湿地类型多样,主要包括表面流人工湿地、水平潜流人工湿地以及垂直流人工湿地等,其特点及适用性如表 2-4 所示。

表 2-4 不同类型人工湿地特点及适用性对比

特征	表面流人工湿地	水平潜流人工湿地	垂直流人工湿地
水体流动	表面浸流	基质下水平流动	表面向基质底部纵向流动
水力负荷	相对较低	较高	较高
污水处理效果	一般	对有机物及重金属物质具有良好的处理效果	可有效去除水体中的氮、磷物质
系统控制	较为简单,易受季节影响	较为复杂	相对复杂
环境亲和性	夏季存在恶臭、孳生蚊蝇的现象	良好	夏季存在恶臭、孳生蚊蝇的现象

2.3.4.1　表面流人工湿地处理技术

表面流人工湿地处理技术,也称为水平流人工湿地技术,实质是指在废水的填料表面有效形成漫流,与自然湿地相比较,表面流湿地的污水处理能力更加优秀。表面流湿地最为显著的特征就是被动处理方式,湿地中存在的氧来自自然植物光合作用和植物根系传输(图2-5)。该项技术的污水处理优势在于机械设备投入成本低、运行操作简单方便。然而,表面流湿地占据面积较大,污水处理能力不足,系统运行会受到自然气候的影响,从而导致其应用范围较窄,难以得到广泛的推广利用。

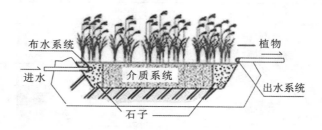

图 2-5　表面流人工湿地剖面

2.3.4.2　垂直流人工湿地处理技术

垂直流人工湿地处理技术实质是指污水从湿地表面纵向流向于填料床的底部位置,该人工湿地运行系统中的氧主要来自大气扩散和湿地植物传输(图2-6)。在农村污水处理中应用垂直流人工湿地处理技术,能够确保将污水中含有的氮、磷、氨等营养物质进行有效去除,提高农村冬季污水处理效果。与传统污水处理方式相比较,垂直流人工湿地处理技术投资成本较低、运行管理费用少且无二次污染,能够缓解当地政府资金短缺与水污染日益增多的矛盾,降低农村政府财政支出压力。但是,由于垂直流人工湿地处理技术的操作应用较为复杂繁琐,污水综合处理能力较弱,容易受到气候条件和温度的影响,占地使用面积大,从而阻碍了垂直流人工湿地处理技术在我国各个地区农村大范围的推广利用。

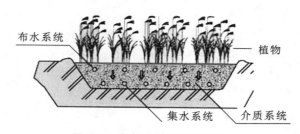

图 2-6　垂直流人工湿地剖面

2.3.4.3　水平潜流人工湿地处理技术

水平潜流人工湿地处理技术实质是指利用多个填料床,在各个填料床中合理填充适合的基质,同时设置好防污染物渗透层,这样就可以降低污水对农村周边水源的污染,实现对农村污水良好的处理效果(图 2-7)。水平潜流人工湿地主要是依赖于植物运输作用,实现竖向氧气补偿,然而其实际补偿量偏小、硝化能力有限、植物根系和微生物菌群的反应净化效率不高,对农村污水中的有机污染物处理效果不佳。为了解决这些问题,就必须在床体两侧合理设置砾石区,分别为入水口砾石区和出水口砾石区,中间为基质区。

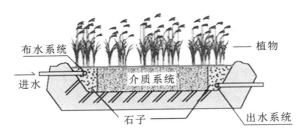

图 2-7　水平潜流人工湿地剖面

2.3.5　厌氧生物滤池处理技术

厌氧生物滤池是一种内部装填有微生物载体(即滤料)的厌氧生物反应器,厌氧微生物部分附着生长在滤料上,形成厌氧生物膜,部分在滤料空隙间悬浮生长。污水流经挂有生物膜的滤料时,水中的有机物扩散到生物膜表面,并被生物膜中的微生物降解转化为沼气,净化后的水通过排水设备排至池外,所产生的沼气被收集利用。

厌氧生物滤池主要包括布水系统、填料(反应区)、沼气收集系统、出水管。此外,有的还具有回流系统。填料是厌氧生物滤池的主体,主要作用是提供微生物附着生长的表面及悬浮生长的空间。理想的填料应具备下列特性:①比表面积大,以利于增加厌氧微生物滤池中生物固体的总量;②空隙率高,以截流并保持大量悬浮生长的微生物,并防止厌氧生物滤池被堵塞;③表面粗糙,利于生物膜附着生长;④具有足够的机械强度,不易破损或流失;⑤化学和生物学稳定性好,不易受废水中化学物质和微生物的侵蚀,也无有害物质溶出,使用寿命较长;⑥质轻,厌氧生物滤池的结构荷载较小;⑦价廉易得,以降低厌氧生物滤池的基建投资。

厌氧生物滤池的优点是:生物固体浓度高,可以承担较高的有机负荷;生物固体停留时间长,抗冲击负荷能力较强;启动时间短,停止运行后再启动比较容易;不需污泥回流;运行管理方便。厌氧生物滤池的缺点是在污水悬浮物较多时容易发生堵塞和短路。厌氧生物滤池可采用中温(30～35℃)、高温(50～55℃)或常温(8～30℃)运行,适用于溶解性有机物较高的废水,适用 COD 浓度范围为 1000～20000mg/L。为了避免堵塞,可回流部分处理水以对进水进行稀释和加大水力表面负荷。厌氧生物滤池按水流的方向可分为升流式厌氧滤池和降流式厌氧滤池,废水向上流动通过反应器的为升流式厌氧滤池,反之为降流式厌氧滤池。如果将升流式厌氧生物滤池的填料床改成两层,下半部不用填料使成为悬浮污泥层,上半部仍用填料床,成为复合式厌氧生物滤池,则可有效避免堵塞并提高处理效率。降流式厌氧生物滤池由于水流向下流动、沼气上升以及填料空隙间悬浮污泥的存在,混合情况良好,属于完全混合工艺;而升流式则属于推流式工艺。

2.3.6 好氧生物滤池处理技术

好氧生物滤池一般以碎石或塑料制品为滤料,将污水均匀地喷洒到滤床表面,并在滤料表面形成生物膜,污水流经生物膜后,污染物被吸附吸收。好氧生物滤池可分为普通生物滤池、高负荷生物滤池和塔式生物滤池三类。其中,塔式生物滤池处理效率高、占地面积小,且可通过自然通风供氧节省能耗,因此适用于处理农村生活污水。塔式生物滤池由顶部布水,污水沿塔自上而下流动,在自然供氧情况下,使好氧微生物在滤料表面形成生物膜,去除污水中呈悬浮、胶体和溶解状态的污染物质。

好氧生物滤池法具有处理高浓度、不同种类有机负荷的能力,并且拥有运行经济、耐水流冲击、耐有毒物质、启动较快、维护容易、臭味少等优点。好氧生物滤池处理污水过程中,重要的部分是在介质空隙中以独立的、分散生长的形式存在的微生物,而不是吸附在介质上的生物膜。在固定床式反应器中,有机物和微生物间均匀和有效的接触是非常重要的。

2.3.7 生物接触氧化法

生物接触氧化法是在生物滤池的基础上,通过接触曝气形式改良而演变出的一种生物膜处理技术。生物接触氧化法是介于活性污泥法和生物膜法之间的处理技术,在填料表面培养微生物,形成生物膜,并采用与曝气池相同的方法向微生物供氧,污水流过时与填料上的生物膜接触,通过微生物的新陈代谢作用降解污水中的污染物,从而达到净化污水的目的。生物接触氧化法占地面积小、处理负荷高、污泥产量少、抗冲击能力强、维护管理简便。生物接触氧化池又称浸没式生物滤池,由布水系统、滤床和布气系统组成。生物接触氧化法对冲击负荷有较强的适应能力,在间歇运行条件下仍能保持良好的处理效果,对水量不均匀的农村生活污水处理更具有实际意义。然而,对于农村生活污水来说,生物接触氧化法的投资和运行费用偏高,所以此法适合于我国南方及东部城市化速度快、比较富裕的农村推广应用。

2.3.8 蚯蚓生态滤池技术

蚯蚓生态滤池技术是近几年在国外发展起来的一项新型生态污水处理技术。它是利用人工方法在滤床中建立适合蚯蚓和多种微生物生存的生态环境,对所处理城镇污水中各种形态的污染物质通过蚯蚓和其他微生物的协调作用进行处理和转化。蚯蚓在生态滤池中的主要作用是:参与污水、污泥的分解,对滤床起清扫作用,防止堵塞,增加滤床的通气性,改变生物种群结构,提高生物活性,促进滤床的碳、氮分解和转化。据有关资料介绍,蚯蚓生态滤池对 COD、BOD、SS 和 NH$_3$-N 的去除率分别为 83%~88%、91%~96%、85%~92% 和 55%~65%。同时,蚯蚓生态滤池工艺过程和设备简单,操作容易掌握,维护管理方便,适合于农村生活污水处理。但由于蚯蚓有冬眠和夏眠的习性,会造成阶段性出水不稳定。采用蚯蚓生态滤池和湿地联用的生活污水处理技术,可取得良好的效果(图 2-8)。

```
住户1 → 化粪池 → 强化沟 ╲
住户2 → 化粪池 → 强化沟 ╲  强化沟 ╲
                              沉淀池 → 生态 → 田地
住户3 → 化粪池 → 强化沟 ╱  强化沟 ╱      滤池   或河流
住户n → 化粪池 → 强化沟 ╱
```

图 2-8　生态滤池系统简易工艺流程

2.4　农村生活污水处理工艺选择

2.4.1　污水处理工艺方法分类

污水处理方法可根据作用原理分为物理法、生物法、化学法和物理化学法。物理法是利用物理作用分离和去除污水中污染物质的方法,常用方法有筛滤截留、重力分离、离心分离等,相应处理设备主要有格栅、沉砂池、沉淀池及离心机。生物法是利用微生物的代谢作用,去除污水中有机物质的方法。常用的有活性污泥法、生物膜法、氧化塘及污水土地处理法。化学处理法利用化学反应的作用来去除水中的溶解物质或胶体物质,常见的有中和、沉淀、氧化还原、催化氧化、光催化氧化、微电解、电解絮凝、焚烧等,主要用于工业废水处理。

根据污水处理程度分为一级处理、二级处理及三级处理等工艺流程。一级处理主要针对水中悬浮物质,常采用物理的方法,经过一级处理后,污水悬浮物去除可达 40% 左右,附着于悬浮物的有机物也可去除 30% 左右。二级处理主要去除污水中呈胶体和溶解状态的有机污染物质。通常采用的方法是微生物处理法,具体方式有活性污泥法和生物膜法。污水经过一级处理以后,已经去除了漂浮物和部分悬浮物,BOD$_5$ 的去除率为 25%~30%。经过二级处理后,BOD$_5$ 的去除率可达 90% 以上,二沉池出水能达标排放。三级处理进一步去除前两级处理未能去除的污染物,可选用化学处理和生物处理中的许多单元处理方法。

2.4.2　污水处理工艺选择原则

(1)农村污水处理宜根据进水水质特点和排放要求,选择合适的工艺或者适宜的组合工艺。

(2)农村污水治理按规模可分为散户(单户或多户)和村庄污水治理,在进行技术选择时宜根据污水处理规模选择适宜的技术。对便于统一收集污水的村落,通过技术经济对比和环境影响评价后,宜采用村落集中污水处理站。

（3）农村污水处理技术的选择与组合，要因地制宜，根据各单项技术的特点和适用范围，结合当地地形气候、土地资源等环境条件进行选配。

（4）农村污水处理工程不仅要满足相关排放要求，还要注重景观美化、环境协调。

（5）尽量利用地形，污水采用重力自流和跌水充氧，以节省运行费用。

村落污水处理组合技术的工艺选配主要依据因素：土地资源、经济状况、进水水质、水环境现状、出水排放要求、当地地形气候等。

（1）以村容村貌整治为主要目的，非旅游区，人口居住密度低，水环境容量较大，污水处理主要以去除有机物 COD 和悬浮物 SS 为主。

（2）针对重点河流、湖泊、水源地、旅游景区村落，污水处理除了 COD 和 SS 之外，还要考虑去除氮和磷等营养元素。

2.4.3　污水处理工艺方法选择

农村生活污水总量大，水质、水量波动大，面广且分散。不同的农村经济发展状况不同，污水出现的原因不同，在选择处理工艺时需要结合农村地区的实际情况，因地制宜、分类指导，采用多元化、符合当地实际情况的处理模式与措施，提升生活污水的处理效率。

充分利用农村地区的地形地势和居民住宅建设布局等具体情况，包括用水指标、实际户数、污水成分、闲置土地情况及工程投资等多方面因素来判断，选择处理效果好、建设和运行成本低、维护管理方便的污水处理工艺，以达到最优的处理效果和经济成本。处理工艺既要解决当前村庄污水处理达标排放的问题，又要充分考虑今后污水处理回用的需要，结合农业生产做到减量化、资源化、节约水资源、保护水环境，促进农村地区的社会经济发展与资源、环境相协调。

2.4.4　分散式污水处理工艺

2.4.4.1　化粪池和厌氧生物膜技术

适用范围：无空闲土地用于污水处理，非河网地带，出水水质排放要求宽松的地方。

工艺流程：如图 2-9 所示。

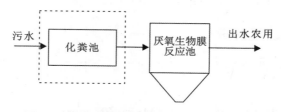

图 2-9　化粪池＋厌氧生物膜反应池工艺流程

当地若为旱厕或有家禽畜养，且村民有利用厩肥施用农田和菜地的习惯，建议增加图中虚框中的化粪池处理单元;若当地主要为水冲式厕所,且尚未修建化粪池,不饲养家禽,则不必新建化粪池。

该工艺对 COD 和 SS 的去除率为 40%～70%,但对氮磷基本无去除效果,因此出水不宜直接排放至池塘或河流,以避免给河塘富营养化增加负担,可回用浇灌农田或菜地,为农作物提供营养物。

2.4.4.2　生物接触氧化技术

适用范围:丘陵或山区,有地势落差,土地资源有限,经济条件较好,出水水质要求较高的地方。

工艺流程:如图 2-10 所示。

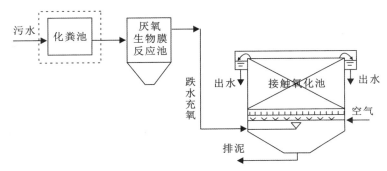

图 2-10　生物接触氧化工艺流程

当地如是旱厕或圈养家禽,则增加化粪池处理工艺。

该工艺利用厌氧生物膜反应池做预处理,通过生物接触氧化池对污水中各污染物进行去除,接触氧化的充氧可以采用多级跌水充氧,若经济条件容许,可增加底部曝气充氧,以进一步提高处理效果;可采取分段进水,为硝酸盐氮的反硝化作用补充碳源,强化脱氮效果。

该工艺处理后出水水质较好,可直接排放,在出水水质要求高的地方可接后续生态处理单元,如稳定塘或人工湿地,进行深度处理。

2.4.4.3　人工湿地

适用范围:适用于土地资源相对丰富,气候温暖,日照充沛,出水水质要求较高的地方的多户污水处理。

工艺流程:如图 2-11 所示。

图中虚框中的化粪池和接触氧化池根据实际情况选用。若当地采取旱厕,则建议污染物先进入化粪池进行处理;若为水冲式厕所,则直接进入厌氧生物膜反应池进行处理;若进水污染物浓度高,对氮磷去除有要求,出水水质要求高,且经济条件容许,则建议在人工湿地前增加接触氧化池,以提高污染物去除效果。

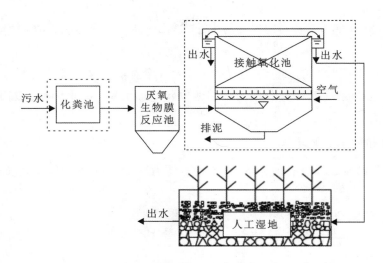

图 2-11　人工湿地生态处理技术工艺流程

　　该工艺的特点是灵活性强,综合利用了各单体污水处理设施的优势,取长补短。在化粪池和厌氧池中预处理去除悬浮物 SS 和有机物 COD,特别是难降解的有机污染物;在接触氧化池中主要去除 COD 和氨氮;人工湿地为深度处理单元,通过填料的吸附、植物吸收和微生物降解作用去除 COD 和氮磷。

　　该工艺对各污染物都有较好的去除效果,但接触氧化池曝气耗电耗能,增加了运行费用。人工湿地需要占用一定的土地资源,但湿地植物可以美好环境,出水可做各类用途,如浇灌农田,直接排放河流、池塘或回用冲厕等。

2.4.5　集中式污水处理工艺

　　在村民居住集中的村庄,通过管网收集农户污水,接入村落污水处理设施进行统一处理;若临近建有污水处理厂的市镇,且该污水厂处理能力能满足要求,则只需铺设管网,接入市镇污水处理厂统一处理即可。

　　在土地资源有限、经济条件较好、进水污染物浓度较高、对出水水质要求不太高的村庄,可优先考虑以好氧生物技术为主的村落污水处理技术,根据具体情况可选择接触氧化法或氧化沟工艺。在土地资源富余或者空置池塘较多、经济条件较差、进水污染物浓度不高、对出水水质要求不高的村庄,可优先考虑以生态技术为主的村落污水处理技术,根据当地地形和具体环境条件可选人工湿地或稳定塘。

2.4.5.1　预处理＋接触氧化池

　　适用范围:土地资源有限,经济条件较好或者地势落差大,以村容村貌整治为主要目的,周边水体富营养化不严重,以去除有机物 COD 和悬浮物 SS 为主要目标,对磷的去除无特别要求。

工艺流程:如图 2-12 和图 2-13 所示。

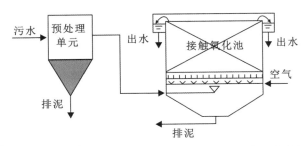

图 2-12　厌氧预处理＋接触氧化沉淀池组合技术工艺流程

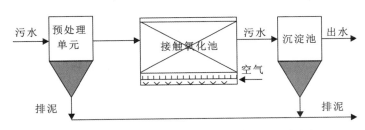

图 2-13　厌氧预处理＋接触氧化组合技术工艺流程

　　该工艺中预处理单元可为化粪池、厌氧生物膜反应池或者初沉池;接触氧化池的充氧当经济条件容许时宜采用曝气充氧,若在山区丘陵等具有较大地势落差的地方可采取跌水充氧;接触氧化池可在池底设置沉淀区,也可接后续沉淀池对污水进行澄清后排出。

　　该工艺以接触氧化为主体,具有较强的抗冲击负荷能力,对进水污染物浓度范围的适应性强,处理效果好,其出水可直接排放或浇灌农田;污泥可购置污泥浓缩脱水一体机进行处理,或就地晾晒(需注意晾晒场地的防雨防渗),当成分稳定、满足相关卫生标准后可做农肥施用于菜地。

2.4.5.2　预处理＋氧化沟

　　适用范围:土地资源短缺,经济条件好,建设资金和运行费用有保障,进水污染物浓度高,处理规模较大,当地水环境尚有一定容量,出水排放要求适中。

　　工艺流程:如图 2-14 所示。

　　该工艺中预处理单元可选化粪池、厌氧生物膜反应池或者初沉池;氧化沟可为一体化氧化沟或帕斯韦尔(Pasveer)氧化沟。该工艺具有很好的 COD、SS 去除率,较好的脱氮效果,同时具有一定的除磷能力,出水水质较好,可直接排放或灌溉农田。该工艺不适用于处理低浓度污水。

2.4.5.3　厌氧生物膜反应池＋人工湿地

　　适用范围:有一定面积的闲置土地或沟渠用于建造人工湿地,最好具有一定的地势落差,该地区没有被树荫遮盖,日照时间长,对出水中氮磷浓度无严格排放要求。

工艺流程：如图 2-15 所示。

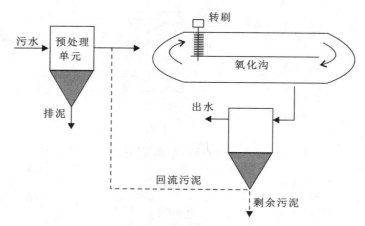

图 2-14　预处理单元＋氧化沟组合工艺流程

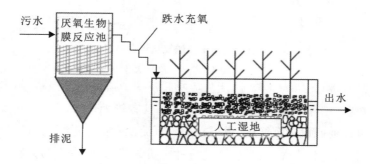

图 2-15　厌氧生物膜反应池＋人工湿地组合技术工艺流程

该工艺的关键在于湿地基质的选择和湿地内部结构的构建。湿地基质粒径需适中，粒径太大不利于挂膜和污水净化，粒径太小容易引起湿地堵塞，其过水断面基质粒径建议 2～10mm。湿地表层种植芦苇、香蒲等水生植物，既有利于提高湿地的去污效果，又能美化环境。湿地植物一般为喜阳植物，因此湿地上空不能被树木遮盖，日照时间长有利于植物生长。

湿地运行不当易堵塞，因此要求进水污染物浓度较低，进水悬浮物以不超过 50mg/L 为宜。化粪池出水因污染物浓度高而不能直接流入湿地进行处理。

湿地运行初期，其出水水质与基质的选择有密切关系，选择具有吸附氨氮功能的沸石等填料，则对氮的去除效果很好；选择对磷吸附能力强的基质，则在运行初期对磷的去除效果很好；长期运行对污染物的去除主要依靠系统内微生物的降解作用。因此，对处理污水氮磷浓度要求严格的地方不宜单独采取该工艺。

2.4.5.4　厌氧生物膜反应池＋稳定塘

适用范围：具有自然低洼坑塘，或有较大面积的闲置水沟或池塘，干旱缺雨的地方更合适。

工艺流程：如图 2-16 所示。

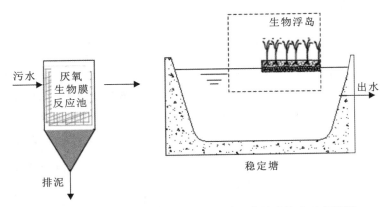

图 2-16 厌氧生物膜反应池＋稳定塘污水处理技术工艺流程

图中虚框表示生物浮岛，生物浮岛上种植挺水植物如芦苇和香蒲等，既能提高稳定塘对污水的净化效果，又能美化环境。生物浮岛漂浮于稳定塘中，可根据污水水质情况和当地具体条件选择浮岛植物。

2.4.5.5 具有脱氮除磷功能的污水处理工艺

以去除 COD、氮和磷为目的的地区，污水处理工艺可以采用生物与生态技术相结合的组合工艺。

适用范围：适用于饮用水水源地保护区、风景或人文旅游区、自然保护区、重点流域等环境敏感区域。这些区域污水处理不仅需要去除有机物 COD 和悬浮物 SS，还需要对氮、磷进行控制，以防止区域内水体富营养化。该工艺主要用于处理村落污水，出水可直接排放或回用。

工艺流程：如图 2-17 所示。

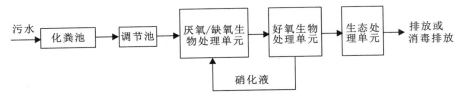

图 2-17 村落污水生物—生态组合工艺流程

生物处理单元中的缺氧/厌氧处理单元宜采用厌氧生物膜单元；好氧生物处理单元宜采用生物接触氧化池和氧化沟等。当处理规模较小，一般低于 $200m^3/d$ 时，宜采用生物接触氧化池；当处理规模较大，如大于 $200m^3/d$ 时，宜采用生物接触氧化池或氧化沟。

生态处理单元宜采用人工湿地或土地渗滤等，以除磷和优化水质。

调节池可与厌氧生物膜单元合建。

2.5 农村生活污水治理发展趋势与政策建议

传统的污水处理是一项能量密集型的综合技术,其采用"以能换能"的方法,在使污水得到净化的同时,消耗大量的电能,排出大量的温室气体,同时产生含有较高内能且难以处理的污泥。随着污水厂的大规模兴建,污染物的排放得到一定程度的控制,但是随之问题也浮现出来:污水处理设施的高投资、高运行成本在一定程度上阻碍了污水处理事业的发展,许多中小型城市由于资金问题没有修建污水处理厂,已建成的一些污水厂也因运行成本过高处于停产和半停产状态。相对于城镇而言,农村经济基础较为薄弱,若不考虑节能,可以预见能耗大、运行费用高将成为村镇污水处理工程正常运行的主要障碍,造成污水处理厂处于"建得起,用不起"的停产状态。在今后相当长的一段时间内,能耗问题将继续成为农村污水处理的瓶颈,有效降低污水处理系统的能耗、合理分配能源成为决定污水处理厂正常运行的关键因素。

2.5.1 农村生活污水治理发展趋势

农村生活污水治理与农业生产、农民生活息息相关,需要融入农村生态系统的"大格局"中,牢固树立山水林田湖草是一个生命共同体的理念,以污水减量化、分类就地处理、循环利用为导向,统筹加强污水治理与农田灌溉回用、生态修复、景观绿化等的有机衔接,实现农业农村水资源和有机废弃物的良性循环。

因地制宜,分类施策,开展农村生活污水、垃圾污染治理。采取分散或集中、生物处理等多种方式,处理农村生活污水;在人口比较集中、有条件的地方推进生活污水集中处理。大力发展清洁能源,推广"畜—沼—粮""畜—沼—果""畜—沼—菜"的农户生态循环模式和"一池五改"(沼气池、改水、改土、改厨、改厕、改圈)的生态家园清洁工程,积极鼓励和支持农民开发利用沼气、太阳能、风能、生物质能等清洁能源。大力发展生态农业和循环农业,推广标准化生产,建立无公害农产品生产基地,开拓农产品市场,引导农民大力开展无公害、绿色、有机生产,提高农产品附加值,逐步实现农业生产技术生态化、生产过程清洁化和农产品无害化。

2.5.2 农村生活污水治理政策建议

2018 年 9 月 29 日,生态环境部、住房和城乡建设部印发了《关于加快制定地方农村生活污水处理排放标准的通知》,标志着国家正式规定了农村生活污水处理排放要求,对推动各地加快制定农村生活污水处理排放标准,突破当前农村污水治理的瓶颈,具有划时代、里程碑、历史性的意义。

新时代农村生活污水治理应该重视如下三个方面:一是明确农村生活污水治理的目的,是"能够利用尽量想办法利用";二是排放标准一定要按照回收利用的需要和条件来决定;三是一定不要照抄城市污水处理的模式,技术、工艺都要适合农村的特点。

2.5.2.1　制定科学规划,避免农村生活污水治理的随意性

1.制定详细的科学规划

在国家层面上,首先,应根据不同区域广大农村居民分布情况和农村生活污水排放的实际情况,对区域农村生活污水是否具有治理的必要性、紧迫性进行科学分析,准确划分出一些大的区域类型;其次,对每一区域类型内的农村再进行划分,以确定一些亚类型,并对每一亚类型的农村采取哪种污水处理模式进行精准识别。在省级层面上,首先,要根据区域乡村振兴战略规划,划分出村庄的类别,并弄清其空间分布情况;其次,根据村庄不同区位、不同类型、不同人居环境的现状,确定农村生活污水处理应采用何种技术与模式,然后依据《农村人居环境整治三年行动方案》的要求,制定出详细的路线图、时间表。

2.科学核算资金需求规模

根据农村人居环境整治规划,充分考虑农村生活污水处理所需的硬件设施、运营条件等各种要素,依据上述划分的区域类型、亚型中的村庄分布情况,对全国范围内农村生活污水处理技术与实施所需要的资金规模进行科学核算。据此,在国家层面制定具体的实施方案,在该方案框架范围内,省、市、县依据区域实际,对本区域农村生活污水所需资金进行匡算,然后再制定详细的实施方案。

2.5.2.2　强化技术创新,提高农村生活污水治理的有效性

1.加快已有技术的推广应用

对农村生活污水处理已经探索出了一些有效技术,需要加快推广应用,在更大范围内服务农村人居环境整治。同时,探讨将个体企业成熟的农村生活污水处理技术及设施纳入国家相关部门推广体系的途径,发挥其参与污水治理的作用。

2.加快污水处理新技术的研发

根据规划所划分的区域,研发农村生活污水处理所需的技术,提高技术的区域适应性。同时,随着农村生活污水水质的变化,处理技术也需要进行相应的创新,以适应新时代农村生活污水治理的需要。此外,为了能够与农村生活污水治理后的应用目的相适应,也需要开展相应技术的研发,确保农村生活污水治理后水质达到相应的标准。

3.加强相关技术整合

农村生活污水处理所需的技术具有综合性的特点,因此,需要加强各种相关技术的整合;同时,应根据山区、丘陵、平原地区不同的地貌特征,寒带、温带、热带不同的气候特征,城镇郊区、边远地区不同的条件,以及农村生活污水产生量的差异性,选择相应的技术进行整合,并选择采取集中处理或者分散处理模式。

2.5.2.3 选择合适模式，确保农村生活污水治理的适宜性

根据上述规划，不同区域农村生活污水处理需要结合实际情况，选择不同的处理模式。当前，在实施乡村振兴战略背景下，要实现全面建成小康社会的目标，需要将农村生活污水处理作为农村人居环境整治的重要内容之一，并且与农村改厕革命紧密结合在一起。针对广大农村改厕革命与农村生活污水一体化处理的实践，应进一步科学选择相应的模式，以助力乡村生态振兴。

1.全面树立一体化处理的理念

已有的实践表明，在推动农村人居环境整治过程中，农村改厕与生活污水一体化处理是一个有效的模式，也是未来推动乡村生态振兴的方向及重要内容。因此，在国家和省级层面上，业务主管部门应树立全面一体化处理的理念，将农村"厕所革命"与生活污水集中处理统筹安排，既解决了改厕与农村生活污水孤立处理的设施重复建设的问题，又减轻了资金投入的负担，减少了基层相关部门的后期工作。

2.因地制宜选择一体化处理模式

根据山区、丘陵、平原地区不同的地貌特征，以及城镇郊区、边远地区不同的条件选择单户、联户、集中的处理模式，以及选择适宜的处理技术与设备。莱芜市推广的一体化改厕模式中，所采用的小型一体化生物处理设备就是当地企业生产的，该设备不需要管网，而且可以实现中水回用，多余的水达标排放，表现出明显的低成本、低能耗、易维护、高效率的特点。

2.5.2.4 加大资金投入，保障农村生活污水处理的可能性

1.设立专项资金，支撑农村生活污水处理

在实施乡村振兴战略过程中，强化农村人居环境整治，实现"生态宜居"，需要资金提供有效的保障。为此，针对广大农村生活污水治理的实际状况，建议在国家层面切实加大财政资金投入的力度，设立相关的专项资金，明确政府的投资主体地位。

2.鼓励社会资金参与农村污水治理

在国家设立专项资金的同时，政府应积极鼓励社会团体、企业和个人以捐款或其他方式积极参与农村生活污水治理之中，体现其社会责任感，充分发挥社会各个层面的作用。

3.增加地方政府财政投入

根据不同区域的经济发展水平，建立和完善适应各地经济水平的地方政府补助机制，作为国家专项资金、社会资金投入的有效补充，将农村生活污水处理的资金投入纳入国家财政体系中，逐年增加对污水处理设施的建设和维护费用。

2.5.2.5 建立完善机制，实现农村生活污水治理的持续性

1.建立有效的生活污水设施运营机制

在农村生活污水治理之初，政府负责相应设施的运营与维护较为合适，运营一段时间之后，应逐步过渡到政府和用户以外的第三方负责。通过专业机构的运营与管护，更有利于保

障设施的正常运行,便于实施监管。需要指出的是,应根据集中处理与分散处理的具体特点,确定运营机制。

2.建立评估与监督的有效机制

国家业务主管部门应尽快制定相应的评估方案,并建立符合实际的评估指标体系,特别是应根据规划确立的不同区域,对指标体系进行差异化处理。对农村生活污水处理的评估,应采取自评估与第三方评估相结合的方法,以体现公开、公平、公正的原则,及时发现其中存在的问题,寻求解决的途径。与此同时,应在国家层面、省级层面以及基层政府层面建立农村生活污水处理的监督机制,一方面监督农村生活污水处理进展工作,另一方面监督农村生活污水处理评估工作。

3.建立与完善有效的考核机制

在推进农村生活污水处理进程中,要切实避免以往"数字式"考核方式,转变为"以事实说话"的方式,重点考察农村生活污水处理的实效。杜绝只注重工程建设,完成数字要求任务,而不关注生活污水处理实效的行为。

2.5.2.6　强化责任意识,提升农村居民生活污水治理的参与性

农村生活污水治理是改善农村人居环境治理、建设美丽宜居乡村的重要内容,更是全面推进农村生态文明建设的重要抓手。农村居民作为农村生活污水治理的主体,应提高其对农村生活污水治理的认知水平,并逐步树立其责任意识与参与意识,更好地实施农村生活污水治理,推动美丽宜居乡村建设。

1.提高农村居民的认知水平

农村居民既是农村人居环境整治的主体,也是农村人居环境整治成效的受益主体和价值主体,只有具有浓厚自觉的主体意识的农村居民,才能清醒地认识到农村生活污水治理的重要性,明确自身在农村人居环境整治中的价值和地位,真正把农村生活污水治理看成自己的事业,积极能动地参与生活污水治理。为此,可以通过各种新媒体平台,开展形式多样、农村居民喜闻乐见的宣传活动,提高他们对农村生活污水治理工作的认知水平,以更好地了解并支持农村生活污水治理工作。

2.提高农村居民的责任意识

农村居民对农村人居环境整治认知水平的不断提高,可以诱发他们产生相应的主体意识,增强他们在农村生活污水治理中的责任意识。通过多种途径宣传农村生活污水、生活垃圾治理对改善农村人居环境、建设美丽宜居乡村以及建设农村生态文明的重要意义;同时,通过生活污水治理,让农村居民亲眼看到农村人居环境整治带来的村容村貌的改变,以及给农村居民带来的实惠,从而增强农村居民的环保责任意识,建立并强化农村居民对农村人居环境整治的信心,进而改变农村居民的思想观念,并逐渐规范其生活污水治理行为。

3.提高农村居民的参与意识

以农村生活污水治理为重要内容的农村人居环境整治是一个长期的过程,不可能一蹴

而就,不能急于求成,需要足够的时间,更需要广大农村居民的广泛参与。提高农村居民对生活污水治理、人居环境整治以及美丽宜居乡村建设的认知水平、责任意识是前提,而提高农村居民的参与意识,能使其真正成为农村生活污水治理、美丽宜居乡村建设的主体,积极、主动、全面参与农村生活污水治理的全过程,一方面保证了农村人居环境整治各项工作的顺利实施,另一方面则保证了农村人居环境整治、美丽宜居乡村建设成效的有效巩固。

2.6 农村污水处理案例分析

2.6.1 A²/O+人工湿地组合处理工艺

该项目所在地为浙江省中部某乡,地处山区,毗邻当地的饮用水源保护区,是饮用水源所在水库的集雨范围,生态环境保护要求较高,属于典型的环境敏感区。根据该地区地形因素、农村生活污水的特点及排放水质的要求,决定采用调节+初沉+A²/O+混凝沉淀+过滤+人工湿地组合处理工艺。该项目于 2016 年 10 月建成并投入试运行,至今运行情况良好。

2.6.1.1 项目概况

1.设计水量

该项目收集范围为 6 个村,包括一所幼儿园和一所小学。根据当地人口自然增长率及人口规划,到 2025 年该区域人口预计为 1 万,采用人口指标法预测供水量、污水量,按全日供水,室内部分有给排水设施且卫生设施齐全,确定农村居民生活用水量140L/(人・d),产污系数取 90%,污水收集管网工程截污率取 85%,地下水渗入量按污水量的 10%确定。污水量预测如表 2-5 所示。

表 2-5 污水量预测表

项目	指标
平均日供水量(m^3/d)	1400
产污系数	0.90
截污系数	0.85
地下水渗入系数	1.10
平均日污水量(m^3/d)	1178

据此,该项目水处理设计规模为1200m^3/d。

2.设计进、出水水质

污水处理站进水均为农村生活污水,结合以往类似工程的经验,在预测进水平均浓度的基础上确定污水处理站设计进水水质。因污水处理站毗邻饮用水源保护区,离下游Ⅱ类目标水质断面较近,出水须执行更严格的排放标准,设计出水 COD、NH_4^+-N、TP 执行《地表水环境质量标准》(GB 3838—2002)中Ⅴ类标准,其他指标如 TN、SS 等执行《城镇污水处理厂污染物排放标准》(GB 18918—2002)一级 A 标准,设计进、出水主要水质指标具体如表 2-6 所示。

表 2-6　设计进、出水主要水质指标　（单位：mg/L）

指标	COD	SS	NH_4^+-N	TP	TN
进水	≤300	≤200	≤30	≤3.5	≤40
出水	≤40	≤10	≤2	≤0.4	≤15

2.6.1.2　工艺流程及设计说明

农村生活污水处理工艺流程如图 2-18 所示。

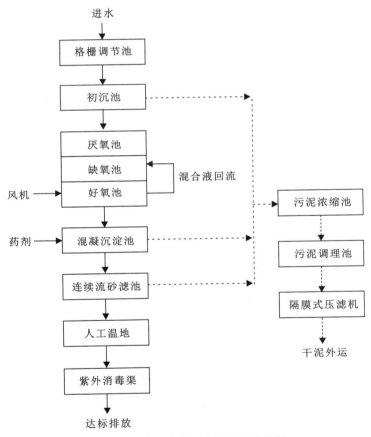

图 2-18　农村生活污水处理工艺流程

格栅调节池:农村生活污水水量水质受季节、农家乐旅游淡旺季等影响波动大,为此设置了格栅调节池。污水先经过格栅井去除大颗粒污染物,调节池内设搅拌机搅拌均化水质水量。设格栅调节池 1 座,尺寸为 20m×9m×5.3m,水力停留时间 10.8h,配备 2 道格栅,

2 台潜水搅拌机,2 台提升泵(1 用 1 备),1 台液位计,水泵运行时间根据液位由 PLC 进行自动控制。

初沉池:均化后的污水通过泵提升进入初沉池,在初沉池内沉淀部分悬浮颗粒物及泥砂,为后续生化系统创造良好的条件。设初沉池 2 座,尺寸为 5m×5m×5.5m,采用竖流式沉淀池,表面负荷 1.0m³/(m²·h),配备排泥泵 2 台(1 用 1 备)。

生化池:生化系统为 A²/O,池内填充生物载体组合填料,采用生物膜法,耐水质水量冲击,氨氮硝化效果好,剩余污泥量相比活性污泥法少 1/3;在 O 池中利用填料上附着的生物膜去除有机物及氨氮,池内设内回流反硝化脱氮。A²/O 池 2 座,尺寸为 20m×5m×5.5m,水力停留时间共 18h,其中厌氧池 2h,缺氧池 4h,好氧池 12h;硝化负荷 0.027kg/(m³ 填料·d),反硝化负荷 0.094kg/(m³ 填料·d),COD 容积负荷 0.40kg/(m³ 填料·d),填料层高度 3m,混合液回流比 4∶1。配备潜水搅拌机 4 台,可提升曝气管 120m,组合填料 600m³,鼓风机 2 台(1 用 1 备)。

混凝沉淀池:因生化出水 TP 较难达标,生化后直接进入混凝沉淀池,在混凝沉淀池投加聚合氯化铝(PAC)化学除磷。设混凝沉淀池 2 座,尺寸为 6m×6m×6m,采用竖流式沉淀池,表面负荷 0.69m³/(m²·h),配备排泥泵 2 台(1 用 1 备),加药装置 2 套,分别投加 1 套。

连续流砂滤池:通过连续流砂滤池强化去除 SS,一是确保 SS 达到一级 A 标要求 10mg/L 以下,二是为后续人工湿地创造良好的条件,避免人工湿地的堵塞。连续流砂滤池为集混凝、澄清、过滤为一体的高效过滤工艺,过滤与洗砂同时进行,能够 24h 连续自动运行,无需停机反冲洗,系统无需维护,管理简便。设连续流砂滤池 2 座,尺寸为 2.0m×3.9m,钢制成套化设备,滤速 8m/h,配备空压机 1 台,布水器 1 台、石英砂滤料 10m³。

人工湿地:设置人工湿地强化去除氮磷,把对受纳水体的影响降到最低。人工湿地采用垂直复合流型,湿地内设置沸石、碎石、鹅卵石等级配填料,按季节性搭配选种美人蕉、菖蒲、旱伞草、麦冬等水生植物深度除磷脱氮,确保尾水氨氮、TP 达到地表水 Ⅴ 类水要求。设人工湿地,25m×8m,2 座,11m×26m,4 座,钢筋混凝土结构,水力负荷 0.77m³/(m²·h);池内铺设沸石 312m³、碎石 780m³、鹅卵石 158m³,种植美人蕉 14040 株、菖蒲 14040 株、旱伞草 5020 株、麦冬 5020 株。

紫外消毒渠:采用无二次污染、运行维护方便的紫外线消毒,确保出水粪大肠杆菌达标。配备低压高强紫外灯管 16 根,功率 16kW。

污泥处理:污泥经浓缩、调理后,通过高压隔膜压滤机压滤干化后含水率＜60%,污泥干化后送至当地生活垃圾填埋场卫生填埋。配备污泥进泥泵 2 台(1 用 1 备),隔膜压滤机 100m²,1 台。

2.6.1.3　运行效果分析

污水处理站自 2016 年 10 月建成并试运行,经过约 3 个月的调试后即正常运行,至今已近 4 年。目前实际处理水量为 900～1100m³/d,系统运行稳定,处理后出水稳定达到设计出水水质。以下是日常监测 6 次数据的范围值和平均值,如表 2-7 所示。

表 2-7　　　　　　　　　　　　　　　　　日常监测结果　　　　　　　　　　　　　　　（单位:mg/L)

采样点	COD_{Cr}		NH_4^+-N		TN		TP	
	范围值	平均值	范围值	平均值	范围值	平均值	范围值	平均值
调节池	156～306	246	18.5～32.1	25.2	21.2～42.3	33.6	2.3～4.6	3.3
初沉池	137～288	225	17.5～31.6	24.3	21.0～41.1	32.5	1.8～3.9	2.9
A^2/O 池	39～57	45.2	1.4～4.3	2.6	9.5～16.6	13.5	0.46～1.24	0.75
混凝沉淀池	28～52	35.9	1.2～4.0	2.4	8.2～15.5	13.0	0.21～0.44	0.35
排放口	26～39	32.6	0.24～0.67	0.42	7.4～13.6	10.5	0.15～0.32	0.24
处理效率(%)	86.7		98.3		68.8		92.7	
设计出水标准	≤40		≤2		<15		<0.40	

通过以上监测数据可以看出,出水 COD_{Cr} 的总去除率为 86.7%,氨氮去除率为 98.3%,TN 去除率为 68.8%,TP 去除率为 92.7%,项目出水 COD、NH_4^+-N、TP 均达到《地表水环境质量标准》(GB 3838—2002)中 Ⅴ 类标准,TN 指标达到《城镇污水处理厂污染物排放标准》(GB 18918—2002)一级 A 标准。

2.6.1.4　经济技术指标

污水处理的运行费如表 2-8 所示。工程总投资 615 万元,其中土建费用 302 万元,设备费 225 万元,其他费用 88 万元,占地面积约 9.2 亩,装机功率 89.9kW(需要容量为 65.3kW)。

表 2-8　　　　　　　　　　　　　　　污水处理运行费

项目	说明	单位费用(元/m³ 水)
电费	0.52 元/kW·h,0.82kW/m³ 水	0.43
人工费	3000 元/(月·人),3 人	0.18
药剂费	PAC2000 元/t,0.05kg/m³ 水	0.10
	PAM25000 元/t,0.001kg/m³ 水	0.025
污泥处置费	污泥处置费按 200 元/t 污泥计,污泥量为 0.25t/d(按 60% 含水率计),则日处理费 50 元	0.05
维修费	维修费按每月 1000 元计,年底大修费 3.8 万元,合计为 5 万元/年	
合计		0.905

2.6.2 高效藻塘系统处理工艺

高效藻类塘(high rate algal pond，HRAP)由美国加州大学伯克利分校 Oswald 和 Gotaas 等人在 20 世纪 50 年代提出并发展而来。高效藻类塘一般分成多个处理单元，通过菌藻共生系统逐级对来水净化。与传统稳定塘相比，高效藻类塘典型工艺特征如下：①高效藻类塘水深较浅，一般为 $0.3\sim0.6m$。传统稳定塘的深度根据其类型，一般为 $0.5\sim2m$。②塘体进水廊道中，设置有垂直于水流方向的连续搅拌装置，促进污水完全混合并调节溶氧和 CO_2 浓度。③停留时间短。一般为 $4\sim10d$(冬季相对较长)，比一般稳定塘停留时间短 $7\sim10$ 倍。④多个处理单元。高效藻类塘分成若干个狭长廊道，宽度较窄，逐级处理。

高效藻类塘中连续搅拌装置可以促进污水的完全混合、调节塘内氧和 CO_2 的浓度、均衡池内水温以及促进氨氮的吹脱作用。以上的特征使得高效藻类塘内形成有利于藻类和细菌生长繁殖的环境，强化藻类和细菌之间的相互作用，所以高效藻类塘内有着比一般稳定塘更加丰富的生物相，从而对有机物、氨氮和磷有着良好的去除效果。由于高效藻类塘有这些特征，可以大大减少占地面积。现在高效藻类塘在美国、法国、德国、南非、以色列、菲律宾、泰国、印度、新加坡等国都有应用。

典型的高效稳定塘系统如图 2-19 所示。

该实例介绍高效藻类塘系统处理太湖地区农村生活污水的中试研究，流程如图 2-19(b)所示。

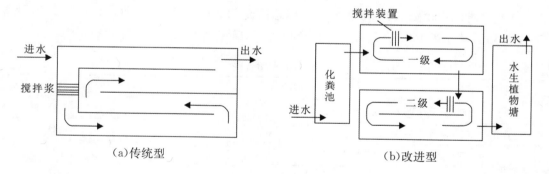

图 2-19　高效藻类塘

(1)基本情况

太湖流域某示范区，各农户的生活污水通过管网收集自流进入化粪池，然后由潜污泵送入主体处理装置。污水依次经过一级高效藻类塘、二级高效藻类塘，得到净化，再流经水生植物塘，以分离水中的藻类，最后排放。化粪池有效容积为 $16m^3$，每级高效藻类塘长 16m，宽 6m，中间设挡水墙将池子分隔为一个循环廊道，池内水深 0.5m，由潜流推进器推动水流以 0.35m/s 的速度在塘内流动。水生植物塘种植有水花生和浮萍，有效容积为 $20m^3$。

运行期间平均进水水质情况如表 2-9 所示，由于污水内含有大量的冲厕水，污染物浓度相对较高。系统运行条件如表 2-10 所示。中试运行期为 2004 年 10 月至 2005 年 4 月,在运行期内该示范区气候条件月变化情况如表 2-11 所示。

表 2-9　　　　　　　　　　　　　　　污水水质　　　　　　　　　　（单位:mg/L;pH 无单位）

COD$_{cr}$	TN	TP	DO	碱度	pH
443.6	85.2	6.19	0.8	477.2	8.0

表 2-10　　　　　　　　　　　　　　　运行条件

水力负荷 （cm/d）	COD 负荷 [g/(m^2·d)]	TN 负荷 [g/(m^2·d)]	TP 负荷 [g/(m^2·d)]	停留时间 （d）
443.6	85.2	6.19	0.8	477.2

表 2-11　　　　　　　　　　　　示范区气候参数月变化

日期	气温 （℃）	日照长度 （h/月）	降雨量 （mm/月）
4 月 10 日	18.8	202.4	7.8
4 月 11 日	14.2	188.2	113.1
4 月 12 日	7.5	120.0	80.1
5 月 1 日	2.1	108.5	1.8
5 月 3 日	8.7	171.2	47.4
5 月 4 日	18.5	210.0	120.1

（2）运行效果分析

HRAP 系统中 COD 主要通过微生物降解去除,运行期内平均出水 COD 浓度为 120.01mg/L,平均去除率为 69.4%。COD 去除率在 4 月 12 日(冬季)最低,只有 46.9%。

氮主要通过氨氮挥发、硝化反硝化、藻类及水生植物的同化作用去除。运行期间平均出水 TN 浓度为 47.1mg/L,平均去除率为 41.7%。TN 在 4 月 12 日的去除率很低,仅为 9.21%。该系统对氨氮的去除效果很好,运行期内氨氮平均出水浓度仅为 5.73mg/L,平均去除率为 90.8%,5 月 3 日氨氮去除率出现最小值 71.7%。

磷主要是通过沉降、藻类及水生植物的同化吸收作用得到去除的。运行期间平均出水 TP 浓度为 3.11mg/L,平均去除率为 45.6%。TP 在 4 月 12 日的去除率最低,仅为 8.9%。正磷酸盐的平均出水浓度为 2.62mg/L,平均去除率为 3.8%,4 月 12 日的去除率最小为 6.2%。

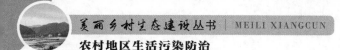
（3）影响因素分析

1）光照

对于藻类来说，光因子特别重要。光是藻类光合作用的能源，而光又有着明显的时（日、季节）空（经度、纬度）变化，因此光照是藻类生长的限制因子。HRAP中藻类的光合作用对整个塘系统的正常工作起着至关重要的作用，而光照又是光合作用决定性的因素，所以光照是影响整个塘系统处理效果的关键因素之一。藻类生物量随着日照时间成正相关性变化。当春秋季节日照时间较长，藻类生物量较大，此时整个塘系统的处理效果也较好，而在冬季日照时间短，则藻类生物量达到最低点，对应的冬季处理效果也很低。

2）温度

藻类对温度有一定的忍受限度。对于大多数藻类来说，它们的最适生长温度是18～25℃。一般说来，蓝藻、绿藻的温度适应范围偏高，故多出现于夏、秋季；金藻、硅藻等则喜较低的温度，故多出现于早春、晚秋和冬季。在高效藻类塘中各个季节出现不同的优势藻种正体现了温度作为主要控制因子之一对藻类生长的影响。该中试研究中，春季的优势藻类为栅藻属，主要是四尾栅藻及其变种；冬季优势藻类为硅藻属，主要是小环藻、舟型藻。

3）停留时间

Owsald建议采用HRAP处理生活污水的水力停留时间取4～8d，可获得较好的处理效果。该试验中HRAP的停留时间为8d，COD平均去除率为69.4%，TN平均去除率为41.7%，TP的平均去除率为45.6%，出水中氮的主要形态为硝态氮。

（4）系统的污染物削减能力

由半年多以来的运行情况可核算该污水处理系统对各主要污染物的削减能力。污水流量10m³/d，系统占地20m²，按该系统平均处理效果计算，对COD、TN及TP的平均削减量为16.18g/（m²·d）、1.90g/（m²·d）、0.15g/（m²·d），据此可知系统全年能削减的COD、TN及TP量分别约为1.181t/a、0.139t/a、0.011t/a。

该工艺处理效果受气候影响较明显，冬季温度较低、阳光辐射较弱时，HRAP处理效率较低。尽管如此，但与传统氧化塘相比，高效藻类塘具有占地小、停留时间短、对污染物处理效率高等特点，而且高效藻类塘系统设备简单，建设成本低，运行能耗低，系统启动快，基本无需专人管理，因此高效藻类塘工艺适合在气候温暖、阳光充沛的农村地区推广应用。

第 3 章　农村"厕所革命"

中共中央办公厅、国务院办公厅 2018 年 2 月发布的《农村人居环境整治三年行动方案》中将开展厕所粪污治理作为重点任务,明确提出合理选择改厕模式,推进厕所革命。东部地区、中西部城市近郊区以及其他环境容量较小地区村庄,应加快推进户用卫生厕所建设和改造,同步实施厕所粪污治理。其他地区要按照群众接受、经济适用、维护方便、不污染公共水体的要求,普及不同水平的卫生厕所。它强调要引导农村新建住房配套建设无害化卫生厕所,人口规模较大村庄配套建设公共厕所;加强改厕与农村生活污水治理的有效衔接;鼓励各地结合实际,将厕所粪污、畜禽养殖废弃物一并处理并资源化利用。

随着社会经济发展,人类已步入一个高度文明的社会,厕所作为衡量国家、地区、民族文明程度的标准之一,备受关注和重视。农村厕所改革既是社会主义乡村文明建设的需要,也是实现建设社会主义新农村和全面小康社会的基础。改厕是社会进步的必然要求,对改变农村陋习、培养农民讲卫生、提高农民的文明程度都有很大的促进作用。

2017 年 11 月,习近平就旅游系统推进厕所革命的显著成效作出重要指示,指出厕所问题不是小事情,是城乡文明建设的重要方面,不但景区、城市要抓,农村也要抓,要把这项工作作为乡村振兴战略的一项具体工作来推进,努力补齐这块影响群众生活品质的短板。厕所问题不仅关系到农村地区生活环境的改善和居民身体健康,而且关系到精神文明建设能否取得实效。党的十九大报告提出乡村振兴战略,并概括了这一战略的总要求为"产业兴旺、生态宜居、乡风文明、治理有效、生活富裕",其中生态宜居是人民幸福感的重要方面,也是缩短城乡差距实现全面小康的具体体现。要实现生态宜居,就要从农村居民日常生活的点滴小事做起,当前农村厕所问题就是迫切需要解决的重要障碍。党的十九大报告提出乡村振兴战略,并把农业农村优先发展作为当前和今后一个时期我国经济社会发展的重中之重。长期以来,农村厕所问题是农村小康路上的难点,成为农村发展的短板。

3.1　农村改厕历程

物质文明看厨房,精神文明看茅房。厕所是衡量文明的重要标志,决定人们的生活品位,反映社会的文明程度,也关乎国家的良好形象。农村改厕的目的是预防疾病传播、营造健康环境、提高生活品质。当前,农村厕所存在脏、乱、差、少、偏的问题,厕所文化缺失及顽固的如厕陋习,是社会文明、公共服务体系和人民生活品质的短板。厕所问题不是小事情,是城乡文明建设的重要方面。

3.1.1 农村改厕的意义

3.1.1.1 卫生厕所是农村文明的重要标志

厕所在人们的生活中有着特殊的重要的地位,良好的如厕环境是人们日常生活的需要。厕所是衡量一个国家经济社会发展状况、社会文明程度以及人们的价值观念的重要标志。农村厕所改造是世界卫生组织(WHO)确定的初级卫生保健的 8 个要素之一。现在世界各国的厕所发展状况差异很大,发达国家处在厕所文明的前列,发展中国家的厕所水平还较低。林语堂先生曾幽默地说过,西方文明超越东方文明之处在于抽水马桶。厕所也是我国城乡差距、东西差距最大、最突出的表现之一。新加坡厕所协会主席希姆长期关注和研究厕所及民生问题,在其积极努力和倡导下,2001 年 11 月,30 多个国家和地区的数百多名代表聚会新加坡,发表了宣言并成立了"世界厕所组织"(world toilet organization,WTO)。2004年 11 月,第四届世界厕所峰会在我国首都北京举行,大会讨论了厕所与人类生活质量、旅游发展等的关系,社区和城乡厕所建设等系列问题,发表了《世界厕所峰会宣言》。这在一定程度上促进和提高了我国公众对厕所问题的认知。2011 年 11 月,第 11 届世界厕所大会再次在我国海南省举行。2013 年第 67 届联合国大会把每年的 11 月 19 日定为"世界厕所日",旨在倡导人人享有清洁、舒适及卫生的厕所环境,提高人类健康水平,厕所问题由此成为"全球性"问题登上了国际舞台的大雅之堂。世界各国都在重视厕所问题,2014 年印度总理莫迪发起了一场"厕所运动","家家有厕所"的口号和目标在印度颇为响亮和吸引人。

3.1.1.2 改造农村厕所是振兴乡村的需要

农村厕所问题本质上是民生问题、社会问题和经济问题,是新时代振兴乡村的重要内容和要求。据贵州省疾病预防控制中心何平等 2015 年对贵州省 28 个县 560 个行政村进行的抽样入户调查结果:560 个村公厕率为 41.07%,农户卫生厕所率为 41.36%,57.05% 的农户使用非卫生厕所,1.59% 的农户无厕所;农村户厕粪便多数没有经过无害化处理。这表明贵州农村厕所卫生问题突出,改造是必然的要求。

1.全面建成小康社会和振兴乡村的需要

农民是我国最大的社会群体,在 1998 年我国宣布"总体达到小康"时,实际上 16 大项指标中还有 3 项并未达到,其中之一就是农村初级卫生。中共中央十七届三中全会提出,"实施农村清洁工程,加快改水、改厨、改厕、改圈,开展垃圾集中处理,不断提高农村卫生条件和人居水平"。中国共产党十九大提出实施乡村振兴战略,"要坚持农业农村优先发展,按照产业兴旺、生态宜居、乡风文明、治理有效、生活富裕的总要求……"这自然包括对农村厕所更高的要求。

2.提高农民健康水平和生活品质的需要

党的十九大提出了实施"健康中国"战略。健康与厕所有着密切的关系,厕所卫生问题是影响我国农村居民提高生活品质的短板。改造农村厕所可以清除粪便对农村饮用水源的污染,保障农民用水安全,有效减少肠道传染病、寄生虫病的传播,改善农民家庭和居住地的环境,提高农民的生活质量。马桶等卫生设备被认为是 1840 年以来非常重要的医学卫生贡献,有效降低了传染病的发病率。不卫生的厕所及环境影响人们健康,是贫困人群致病致贫的重要原因,是全球发展差距最直观、最主要的表现。厕所问题是全球特别是发展中国家共同面临的问题,联合国官员凯思琳·沃尔什说,"全球约有 25 亿人无法使用改善的卫生设施,占比高达 40%。可以说,厕所问题解决得好,就有了保护人民健康的超级疫苗"。

3.促进农业、农村经济发展

农村改厕后产生的粪水可以成为清洁的有机肥粪便,既可减少农田污染,也可减少农民的农业生产成本,有利于土地资源的可持续性利用。国外有研究表明,农村公共卫生投资可产生很好的效益,其成效主要表现在改善健康状况及生活品质后节省医疗费用,增加的生产力,降低学生经常性生病缺课及所造成的教育水准落差。改善农村厕所还可以助推发展乡村旅游,成为脱贫攻坚的重要渠道。

3.1.2 农村改厕的发展

20 世纪 60 年代,政府开展爱国卫生运动。

20 世纪 70 年代,中国爱卫会组织开展"两管五改"活动,清理整治环境,突出对人畜粪便的管理。

20 世纪 80 年代,推动改水、改厕、健康教育"三位一体"爱国卫生运动。

20 世纪 90 年代,将农村改厕工作纳入《中国儿童发展规划纲要》和中央《关于卫生改革与发展的决定》,在农村掀起"厕所革命"。

2004—2013 年底,中央累计投入 82.7 亿元,改造农村厕所 2103 万户,普及率达 74.09%。

2014 年 12 月,解决好厕所问题在新农村建设中具有标志性意义,要因地制宜做好厕所下水道管网建设和农村污水处理,不断提高农民生活质量(习近平总书记在江苏调研时表示)。

2015 年 4 月,从小处着眼,从实处着手,不断提升旅游品质;要发扬钉钉子精神,采取有针对性措施,一件接着一件抓,抓一件成一件,积小胜为大胜,推动我国旅游业迈上新台阶(习近平总书记就厕所革命和文明旅游作出重要批示)。

2015 年 7 月,随着农业现代化步伐加快,新农村建设也要不断推进,要来场"厕所革命",让农村群众用上卫生的厕所(习近平总书记在吉林省延边州调研时指出)。

2017 年 10 月,全国共新建、改扩建旅游厕所 6.8 万座,超额完成三年计划任务(5.7 万座)的 19.3%。

2017 年 11 月,厕所问题不是小事情,是城乡文明建设的重要方面,不但景区、城市要抓,农村也要抓，要把这项工作作为乡村振兴战略的一项具体工作来推进，努力补齐这块影响群众生活品质的短板（习近平总书记就"厕所革命"作出重要指示）。

2018—2020年，《全国旅游厕所建设管理新三年行动计划（2018—2020）》启动，全国将新建、改扩建旅游厕所6.4万座，达到"数量充足、分布合理，管理有效、服务到位，环保卫生、如厕文明"新三年目标。

3.1.3 农村改厕取得的成效

3.1.3.1 提高了全国卫生厕所普及率，有效控制了疾病的发生

我国农村改厕工作取得了显著的成绩。一方面，全国农村卫生厕所普及率从2007年的55.5％提高到2017年的81.7％，如图3-1所示。另一方面，农村改厕工作的推进有效控制了疾病的发生和流行。随着改厕工作的推进，改厕地区粪—口传播疾病的发病率明显下降。在血吸虫病疫区，建设卫生厕所已成为传染源控制的重要措施和手段，血防地区改厕村的血吸虫感染率明显下降。与此同时，农村改厕有效带动了农村居民健康知识知晓率的提高、健康知识态度的改变和个人卫生行为的转变。农村居民已普遍认识到，农村改厕的最终目的不仅是硬件设施的建设，更重要的是通过硬件设施的改善来促进农村居民良好卫生习惯的养成和卫生行为的形成。

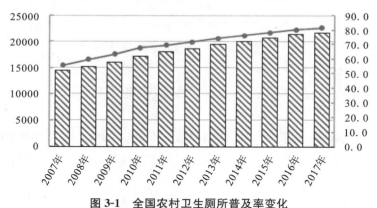

图3-1 全国农村卫生厕所普及率变化

资料来源：2014—2018年《中国农村统计年鉴》。

3.1.3.2 显示了良好的经济效益及社会效益

在经济效益与社会效益方面，农村改厕工作显示了良好的综合效益。农村改厕不仅改善了居住环境，还能够与沼气池建设、改厨和改圈相结合，实现了粪便、秸秆和有机垃圾等农村主要废弃物的无害化处理、资源化利用，有效降低了对土壤和水源的污染，清洁了家园、田园和水源，为美化乡村、振兴乡村经济奠定了良好基础。同时，由于卫生厕所就建在农户家，

老百姓能真实感受到政府投入,农村改厕工作提升了政府在百姓中的良好形象。

3.1.4 农村改厕推进经验

3.1.4.1 加强宣传教育

厕所要革命,观念放首位。要想取得"厕所革命"真正的胜利,对民众宣传教育相当重要。各地积极组织开展有关厕所改造的公益宣传活动,在当地主流媒体开设户厕改造宣传专栏,利用报纸、网络平台、微信公众号等方式,大力宣传户厕改造成效亮点、聚焦热点,营造声势,做到广播有声音、电视有画面、报纸有文字,多层次、全方位宣传户厕改造的必要性,争取做到农村改厕政策人尽皆知。另外,加强文明如厕、卫生防病等知识教育,提升公众对户厕改造的认知度和参与度,引导城乡群众养成良好的卫生习惯,改变如厕陋习,努力营造"全民参与厕所改造、共建共享优美环境"的良好氛围。

3.1.4.2 注重典型示范

坚持以重点示范推动全局,根据区域特点、建设模式、群众基础等不同情况,开展建设样板村、打造试点户活动,通过示范带动,整村推进,由易到难,打造数量有保证、质量有保障的精品工程。同时,将户厕改造工作纳入对各镇(街道)的年度目标考核,建立责任体系、工作体系、考评体系和督查体系,定期研判工作进展,着力解决具体问题。一周一通报,一月一考核,确保农村户厕改造快速有序推进。

3.1.4.3 扩宽资金筹集渠道

统筹整合资金,采取"上级补一点、涉农资金贴一点、本级拿一点、镇村筹一点、社会捐一点、群众出一点"的资金筹措模式,调动各方力量,统筹整合各项资金,确保户厕改造实施到位、快速推进。上级和本级资金主要采取以奖代补形式,坚持"多干多得、快干快得、慢干惩罚"的原则,充分调动镇(街道)和行政村的工作积极性。同时,发挥群众的主体作用,动员农户承担部分厕所墙顶及内部整修等改造费用,发动企业家和社会人士捐资建设污水管网等基础设施。此外,在扩宽资金筹集渠道的基础上,也要注重资金分配的平衡性,加大对贫困村的资金倾斜,将户厕改造作为脱贫攻坚的一项具体工作来推进,缩小城乡差距,减少区域间发展不平衡。

3.1.4.4 建立健全体制机制

建立健全农村改厕后续长效管护机制,要坚持政府引导、社会参与、市场运作、有偿服务的原则,建立农村无害化卫生厕所配件供应、检查维护、粪液清运、资源利用体系,努力建设农民美丽宜居新家园。在具体目标要求上,坚持做到"五有":一是有制度,明确具体实施办法和责任人;二是有标准,明确维修、抽取、转运、处理的具体要求;三是有队伍,配备精干高效、责任心强的管护人员;四是有经费,保障日常管护工作的开展;五是有督查,通过多种途径推动管护机制的落实。

3.1.4.5　鼓励科技研发

以户厕改造为重要抓手,推进农村人居环境改善、生态文明建设和美丽乡村建设,最核心的还是技术创新。当务之急应着力提升厕改技术的科技含量,完善科技成果转化机制。一是要打通技术成果转化渠道,加快建立技术转化组织,成立技术转化联盟,建立技术转化平台。二是要发挥地方政府的能动性,加强与相关领域专家合作,关注先进技术成果,引入先进理念,在此基础上因地制宜研发配套技术,解决户厕改造技术瓶颈。例如,河北省衡水市冀州区岳良村采用高效的真空排导技术,减少冲厕水的用量,节水率达到83%,解决了无法深埋排污管道的冲水问题。江苏省如皋市杭桥村在乡村环境污染综合治理示范工程中,依托中国科学院研发的50mm负压管道,无需深埋,建设成本降低2/3;采用的负压技术将粪污变为氮磷达标的有机肥,资源得到充分利用;技术人员通过手机APP进行监控,保障后期及时维修管护。

3.2　农村改厕模式

3.2.1　农村厕所类型

3.2.1.1　三格式厕所

化粪池建造基本要求:化粪池容积≥1.5m³,深度≥1200mm。在北方寒冷地区要将化粪池埋深或地上添加覆盖保温层,确保池内储存的粪液不会冻结。三格化粪池建造可采用砖混砌筑、混凝土捣制,或选用预制型产品。

便器安装:可安装在第一池上方,也可通过进粪管穿墙到室外通入第一池。北方地区独立式厕所的便器须安装在第一池上方,进粪管垂直设置,避免粪尿冬季冻结于进粪管和便器之中。

3.2.1.2　双瓮式厕所

瓮型化粪池建造基本要求:每个瓮形化粪池的容积≥0.5m³,双瓮深度≥1500mm。在北方地区应考虑采取防冻保温措施,如适当增加埋深,瓮体加脖增高等。施工时瓮底必须夯实,防止瓮体相对倾斜或下沉损坏过粪管。瓮型化粪池可选用预制型产品。

便器安装:可直接安装于前瓮上方,或通过进粪管穿墙到室外通入前瓮。北方地区独立式厕所的便器必须安装于前瓮上方,进粪管垂直设置,避免粪尿冬季冻结于进粪管和便器之中。

3.2.1.3　粪尿分集式厕所

粪尿分集式便器由符合要求的陶瓷、塑料等材料制作,分别对粪、尿收集。便器排粪口直径160~180mm,排尿口直径30mm。寒冷地区的室外厕所,排尿口直径≥50mm。贮粪池容积≥0.8m³,池深800mm左右,池内做防渗处理,贮粪池晒板为正反用沥青涂黑的金属板。

3.2.1.4　水冲式厕所

接入完整下水道系统,前端是水冲式户厕,农户住宅的粪便和生活污水通过化粪井接入后端的市政排污管网,统一排入城市污水处理系统。

3.2.1.5　其他类型

各地研发的农村户厕建设新技术以及适合该地区的技术改良模式,技术指标和效果评价应符合无害化卫生户厕要求,包括生物处理模式、四格式厕所、沼气池式厕所,以及通过加强管理满足粪便无害化要求的深坑防冻式厕所等。

3.2.2　改厕模式选择原则

3.2.2.1　因地制宜、因户而异,坚持便民利民原则

结合村镇实际情况,在试点改厕过程中不搞"一刀切",充分结合每家每户的自身条件,因地制宜、因户而异进行改厕。一是突出厕屋科学选址。以引导入院为主,或是对户内现有的卫生间进行接通改造,这样既方便如厕,也环保适用,提升了农村综合环境。对不具备上述条件的农户,鼓励沿自家房屋旁边修建,选择利用自家房屋的一面或两面墙作为基础,搭建厕房,面积不小于 $1.2m^2$。二是厕具规范安装。结合群众意愿,充分结合群众家庭成员以及家庭实际情况,改装厕具配件,或用坐便器,或用统一配置节水型壁挂式冲水装置+陶瓷蹲便器组合模式。三是装配式三格化粪池科学选址。遵循就近原则,确保蹲便器与化粪池之间的连接管道控制在 $2m$ 之内,保障后期使用过程中粪便顺利进入化粪池不堵塞;选择非低洼地区,防止后期雨水倒灌造成化粪池满水现象;选择便于后期管护清运的位置;选择有利于老百姓自取自用的位置。

3.2.2.2　发动群众,依靠群众,坚持群众路线原则

一是加大宣传引导力度。坚持把宣传发动工作作为农村改厕的主要环节来抓,采取多种形式、多种方法向群众宣传改厕的重要性和必要性。如通过召开动员会和进村入户的座谈会进行宣传;村村通广播将农村改厕宣传列入重要内容;同时,充分遵循群众意愿,对于"怎么改""改到什么程度"充分征求群众意见,多听群众的"好点子""土办法",并与群众细算改厕的健康效益、经济效益、社会效益和环保效益四本账,从而做好群众思想动员工作,积聚起强大合力。

二是与移风易俗精神文明建设相结合。发挥村级"一约四会"作用,加大对群众的教育,培养良好的卫生健康习惯,增强农户的环保卫生意识,改变传统的不良习惯。

三是倡导自主自建,以奖代补。鼓励群众自建厕屋,政府主导通过奖补的方式,充分调动群众参与改厕的积极性和意愿性,通过试点示范,使群众对改厕的热度不断提高,实现从"要我改"到"我要改"的自主转变。

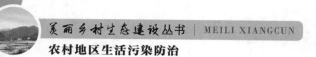
3.2.2.3　试点先行，示范建设，坚持以点带面原则

推进农村改厕工作落地见效任重而道远。村镇党委政府应在充分研判的基础上，积极与县住建局沟通协调，采取先行先改、再驻村成片扩面推广的模式，不断积累改厕工作经验，不断改进改厕工作方式方法，实现以点带面、示范带动、典型推动，全面推开全镇农村改厕工作，力争让此项民生工程、民心工程真正落到实处。

改好农村旱厕只是打好"三大革命"的一小步，要让改厕工作扎实有效，还必须重视后续管理，不能"一改了之"。加大对已改厕所的规范管理，建立清洁卫生长效机制，确保改好一个，用好一个，巩固一个，充分发挥设施效益，切实改变"有人建没人管，卫生厕所不卫生"的现象，确保农村改厕工作取得实实在在的成效。

3.2.3　改厕模式选择方法

户厕改造需因地制宜，各地结合城乡总体规划和县域的建设，确立不同的模式。例如，河南安阳市采用了三种模式：一是对城市污水管网可以覆盖到的周边的农村地区，采取每户建设水冲式厕所＋村庄铺设污水管网连接市政管网的模式；二是对一些集镇所在地或者基础较好的村庄也采用水冲式厕所＋村庄自建建立污水管网和污水处理站的模式；三是对经济基础较差，且人口较少、不集中，不具备污水集中处理条件的村庄，推广使用三格化粪池式厕所。其中不同地区的改厕模式在具体实施中根据当地的实际情况又做出改变，制定出不同的改厕方式：对有供水系统的村、户，采取供水系统＋蹲（坐）便器模式；对没有供水系统的村、户，采用压力桶＋蹲（坐）便器方式进行改造，有地下排水沟的村、户接入地下管网；对地势相对较为平坦、地质条件较好、经济基础较好的农户采用三格式化粪池。

是否具备先行的有效的理论和技术是影响政策执行的重要因素，理论越复杂，涉及规范的技术操作等级越高，政策执行的难度越大。目前推广的无害化卫生厕所以三格化粪池式、双瓮漏斗式、三联沼气池式、粪尿分集式和完整下水道冲水式五种为主。比如，河南中西部地区的选择主要以三联通沼气式厕所、完整下水道式厕所和三格化粪池式厕所为主。其中三联通沼气化粪池式厕所的选择使用率近年来在逐渐下降，由于用户沼气池的主要原料是畜禽粪便以及作物秸秆，通过厌氧处理产生沼气，在产生沼气的过程中可以杀死粪便中的病菌。但是占地面积大且造价高、投入大，随着近年来秸秆还田利用率上升，天然气管道逐渐铺设、普及，沼气池厕所不适合农村现状。完整下水道式厕所只能在城市近郊污水管网可以覆盖的地区，或者有完整的污水排放的村庄，有自来水且水资源供应充足的情况下推广使用，但是在没有污水处理的地方，便只能选择三格化粪池式厕所，也是最常用的一种模式。三格式化粪池对粪污处理效果较好，粪液经过前两个粪池的储存基本可以杀灭其中致害病菌，最后第三个池内的粪液可以直接用作农田肥料，适用于不缺水的平原地区、南方水网地区。但是在实施中发现其造价较高，每个三格化粪池式厕所造价至少在 3000 元以上，建造时间长，且建成后需要用电来保证粪污清理。对堆积的粪渣也得定期一般为一个月或者两个月清理一次,如果储粪设备较小,或者不考虑实际情况的话,会时间更短,都会增加当地的改造成本,而且在粪便清掏后续在处理上不理想。现有的每个无害化卫生厕所都是独立的单位,需要农户自己检测粪液位置,联系清掏人员进行清掏,或者自行清掏,而且大部分地区还没有专业的清掏人员以及设置专业的粪便处理厂,使得粪便不能集中处理,无害化资源利用率较低。现有的厕所改造模式都存在一定局限性,在使用过程中,如果不按照自身状况生搬硬套,极有可能造成更加严重的污染。应该根据优缺点和不同地区的地形、经济条件和农民意愿等来选择合适的类型,同时通过技术创新对现有类型进行优化,创造出价格低廉、安装快捷、使用方便的新产品。

目前国内在"厕所革命"这一行业还没有很突出的企业,不利于技术的研发以及行业的进步。应该以"厕所革命"为核心,通过校企联合培养的模式,让更多的有创新思想的人才参与企业、行业运作过程,逐步实现厕所革命从想法转为现实的生产过程。政府可以在政策上扶持这些农村农业发展的高端人才、专家队伍及企业,加大无害化厕所新技术的研发以及旧有模式的改进。上文提到三格化粪池式厕所适用性强,在我国应用最广泛,几乎遍布各个省市,但是成本比较高,且安装比较麻烦,建设时间较长,应积极研发、推广一体成型三格化粪池式厕所。推动三格化粪池式厕所生产的模块化和预制化,可以最大程度上保证施工更方便快捷,提高现场安装的速度,由现在的每个厕所 7d 的现场施工时间减少 1d,将会大大降低整体安装成本。而且建造过程受冬季冰冻天气的影响小,减少了砖、水泥、砂石等材料的使用,造价比砖砌和浇筑的要低很多。应该针对现有改厕中出现的实际问题,有对策性地加快技术研发,不断更新技术、模式,在实现满足百姓需求、价格低廉的同时,又方便安装。

针对缺乏市政管网的地区或者缺水和生态脆弱的高寒地区,应该在循环利用、污水和粪便处理等方面充分发挥科技的作用,研制新型三格化粪池式简易水冲厕所等节能环保的生态厕所。此外,在厕所建筑材料方面,可采用节能环保的新型材料,合理利用自然光、通风设备等方式来降低成本,这将在节能减排中发挥重要作用。在农村公共厕所建设方面,可以借鉴旅游公厕的建设经验,有条件的地区可以在完善厕所硬件设施的基础上,不断进行更加科技化和人性化的探索,增加创意元素和卫生间综合功能,使农村公共厕所也成为一道亮丽的乡村风景线。

3.3 农村厕改技术

3.3.1 化粪池

化粪池指的是将生活污水分格沉淀,以及对污泥进行厌氧消化的小型处理构筑物,其原理是固化物在池底分解,上层的水化物体进入管道流走,防止了管道堵塞,从而给固化物(粪便等垃圾)充足的时间水解。

化粪池是基本的污泥处理设施,同时也是生活污水的预处理设施,它的作用是保障生活

社区的环境卫生,避免生活污水及污染物在居住环境的扩散;在化粪池厌氧腐化的工作环境中,杀灭蚊蝇虫卵;临时性贮存污泥,对有机污泥进行厌氧腐化,熟化的有机污泥可作为农用肥料;生活污水的预处理(一级处理),沉淀杂质,并使大分子有机物水解,成为酸、醇等小分子有机物,改善后续的污水处理。

化粪池的工艺原理:化粪池是一种利用沉淀和厌氧发酵的原理,去除生活污水中悬浮性有机物的处理设施,属于初级的过渡性生活处理构筑物。生活污水中含有大量粪便、纸屑、病原虫等,悬浮物固体浓度为 $100\sim350mg/L$,有机物浓度 COD_{Cr} 在 $100\sim400mg/L$,其中悬浮性有机物浓度 BOD_5 为 $50\sim200mg/L$。污水进入化粪池经过 $12\sim24h$ 的沉淀,可去除 $50\%\sim60\%$ 的悬浮物。沉淀下来的污泥经过 3 个月以上的厌氧发酵分解,使污泥中的有机物分解成稳定的无机物,易腐败的生污泥转化为稳定的熟污泥,改变了污泥的结构,降低了污泥的含水率。定期将污泥清掏外运填埋或用作肥料。要求化粪池的沉淀部分和腐化部分的计算容积,应按《建筑给水排水设计规范》(GB 50015—2003)第 $4.8.4\sim4.8.7$ 条确定,污水在化粪池中的停留时间宜采用 $12\sim36h$。对无污泥处置的污水处理系统,化粪池容积还应包括贮存污泥的容积。

传统化粪池的应用已经有 100 多年的历史,技术路线是污水和污泥接触的模式,沉积的污泥消化降解产生沼气、二氧化碳、硫化氢等消化气,消化气的上浮对污泥产生扰动作用,能够让污泥与生物菌群的混合更充分,有助于消化降解。但底部污泥随着消化气上升,气泡逸出后,污泥又重新向下沉淀,这些上升和沉淀的污泥又重新污染污水,在化粪池污水与污泥接触混合的技术模式下,影响化粪池的沉淀及出水水质,需要延长污水停留时间来改善沉淀效果及出水水质,污水停留时间一般为 $12\sim24h$。

三相分离化粪池技术是在传统化粪池的基础上,保留了化粪池中泥水混合的优点,增加了"污水、污泥、消化气"三相分离的技术,在化粪池的出水端设置三相分离装置,使出水端的污泥、消化气与污水处理过程分离,避免气浮现象对污水处理的干扰。出水端的沉淀槽参照平流沉淀池技术标准,污水沉淀时间在 2h 之内。

3.3.2　微水气冲技术

微水气冲卫生厕所是以复合生活反应技术为核心的微水冲厕所技术,向处理设施投放高效复合微生物菌剂,实现对排泄物的高效处理,所用菌种不含化学成分,对人、畜、植物、环境等安全无害。

微水冲移动厕所技术原理:厕所使用高压气泵增加储水容器中的压力,通过相应的控制阀控制出水量,利用高压气水混合态将粪便冲入收集装置或化粪池中。系统采用自动化编程,全智能控制,故障率低,设备运行稳定,处理设备平时无需人员维护,操作简单,真正做到智能化、人性化。其系统组成如图 3-2 所示。

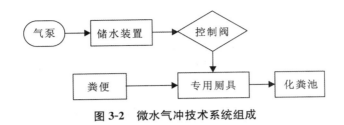

图 3-2　微水气冲技术系统组成

技术特点:厕所清理粪便用水量大为减少,既符合人们传统心理习惯,又节约大量的水资源;化粪池或储粪箱容量可大为减少,同时减少后期处理量;耐腐蚀性强、易清洁、好维护、环保卫生;精密的水流控制技术,每次冲水量控制在 0.6L 以内。

优点:可大大节约冲厕用水。国家规定的传统节水马桶为 6L/次,而采用真空公厕后,每次冲厕<0.5L/次。彻底解决臭味问题。便器采用直落配重密封挡板厕具,干净无臭味。简化的安装程序,节约成本。因负压是动力源,管路安装过程可以随着构筑物的外部、内部直线型、曲线型走向,上、下走向都没问题,而这些传统的重力流是比较难以做到的。另外,由于采用了负压源,输送管径可大大缩小,大约为原来的 1/3,不易堵塞,运行稳定。采用 -0.045～-0.075 的负压源可以保证有足够的动力来输送原水。

3.3.3　沼气池

随着中国沼气科学技术的发展和农村家用沼气的推广,根据当地使用要求和气温、地质等条件,可使用的家用沼气池有固定拱盖的水压式池、大揭盖水压式池、吊管式水压式池、曲流布料水压式池、顶返水水压式池、分离浮罩式池、半塑式池、全塑式池和罐式池。形式虽然多种多样,但是归总起来大体由水压式沼气池、浮罩式沼气池、半塑式沼气池和罐式沼气池四种基本类型变化形成。与四位一体生态型大棚模式配套的沼气池一般为水压式沼气池,它又有几种不同形式。

3.3.3.1　固定拱盖水压式沼气池

固定拱盖水压式沼气池有圆筒形、球形和椭球形三种池型。这些池型的池体上部气室完全封闭,随着沼气的不断产生,沼气压力相应提高。不断增高的气压迫使沼气池内的一部分料液进到与池体相通的水压间内,使得水压间内的液面升高。这样一来,水压间的液面跟沼气池体内的液面就产生了一个水位差,这个水位差就叫作"水压"(也就是 U 形管沼气压力表显示的数值)。用气时,沼气开关打开,沼气在水压下排出;当沼气减少时,水压间的料液又返回池体内,使得水位差不断下降,导致沼气压力也随之相应降低。这种利用部分料液来回串动,引起水压反复变化来贮存和排放沼气的池型,就称为水压式沼气池。

水压式沼气池是中国推广最早、数量最多的池型,是在总结"三结合""圆、小、浅""活动盖""直管进料""中层出料"等群众建池的基础上,加以综合提高形成的。"三结合"就是厕所、猪圈和沼气池连成一体,人畜粪便可以直接打扫到沼气池里进行发酵。"圆、小、浅"就是池体圆、体积小、埋深浅。"活动盖"就是沼气池顶加活动盖板。

水压式沼气池型的优点主要有:池体结构受力性能良好,而且充分利用土壤的承载能力,省工省料,成本比较低,适于装填多种发酵原料,特别是大量的作物秸秆,对农村积肥十分有利。为便于经常进料,厕所、猪圈可以建在沼气池上面,粪便随时都能打扫进池。沼气池周围都与土壤接触,对池体保温有一定的作用。

水压式沼气池型的缺点主要是:由于气压反复变化,而且一般在 4~16kPa(即 40~160cmHg)压力之间变化,这对池体强度和灯具、灶具燃烧效率的稳定与提高都有不利的影响。由于没有搅拌装置,池内浮渣容易结壳,又难于破碎,发酵原料的利用率不高,池容产气率(即每立方米池容积一昼夜的产气量)偏低,一般产气率每天仅为 $0.15m^3/m^3$ 左右。由于活动盖的直径不能加大,对发酵原料以秸秆为主的沼气池来说,大出料工作比较困难。因此,出料的时候最好采用出料机械。

3.3.3.2 变型的水压式沼气池

中心吊管式沼气池将活动盖改为钢丝网水泥进、出料吊管,使其有一管三用的功能(代替进料管、出料管和活动盖),简化了结构,降低了建池成本。又因料液使沼气池拱盖经常处于潮湿状态,有利于其气密性能的提高,而且出料方便,便于人工搅拌。但是,新鲜的原料常和发酵后的旧料液混在一起,原料的利用率有所下降。

3.3.3.3 无活动盖底层沼气池

无活动盖底层出料水压式沼气池是一种变型的水压式沼气池。该池型将水压式沼气池活动盖取消,把沼气池拱盖封死,只留导气管,并且加大水压间的容积,这样可避免因沼气池活动盖密封不严带来的问题,在中国北方农村,与"模式"配套新建的沼气池提倡采用这种池型。沼气池为圆柱形,斜坡池底。它由发酵间、贮气间、进料口、出料口、水压间、导气管等组成。

进料口与进料管分别设在猪舍地面和地下,厕所、猪舍收集的人畜粪便,由进料口通过进料管注入沼气池发酵间。出料口与水压间设在与池体相连的日光温室内,其目的是便于蔬菜生产施用沼气肥,同时出料口随时放出二氧化碳进入日光温室内促进蔬菜生长。水压间的下端通过出料通道与发酵间相通。出料口要设置盖板,以防人、畜误入池内。池底呈锅底形状,在池底中心至水压间底部之间建 U 形槽,下返坡度 5%,便于底层出料。

工作原理:①未产气时,进料管、发酵间、水压间的料液在同一水平面上。②产气时,经微生物发酵分解而产生的沼气上升到贮气间,由于贮气间密封不漏气,沼气不断积聚,便产生压力。当沼气压力超过大气压力时,便把沼气池内的料液压出,进料管和水压间内水位上升,发酵间水压下降,产生了水位差,由于水压气而贮气间内的沼气保持一定的压力。③用气时,沼气从导气管输出,水压间的水流回发酵间,即水压间水位下降,发酵间水位上升。依靠水压间水位的自动升降,贮气间的沼气压力能自动调节,保持燃烧设备火力的稳定。④产气太少时,如果发酵间产生的沼气跟不上用气需要,则发酵间水位将逐渐与水压间水位相平,最后压差消失,沼气停止输出。

3.3.3.4 太阳能沼气池

太阳能沼气池主要是靠收集太阳光的热量来提高沼气池发酵温度,从而更好地实现产气。采用聚光凸透镜的太阳能沼气池是一种新型太阳能沼气池,它包括发酵集料箱、复合凸透镜、防护罩、太阳能集热板、保温容器、电热转换器、温度传感器、保温控制器盒、快速发酵集料箱和支撑座。复合凸透镜由多个凸透镜以曲面为基面组成,复合凸透镜上的多个凸透镜所集聚光线的焦点都在太阳能集热板上。太阳能集热板位于保温容器的顶部,保温容器安装在快速发酵集料箱的上部,快速发酵集料箱上开设有与发酵集料箱连通的通气口,其通过支撑座安装在发酵集料箱内的上部。将太阳能热量聚集在沼气池的中心部位,提供并控制甲烷菌等所需或最佳生存温度或繁殖温度,并将产气原料适当分类处置,保证有机物废物和沼气池充分使用。

3.4 "厕所革命"实施存在的问题及对策建议

3.4.1 厕所革命推进存在的问题

在推进厕所革命的过程当中,可以发现开展乡村振兴战略依然存在着一些阻碍,主要表现在以下几个方面。

3.4.1.1 治理的主体相对较为单一

随着城市化的不断发展,农村人口不断向城市迁徙,很多村庄成了空心村,而且内生动力严重地削弱,在推进乡村振兴时,不仅缺乏相关的人员,而且年龄结构老化,很难推进农村的厕所革命。尤其是在进行农村厕所革命治理时,治理的主体仅仅局限于村民自治或者民主协商,导致了普通村民的话语权缺失,因此参与热情并不高,仅仅由政府来进行主导,厕所革命的进度比较缓慢。

3.4.1.2 基层资金筹集及治理能力相对较弱

农村发展过程当中,资金问题是重要的问题。在推进厕所革命时需要建设大量的基础设施,因此需要资金的投入,但是由于农村集体收入比较少,无论是进行污水管网以及化粪池等建设都需要相关的资金来作为保障,如果资金不到位,就会影响到厕所工作的进展。比如,新疆那拉提镇在 2019 年农村厕所革命的全力推进中,由于上级改厕补贴资金不高,改厕所需要的大部分资金由村民自行负担,村民改厕的积极性不高,极大地影响了厕所革命的进展。再就是村里缺乏专门开展厕所革命的组织机构,基本由村干部一人身兼数职,哪项工作催得急抓哪个,顾头不顾尾,在推进厕所革命时难免出现组织不力以及人员匮乏的现象。

3.4.1.3　农村改厕宣传不到位,农民有抵触心理

改厕作为一项惠民工程,应该得到广大农民的支持。疾控中心有关专家2017年在部分地区开展调研结果显示:很多农民对改厕的好处并不了解,认为改厕是一项劳神劳力的"面子工程",远不如修桥铺路等带来的效益显著,仍愿意使用原有的非卫生厕所。这种抵触心理在一定程度上反映了政府部门对改厕宣传得不到位。很多农户对改厕的重要性和社会影响认知不足,加之受到传统观念和生活习惯的影响,很多农户并不愿意改厕。这种现象在全国仍普遍存在,如很多农户为了便于取粪给农作物施肥,不愿意改厕,仍然倾向于使用露天厕所。改厕不仅仅是一个改变器物(传统厕所)的过程,更是一种转变思想、更新理念的过程。如果宣传不到位,就无法让人了解厕所革命的初衷,继而无法宣传卫生防病和环保等相关知识,难以达到建设美丽乡村的目标。若政府强行改厕,势必引起农户们的不满,影响政府的公信力。

3.4.1.4　缺乏激励机制,乡(镇)以下基层干部的改厕积极性普遍不高

各市、县政府领导重视农村改厕工作,许多地方的农户,特别是有在外地打工经历的农户,一般都有强烈的改厕愿望和积极性。但由于长期以来,农村改厕缺乏与实施项目有关的保障措施,特别是未与各级政府官员的政绩考核、评价、晋升、奖惩挂钩;项目组织者与实施项目的镇乡、村屯的信息沟通不对称、不完善、不及时;负责农村改厕工程建设和质量控制的镇乡、村屯干部和基层人员经常走村串寨,工作辛苦、待遇较低;进村入户指导检查工作缺乏交通工具、误工误餐没有任何补助,因此在"农村改厕早与晚、多与少、普及率高与低、成效好与坏、改与不改"都一样的格局下,一些地区认真抓落实的积极性受到影响,致使卫生户厕普及率长期滞后,拖了全市乃至全区的后腿。

3.4.1.5　缺乏良好的文化氛围

长久以来,农村的卫生就较差,因此在推进厕所革命时缺乏良好的文化氛围。由于缺乏良好的厕所文化,导致了乡村厕所革命的进度非常缓慢,而且耗时比较长,难以形成连片的效果,导致厕所革命的成效并不明显。

3.4.2　深化厕所革命对策建议

3.4.2.1　狠抓农村无害化卫生厕所的建改质量

为了切实从源头上切断肠道传染病、寄生虫病的传播途径,减少人畜共患病例的发生,要求无论新建或改造卫生户厕,都必须坚持建改成无害化卫生厕所。要特别注重地下化粪池部分设计、建造和粪便无害化处理结构的重要性,既要因地制宜,选择当地农民欢迎的卫

生户厕类型,又要大力推行室内、院内无害化卫生户厕;不允许改厕项目范围内的户厕建在猪圈畜栏内、水源、鱼塘边。

3.4.2.2　建立有效激励机制,调动基层改厕人员工作积极性

结合当地实际,制定管用、能管住、管好的措施,充分发挥市一级管理部门的组织协调作用。建立有效的激励机制,切实调动乡镇干部的改厕积极性。

3.4.2.3　加强农村卫生改厕资金的筹集和使用

改厕资金的筹措比例要根据不同地区的经济状况划定,对经济发达的地区,改厕资金主要依靠个人筹集;对经济欠发达地区,主要由政府财政拨款(政府要积极争取国家重大公共卫生扶持资金),集体筹措部分资金,减小个人出资比例。同时,发展非政府组织,充分吸引并壮大社会力量筹集改厕资金,增加社会力量的出资比例。此外,为了保证改厕资金的合理利用,政府要通过电子政务对改厕进程定期公布,公民和其他社会力量要对改厕资金的使用情况进行监督,防止改厕资金被贪污或挪用。

3.4.2.4　做好农村改厕宣传工作

政府部门要采用农民喜闻乐见的方式,宣传农村改厕的目的、卫生防病的意义以及卫生厕所的优点,摒弃农民传统的不卫生习惯和习俗,树立正确的生活方式。通过改厕成功的案例鼓励农民改厕,培养农民健康文明的生活习惯,帮助他们树立崇尚绿色、环保、可持续发展的环境意识。同时,要联合公民社会的力量,发挥非政府组织、志愿者在改厕宣传工作中的作用,通过多途径提高农民的卫生知识水平,使其积极配合改厕工作的开展。

3.4.2.5　做好规划,因地制宜地推进农村改厕工作

各地区城镇化和经济发展水平、农民生活和生产方式、人口密度、风俗人情等因素差异较大,因此,在农村改厕过程中要坚持因地制宜的原则,综合考虑各地政府和农民的财力、自然环境、风土人情、生活水平以及卫生防病效果等各方面因素,做好农村改厕规划,选择合理的卫生厕所类型,以实现本地区经济、社会、卫生和环境的共同发展。

3.5　"厕所革命"案例分析

汤阴县位于河南省安阳市,地处中原腹地、汤水之南,南水北调、西气东输、西煤东运等重大工程均从汤阴过境,自古就是南北交通要冲。全县总面积 646km²,下辖 9 镇 1 乡、298 个行政村,总人口 51 万,其中农业户口 10.37 万户、41 万,素有"豫北粮仓"之称。

"小康不小康,不看厨房看茅房"。建设和管护是关乎农村改厕成功与否的两大关键。自 2018 年启动农村改厕以来,汤阴县积极探索市场化运营模式,将涉及改厕的基础设施和公用事业特许经营权授予县城乡投资发展集团有限公司(以下简称"汤投集团"),与国家政

策性银行对接,破解农村改厕资金紧张的难题。采用EPCO(engineering procurement construction operation)总承包模式,将改厕工程的设计、采购、施工、运营交由市场化专业公司来实施,实现了农村厕所建设、管理、运营、维护一体化。截至目前,全县共完成农村厕所无害化改造5.3万户,新建镇村公厕46座,以三格式化粪池和"水冲式厕所+污水管网+市政管网或模块化污水处理系统"为主。

3.5.1 探索市场化运营——采取特许经营模式

汤阴县古贤镇南士昌村耕地面积1451亩,下辖7个村民小组,常住户375户。在村边一个不大的院子里,一座外观像集装箱的乳白色设备就是南士昌村改厕后的污水处理中心,排放出来的水清澈透明,直接流入附近农田的灌溉渠。

"算上电费和药剂费,每吨污水处理成本仅0.5元。我们还给污水处理站装上了4G模块,一旦运行出了问题,系统会自动报警。"河南盛泓环保工程公司市场部经理储金冕说。这座模块化智能污水处理站设计处理能力为每天50t,能覆盖300多户,处理后排出的水质能达到一级A标准,可用于中水回用或农田灌溉。还可以在线远程监控运营,解决了农村污水处理设施分散、管理人员维护难的问题,除了定期巡检外,技术人员不必在现场值守。

"农村厕所革命涉及千家万户,为提高公共服务的质量和效率,我们大力鼓励和引导社会资本参与到涉及改厕的基础设施和公用事业建设运营中来。"汤阴县委书记宋庆林说。

汤阴县依据住房和城乡建设部《基础设施和公用事业特许经营管理办法》和河南省《关于切实做好基础设施和公用事业特许经营管理办法贯彻实施工作的通知》的有关规定,通过公开招标,将涉及改厕的基础设施和公用事业特许经营权授予汤投集团,由其具体负责项目的融资、建设及后期运营管护,并作为业主通过公开招标确定项目施工企业、监理单位和后期运营企业。

3.5.2 对接政策银行——破解资金难题

农村改厕投入不小,以南士昌村为例,全村铺设污水管网9651m,加上建设模块化污水处理站,改厕总投资达510万元。

为破解改厕资金难题,汤阴县政府组织有关单位编制项目可行性研究报告,由县发改委立项,县财政局整合涉农资金、申请厕所革命专项债券等作为资本金注入特许经营权企业——汤投集团,再由汤投集团作为融资平台向国家开发银行申请专项贷款。

由于汤阴县农村厕所革命融资贷款在省国开行是第一家,没有现成的模式方案可以借鉴,省国开行专门成立了汤阴县农村厕所革命重点项目攻坚工作协调小组,计划分期向汤阴县发放10亿元农村厕所革命项目贷款,其中2018年项目贷款3.56亿元已发放到位。

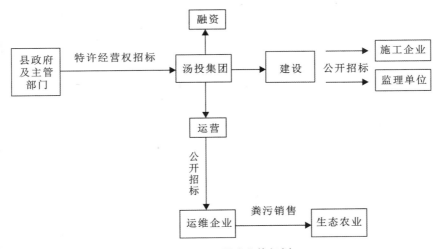

图 3-3　汤阴厕改总体规划

在此基础上,汤阴县通过财政系统申请农村厕所革命专项债券 1.2 亿元,统筹使用各类涉农资金,发挥最大效益。制定分类奖补政策,加大对改厕工作的扶持力度,对集中铺设污水管网、建污水处理站的村,费用按县、乡、村 5:3:2 比例负担;对三格式化粪池改厕模式,县财政每户奖补 1200 元;集镇和村公厕建设按每平方米 2000 元进行奖补。同时,鼓励和引导群众以投资投劳、自改自建等形式积极参与,为建设美丽家园献计出力(图 3-4)。

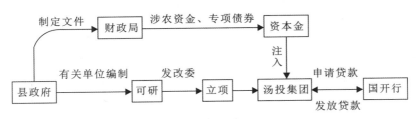

图 3-4　汤阴厕改资金渠道

3.5.3　坚持因地制宜——确立改厕模式

机器轰鸣、车辆穿梭,走进汤阴县古贤镇大朱庄村改厕施工现场,工人师傅正忙着用挖掘机开挖排污主管道沟槽,壕沟两边堆满了不同口径的黑色排水管。

施工单位河南五建建设集团工作人员介绍说,完成水冲式厕所改造后,每户的粪污将通过直径 110mm 的 PVC 管排入各家门口的沉淀井,然后进入直径 200mm 的村级支管网,再排入直径 400mm 的村级主管网,最终接入镇上的市政污水管网。全村改厕工程将铺设污水主管道 494m、支管道 998m、入户管道 1100m,并设有 60 座沉淀井、22 座检查井。

大朱庄村共有居民 78 户、294 人,采取的模式是家家户户改厕所,村庄铺设污水管网,然后接入市政管网集中处理。为解决农村改厕工作中"建管分离、重建轻管"的问题,汤阴县积极探索引入市场机制,采用国内通行的 EPCO 总承包模式,通过公开招标,将建设项目总承包给河南五建建设集团和北京中持水务两家公司,并招标了豫通监理和河南宏业两家监理单位。

在广泛调查摸底的基础上,汤阴县根据《农村户厕卫生规范》和有关污水排放技术标准,结合城乡总体建设规划,确立了三种改厕模式:第一种是对城市污水管网可覆盖到的县城周边农村,采取户建水冲厕所、村铺设污水管网连接市政管网模式,如古贤镇大朱庄村;第二种是对集镇所在地和经济基础较好的村,采取户建水冲厕所、村建污水管网和污水处理站模式,如古贤镇南士昌村;第三种是对经济状况及基础设施条件较差、人口少、不具备污水集中处理条件的村,推广使用三格化粪池式厕所等。

在公厕建设上,汤阴县结合本地的实际情况,学习借鉴先行地区的改厕经验,组织县国土局、环保局、住建局、规划中心等单位,逐村调查、合理规划,按照《城市公厕设计标准》建设,统一设计图纸,男女厕位比例 2:3,建设无障碍通道和残疾人厕位及配套设施,能接入污水管网的直接连接至污水管网,不能连接污水管网的建设集中式化粪池。

3.5.4 强化质量监管——保证改厕效果

汤阴县成立专门的改厕工作领导小组,一名副县级领导任办公室主任,七局委整合专班人员,具体负责全县农村厕所革命工作。县改厕办、汤投集团、施工企业、监理单位、乡镇政府等部门建立集中办公机制和周例会制度,审规划、盯项目、催进度、把质量,对组织管理、工程质量、安全责任等不间断巡查监督、考核评估,发现问题,就地解决。实行"五统一":统一改厕模式、统一采购厕具、统一施工标准、统一奖补政策、统一组织验收。邀请专家对镇、村参与改厕工作人员开展技术培训,2018 年以来累计培训改厕技术人员 650 余人次。为保证改厕效果,汤阴县在各乡镇自验、县改厕办抽验的基础上,委托第三方——河南省景行市场调查有限公司对 2018 年户厕改造进行逐户评估验收,同时完善厕所改造、验收、整改档案,上报市、省进行抽验、复验,坚决杜绝改厕质量不合格、上报数据不准确等现象,确保厕所改造数据准确、质量合格、群众满意。

3.5.5 建立使用者付费制度——偿还改厕贷款

在充分尊重农民群众意愿的前提下,汤阴县探索通过市场化的方式,对改厕后续的污水处理项目,按照使用者付费原则收取处置费用,推动建立长效管护工作机制。

首先,在每个乡镇建立 2~3 个农厕管护服务站,全方位开展农村厕所革命后期维护、管理、运营,对模块化污水处理系统、管网、户厕及公厕开展抽厕、维修、粪渣资源综合利用等有偿服务。

其次,探索建立使用者付费制度。以乡镇为单位建立运营补贴专户,各乡镇再以村为单位建立分户,细化到每村每户,根据每户污水排放量建立运营补贴明细账,然后由主管部门测算,财政部门定期将财政补贴资金拨付至乡镇运营补贴专户,乡镇再拨付至各村各户账户上。同时,按照定价程序,实行价格听证制度,采取阶梯式的收费方式,由县、乡、农户按比例分担粪污处理费用,第一个 5 年按照 6∶3∶1 分担,第二个 5 年按 5∶3∶2 分担,第三个 5 年按 4∶3∶3 分担,以后按 3∶3∶4 分担;三格式化粪池抽厕费用以农户付费为主,乡镇财政补贴为辅,抽厕一次乡镇补贴 10 元,每年最多补贴 2 次,其余由农户自行承担。上述费用汇集到乡镇运营补贴专户中,乡镇按期支付到县主管部门,再由主管部门按照特许经营权协议向汤投集团支付特许经营服务费,汤投集团每年偿还省国开行贷款。

最后,实施粪污治理、综合利用。农村厕所粪污既是污染源,同时又是很好的有机肥料。汤阴县通过出台政策、宣传引导等措施,鼓励乡镇、农民专业合作社或农业企业、有机肥公司与运营公司、农户签订粪肥合作协议,实现资源化利用,打造企农共赢生态链。

第4章 农村生活垃圾处理处置

农村垃圾是村民以及其他人在生产生活中产生的、倾倒在农村社区公共场地的综合废弃物。随着社会经济的快速发展,现代农村的垃圾种类、组成和成分已经不再单一化和简单化,并逐渐向复杂多样化、城市化方向发展,易降解、易分解的传统农村垃圾正日趋被不可降解/难以分解、有毒有害的现代农村垃圾所替代。农村环境治理法律法规不到位、基础设施缺乏、村民环保意识欠缺等是造成农村垃圾问题的主要原因。农村垃圾的不合理处置以及随意丢弃、堆放,已经成为目前农村生态环境主要的污染源,并通过食物链危害人体健康。农村生活垃圾治理直接支撑"乡村振兴"和"生态文明"两项国家战略的实施,必须把握正确的推进方向和合理的技术路径。

2015年11月,住房和城乡建设部召开全国农村生活垃圾治理工作电视电话会议,明确提出全国农村生活垃圾5年专项治理目标,将加大资金保障力度,制定因地制宜的农村生活垃圾处理模式,完善相关法规制度,强化监督管理,全力动员村民积极参与,全面推进全国农村生活垃圾治理工作。2016年、2017年连续两年的中央一号文件分别提出了推进农村环境综合整治、推进农村生活垃圾专项治理行动。

中共中央办公厅、国务院办公厅2018年2月发布的《农村人居环境整治三年行动方案》中明确提出推进农村生活垃圾治理,要求统筹考虑生活垃圾和农业生产废弃物利用、处理,建立健全符合农村实际、方式多样的生活垃圾收运处置体系。有条件的地区要推行适合农村特点的垃圾就地分类和资源化利用方式。开展非正规垃圾堆放点排查整治,重点整治垃圾山、垃圾围村、垃圾围坝、工业污染"上山下乡"。

4.1 农村生活垃圾处理历程

经济发达的地区首先有了垃圾治理意识。中央政府在总结地方经验的基础上,不断深化垃圾治理的要求,并不断完善相关政策和配套措施。具体地看,可以说经历了起步、"以奖促治"和"专项治理、全面推进"三个阶段。

1.起步阶段

农村垃圾处理问题在21世纪初开展新农村建设和村庄整治时期开始得到关注。浙江自2003年起就提出要从花钱少、见效快的农村垃圾集中处理和村庄环境清洁卫生入手,推进村庄整治并进行相关工作部署。2005年修订版《固体废物污染环境防治法》首次将农村生活垃圾纳入公共管理范围。农业部从 2005 年 6 月起,通过试点示范,在全国 11 个省 251 个村实施了乡村清洁工程。2007 年中央一号文件、党的十七届三中全会及其后几年的中央一号文件都强调要推进农村清洁工程和生活垃圾等的综合治理及转化利用,对农村垃圾治理起到重要的推动作用。

2.“以奖促治”阶段

2008 年,国务院召开全国农村环境保护工作电视电话会议,明确要求实施“以奖促治”开展农村环境综合整治。当年,中央财政设立了中央农村环保专项资金。2009 年 2 月 27 日,国务院办公厅转发了《关于实行“以奖促治”加快解决突出的农村环境问题的实施方案》。同年 4 月,财政部和环保部印发了《中央农村环境保护专项资金管理暂行办法》,要求开展农村环境综合整治的村庄实施“以奖促治”。一些发达地区政府也陆续推出农村地区垃圾无害化处理工程。

3.全面重视和专项治理阶段

2014 年,住房和城乡建设部起草了《关于改善农村人居环境的指导意见》,年底启动了“农村生活垃圾治理专项行动”,提出用 5 年时间实现全国 90％村庄的生活垃圾得到治理的目标,并建立逐省验收制度。各省区市均制定了相关方案,多数省份落实了专项资金。2015 年 11 月,十部门联合印发《关于全面推进农村垃圾治理的指导意见》,明确提出建立村庄保洁制度、推行垃圾源头分类、全面治理、废弃物资源化利用、规范垃圾处理和清理陈旧垃圾等要求。2016 年 11 月,浙江省金华市召开农村生活垃圾分类和资源化利用现场培训班,宣传推广浙江金华等地经验。2017 年 6 月,住房和城乡建设部公布了首批 100 个农村生活垃圾分类和资源化利用示范县,提出示范县在两年内实现农村生活垃圾源头分类减量覆盖所有乡镇和 80％以上的行政村,并在 2020 年底前将每年组织公布一批农村生活垃圾分类和资源化利用示范县。2018 年 2 月 5 日,中共中央办公厅、国务院办公厅印发《实施农村人居环境整治三年行动方案》(以下简称《行动方案》)。《行动方案》确定了农村人居环境改善以农村垃圾、污水治理和村容村貌提升为主攻方向,并根据东、中、西部不同地区的垃圾处理基础和经济发展水平,明确了农村生活垃圾分区域治理目标。《行动方案》提出了农村生活垃圾治理的主要任务是建立健全符合农村实际、方式多样的生活垃圾收运处置体系,推进垃圾就地分类和资源化利用,着力解决农村垃圾乱扔乱放的问题。为强化农村生活垃圾治理,各省市区近几年纷纷出台了由地方人大通过或地方政府发布的农村生活垃圾管理条例或具体办法,以及农村垃圾分类管理办法,这为依法治理农村生活垃圾提供了更具权威性的法律依据。

4.1.1　农村生活垃圾处理的意义

我国是一个农村人口占多数的农业国家。农村是农民的聚居地,是农民生产生活的基本场所,是农民实现生产和再生产的主要基地,也是社会主义现代化的稳定器和蓄水池。近年来,随着我国农村经济快速发展和农村城镇化水平的提高,农村生活水平及生活方式发生了重大变化,随之而来的生活垃圾产生量日益增多,成分也越来越复杂,垃圾污染问题越来越严重。

过去农村的生活垃圾主要是以菜叶、尘土、纸张等易降解的成分为主。近些年来,农村的生活垃圾成分发生了明显的变化,包装废弃物、一次性用品废弃物明显增加,婴儿使用的一次性尿不湿、卫生用品以及一次性垃圾袋、塑料瓶、玻璃、泡沫、农用地膜等不易降解成分占很大比例。另外,随着农村居住条件的改善,燃气普及,化肥用量增加,大部分有机垃圾如秸秆、果藤和稻草等未被利用或还田,而是作为垃圾随意丢弃堆放,使农村垃圾数量不断增加。

生活垃圾有机物含量多,放置时间较长,会孳生多种微生物、病毒及蚊蝇,特别是含有毒有害生活废物的垃圾,如处理、处置不当,其中的有毒有害物质如化学物质、病原微生物等通过环境介质——大气、土壤、地表和地下水体等进入生态系统形成化学物质型污染,增加了疾病、疫情的传播风险,对人体产生危害,同时破坏生态环境,从而导致不可逆的生态变化。因此需要对农村生活垃圾进行合理的处理处置,减少占地面积,降低对环境、空气、土壤的污染和危害,使无用的废弃垃圾变废为宝。

4.1.2 农村生活垃圾处理的发展

随着乡村振兴战略的提出,农村垃圾分类处理受到了政府的支持和法律的保护,在政策的保驾护航下,农村垃圾处理迎来了春天。

村镇积极响应美丽乡村建设,建立了"村收集、乡转运、县处理"三级环卫体系,实现了"统一保洁、统一收集、统一转运、统一处理"一体化运作模式。全面展开农村生活垃圾治理行动,与过去相比,村内道路两旁房屋前后垃圾随处丢弃、陈年旧垃圾无人清理的情况已经消失,道路干净,环境整洁,整体上得到改善。

推进农村生活垃圾分类和资源化利用。2020年6月底前,要督促各乡镇(街道)开展垃圾分类和资源化利用取得实质性进展,总结2019年试点村取得的成功经验,提炼可推广可复制的农村生活垃圾分类减量和资源化利用模式,逐步向全区所有行政村铺开,发挥示范带动效应。积极整合规范再生资源回收网络站点,推动升级改造并形成体系。2020年度生活垃圾治理目标任务村参照试点示范村的成功经验,选择适宜的治理方式整体推进,逐步提高农村生活垃圾无害化治理率。

如今全面推行了村庄清扫保洁制度。指导和督促各乡镇、街道充分发动村民参与村庄垃圾治理,发挥村民自治作用,完善清扫保洁制度和考核制度。建立和稳定村庄保洁员队伍,自然村按照标准配一名保洁员,明确保洁员在垃圾收集、村庄保洁、资源回收、宣传监督等方面的职责。鼓励采取聘用贫困户、留守妇女或村内招标竞争等方式确定保洁员。要充分发挥村集体在村庄日常清扫保洁工作中的主体作用,完善村规民约、与村民签订"门前三包"责任书,开展环境卫生示范村和示范户评比活动,激发村民参与农村环境综合治理的热情,促进村庄保洁工作顺利开展。

4.1.3 农村生活垃圾处理的思路

农村生活垃圾分四类进行处理:一是厨余垃圾、泥土尘灰、植物枝叶等可堆肥垃圾,如剩菜、剩饭、菜叶、果皮蛋壳、茶渣、骨、餐巾纸、面巾纸、尘土灰、植物枝叶,采用生物堆肥的方式集中处理;二是金属、塑料、玻璃、废纸等可回收垃圾,如废铁、废铜、废有色金属、饮料瓶、碎玻璃、废报纸、纸箱、废纸、废旧家电等,可进入废品回收环节作为再生资源回收利用;三是建筑垃圾,如建设过程中产生的废砖头、渣土、弃土、弃料、淤泥等废弃物,送至指定地方填埋处理;四是废旧织物等不可回收、不能堆肥的垃圾,如废旧衣物、尼龙织物、皮革、废电池、农药瓶、塑料袋等,送入垃圾中转站集中处理。

采用户定点、片分类、村处理、镇监管、县检查的方式进行处理。一是户定点户粗分户初次处理。村民按照生活垃圾分类标准对生活垃圾进行粗分类,将堆肥垃圾进行生物堆肥或生态循环处理,院落内有猪圈的户可以直接入圈,没有的将有机垃圾统一收集,清运到垃圾收集池。将建筑垃圾采取集中堆放,然后到指定地点填埋,可全部用于本村庄和农户的填沟平地、修道铺路等。二是片区分片收集。片上保洁员将定点垃圾收集池的垃圾转运至垃圾生态处理池进行细分类,生态化处理,再次减量,可回收垃圾变卖收入可作为保洁员的额外报酬收入。将不可回收垃圾送至垃圾收集池集中处理。三是村处理。以村为单位,因地制宜,在不污染饮用水源、不影响村民生产生活的地方建设简易垃圾填埋坑,对村保洁人员收集转运的垃圾进行集中填埋处理。四是镇监管。镇负责监管自行处理的村庄是否结合堆肥生态循环处理等方式对生活垃圾进行减量处理,同时加强对村上垃圾填埋工作的指导,确保生活垃圾按无害化处理的要求进行填埋处理。五是县检查。县住建局不定期对自行处理的村庄开展检查,确保生活垃圾按减量化、资源化、无害化填埋处理。

4.1.4 现有农村生活垃圾处理的主要模式

我国农村垃圾治理体系从无到有,逐步获得重视,经过多年发展,处理能力明显改善。由于各地经济发展不均衡,农村生活垃圾处理的起步和所处发展阶段差异大,形成了多样化的处理模式。以下分别从产业链、建设运维主体、垃圾收集方式和最终处理方式四个角度,探讨这些模式的特点和发展趋势。

1.从全产业链看,农村生活垃圾处理模式包括城乡一体化、就地分散减量和分类减量分散处理三种方式

我国农村生活垃圾处理模式的选择与当地经济发达程度和自然地理条件密切相关。从垃圾处理全产业链来看,主要有三种处理模式:一是"户收集、村集中、镇转运、县(市)集中处

理"的城乡一体化运作模式。即将城市环卫服务,包括环卫设施、技术和管理模式延伸覆盖到镇和村,对农村生活垃圾实行统收统运,集中到县(市)进行最终处理。这种模式在起步早的发达地区已广泛推广,并在全国逐步推开。二是就近就地分散、减量的处理方式。主要在人口密度小、县域面积大、经济相对不发达的地区采用。如黑龙江、陕西等地的一些村落,由于基础设施和管理滞后,将垃圾转运出农村和集中在县城处理面临很多困难,于是就地就近简易处理。三是分类减量分散处理的方式。将垃圾按不同类型分开收集、分别处理。一些发达的农村地区正在探索这种方式。在垃圾分类的基础上,浙江、江西等很多地方正在试图利用小型设备专门将厨余垃圾处理成有机肥,进而资源化利用,对堆肥类垃圾的减量处理非常有价值。

2.从建设和运营主体看,有行政运作和市场运作两种模式

从建设和运营主体上看,有两种方式:一种是政府运行体系。即垃圾处理体系不仅由政府投资建立,还由政府维持运行。与之相对的,是市场运行体系,即由政府以购买服务的方式,委托第三方专业的保洁和垃圾清运处理公司运营管理的体系。我国农村生活垃圾处理目前以政府运营为主,市场化程度、民营企业和社会资金参与度低。将部分或全部垃圾处理委托给第三方的 PPP 模式正在浙江、山东等地推行,在江西等省探索试行。

3.从垃圾收集方式看,主要有混合收集和分类收集两种方式

混合收集方式是当前我国农村生活垃圾收集的主要方式。我国绝大部分农村地区是将垃圾不加区分地混合收集后直接填埋或焚烧,只有极少村庄在混合收集之后进行了二次分拣。垃圾分类收集目前还处于探索和试点示范阶段,一些发达地区已经推广。垃圾分类主要有一次分类和二次分类两种方式。一次分类就是从源头将垃圾按照不同处理方式分类到位。不同地区分法有差异,如北京的马各庄村将垃圾分为"灰土、厨余、可燃、有害、不可再生"五类,浙江的谢家路村将垃圾分为不可回收、可回收和有毒有害三类,还有的只分可回收和不可回收两类等。二次分类主要是指浙江金华等地实施的"两次四分"法。即农户进行第一次分类,将生活垃圾分成"会烂的"和"不会烂的"两类,分别投放到户用垃圾筒,然后村保洁员做二次分类,将"不会烂的"垃圾再分为"好卖的"和"不好卖的"两类。这种分类方式既通俗易懂,又易于操作。

4.从最终处理方式看,主要分为填埋、焚烧和资源化利用三种方式

目前我国农村地区生活垃圾处理的主要方式是填埋,其中又以简易填埋为主。填埋操作简便,但是占用大量土地,简易填埋二次污染严重,制约了后续处理方案选择。垃圾焚烧后剩余物质重量只有之前的 20%~30%,换言之,焚烧可以使垃圾减量 70%~80%,能够解决土地资源紧张的问题并延长填埋场的使用寿命,在发达地区有较大需求。资源化处理也是目前重要的处理方式,除可回收利用的垃圾外,占大头的堆肥类垃圾的资源化利用成为该类垃圾处理方式的重点。

4.2　农村生活垃圾收集模式

4.2.1　农村垃圾收集、转运与回收模式

　　我国农村垃圾的处理还处于刚刚起步阶段,部分农村已经开始或者准备开始实施村收集、镇转运、县市处理的垃圾处理模式;小部分农村已经在尝试农户分类、源头减量来减少农村垃圾的产生量,对农村垃圾做到了减量化、资源化、无害化,其成功经验值得今后在农村垃圾处理上借鉴参考。根据清洁生产和循环经济的理念和指导思想,确定农村生活垃圾污染治理应从源头控制,实行以防为主、防治结合、末端资源化的原则,从源头上减少生活垃圾的产生,可以降低和减轻污染物末端治理的压力,提高环境污染防治和管理水平。农村生活垃圾污染防治应立足于农村实际,充分考虑不同地区的农村社会经济发展水平、自然条件及环境承载力等差异,遵循城乡统筹、因地制宜的原则,统筹城乡生活垃圾污染防治基础设施建设,实现农村生活垃圾污染处理及资源化基础设施城乡共建共享、村村共建共享,推动农村生活垃圾污染防治工作。结合有关调研报告,农村垃圾分类投放、收集、转运和回收利用模式归纳起来主要有以下几种。

4.2.1.1　源头分类、分散处理模式

　　对我国部分山区农村、远郊型农村和其他偏远落后农村,经济欠发达、交通不便、人口密度低,距离县市 20km 以上的农村,考虑源头分类、分散处理模式。该模式要求村民首先要对生活垃圾进行源头分类,可回收垃圾由废品回收人员收购,厨余垃圾、灰土垃圾(占农村生活垃圾总量的 60% 以上)不出村或镇级就地消纳,可以大大减少传统模式垃圾收集、运输和处理过程中的固定设施投入和运营成本,且杜绝了对环境的二次污染。剩余的少部分不可回收垃圾进入分散式村镇垃圾处理场填埋处理。分散式村镇垃圾处理场要避开地下水位高、土壤渗滤系数高、农村水源地或丘陵地区。

　　1.湖南省株洲市攸县模式——建立农村垃圾回收体系

　　攸县地处湖南省株洲市,辖 23 个乡镇(街道),304 个村(社区),面积 2648km²,人口 80 万。随着农村生活水平的提高,农村生活垃圾大量增加,且量大面广。据测算,全县农村居民人均日产生活垃圾 0.8kg 左右,60 余万农村人口每天产生 480t 垃圾,如果全部集中处理的话,6 年时间就可以填满现有的垃圾填埋场。农村就地处理垃圾不仅非常必要,而且完全可行。自 2000 年起,攸县以"三创四化"和"城乡同治"为抓手,由城镇到乡村,逐年梯次推进城乡环境卫生治理,大力开展农村生活垃圾分类回收处理工作,取得了一定成效,成功创建为国家卫生县城、省级文明县城,全县城乡公共区域可视范围基本看不见垃圾,农村生活垃圾分类回收处理率达 85% 以上。

　　(1)基本做法

　　1)生活垃圾分类方法

　　该县将农村生活垃圾主要分为四类:一是厨余垃圾:剩饭剩菜、食物残渣、菜梗菜叶、瓜

壳果皮、树枝落叶、动物骨内脏、茶叶渣、煤灰等。二是有害垃圾：废旧电池、废旧灯管灯具、过期药品、过期日用化妆品、农药瓶、油漆瓶、染发剂、废旧小家电等。三是可回收垃圾：废旧报纸、杂志、旧书、纸盒、塑料、玻璃、饮料瓶、金属和布料。四是其他不可回收垃圾：烟蒂、照片、复写纸、卫生纸、尿片、妇女卫生用品、一次性餐具等。

2）分类量分散处置办法

根据地域特点、居住情况，因地制宜，因势利导，采取"分户、分类、分散"的处理办法，通过"一坑、两池、三桶、四筐"的处理模式，以户为单位，以农户为主体，实现生活垃圾减量化、无害化、资源化处理。

"一坑"就是厨余垃圾堆肥。农户在菜地、果园、田边或其他合适的地方挖一个约40cm宽、30cm深的坑，将厨余垃圾导入坑内堆肥，坑内垃圾达到25cm深或堆肥时间较长时用土掩埋，经过一段时间后，就可以在堆过肥的土地上耕种或将堆成的有机肥料挖出使用。

"两池"就是特殊废品收集池和垃圾焚烧池。特殊废品收集池主要处理有毒有害垃圾，以村（社区）为单位，在既远离群众集居点和水源地，又能方便大多数群众的位置修建一个特殊废品收集池，做到防渗、防雨、防漏，并设警示标志。居民将家中的有毒有害垃圾送到特殊废品收集池，达到一定量后，由村（社区）统一运送到乡镇回收站，再集中到县垃圾无害化处理场进行无害化处理。垃圾焚烧池主要处理不可回收垃圾，以户为单位，在空旷地带、远离人群和主干道路的地方，建设一个简易焚烧池或焚烧炉，一般为方形或圆形，将一些可以燃烧的无害无毒的不可回收垃圾进行焚烧处理。

"三桶"是农户生活垃圾临时收集和运输装置，分为厨余垃圾桶、有害垃圾桶、不可回收垃圾桶。厨余垃圾桶一般放在厨房，每天及时清理，防止孳生蚊蝇；有害垃圾桶一般为塑料桶，加装盖子防止二次污染，放在闲杂屋内，定期送到特殊废品收集池；不可回收垃圾桶一般为塑料桶或塑料篓，放在客厅或堂屋，每1～3d清理一次。

"四筐"是用来存放可回收垃圾的收集筐，放置在闲杂屋或板梯间。将可回收垃圾分门别类地进行收集存放，纸张筐存放报纸、杂志、旧书、纸板箱、牛奶盒等纸制品；塑料筐存放泡沫塑料、塑料瓶、硬塑料等塑料制品；金属筐存放铁、铜、铝、可乐罐等金属制品；玻璃筐存放玻璃、啤酒瓶等玻璃制品。收集到一定量后，由废品回收人员进行收购。

3）农村废旧物资回收

在农户生活垃圾分类减量的基础上，按照网格化建设、市场化运作、专业化处理、产业化培育的工作思路，全面推行农村废旧物资回收利用。

一是建设回收网点。采取政府主导、市场运作的模式，组建再生资源回收公司，投资5000万元，建设了一个年分拣处理再生资源20万t以上的规范化、专业化、标准化的分拣处理中心。按照"一乡一站、一村点"的网络布局，各多镇建设一个以上符合建设标准的再生资源回收站，按照辐射半径3000m或人口1500～2000户每个的标准设立回收点，所有的站点统一门店标识，明确收废价格和种类，配备标准的衡器和消防器材，设置废旧物资分类整理堆码区。网点建设原则上由确定的从业人员自筹自建、自主经营、自负盈亏,从业人员选择上优先考虑有从业经验的现有从业人员。

二是规范回收方式。①定地点。全县各回收站点实行统一挂牌并公布相关信息,方便居民及回收人员送售和收购。②定时间。回收公司负责编排和公布到各乡镇回收站收购的时间,各回收点负责编排和公布到各村回收点收购的时间,各回收点负责编排和公布到各村小组收购的时间。③定种类。按可回收利用的废旧物资和不可回收利用的有毒有害的废弃物资分类收取。可回收利用废旧物资包括废纸类、塑料类、金属类、玻璃类、橡胶类、家用电器及电子产品类等,有毒有害废弃物资由各站点收集后,交公司统一进行无害化处理。④定价格。根据市场行情,在全县范围内公布各类废旧物资的统一收购价。为确保量多、质轻、价值低的"白色垃圾"和有毒有害废弃物资应收尽收,可通过调剂、听证和补贴等方式适当提高统一收购价。⑤定规则。全县的废旧物资由回收公司安排回收人员持证按统一价格、统一种类、统一时间和统一地点依法依规收取。⑥定职责。回收公司负责全县范围内废旧物资回收及该项工作的业务指导和规范管理;各乡镇配合做好相关工作,加强对辖区内废旧物资回收工作的宣传教化和督促指导,县城乡同治办负责对各乡镇有毒有害废弃物资回收情况进行考核;回收人员按照公司的规定负责管辖片区的废旧物资回收工作。从收购、分拣、加工、打包到销售等流程,通过规范管理,攸县共有200多个废品收购点,从业人员1400多人,覆盖全县20个乡镇。目前,全县再生资源年回收量如表4-1所示。

表4-1　　　　　　　　　　　　　攸县再生资源年回收量

品种	回收量	回收价值
废钢	51485t	1.29亿元
废塑料	3533t	1060万元
废纸张	16320t	2448万元
废家电	27万件	2100万元
报废汽车	5000辆	400万元
废有色金属	440t	496万元
废橡胶	2300t	210万元
其他	酒瓶400万只	编织袋600万只
合计		2亿元

这些潜在的资源与价值,通过再生资源回收利用体系,真正达到物尽循环、变废为宝的目的,为广大低收入家庭增加了收入。

三是完善运行机制。各乡镇将废旧物资回收工作纳入城乡同治工作范畴,明确专人负责,制定管理制度和奖补办法,建立工作台账(站点布局、建设情况、从业人员的基本信息、收废统计、奖补等情况),及时掌握网店的运行情况,确保站点有效有序运行,做到应收尽收。所有的回收站点明确固定从业人员,乡站不少于3人,村点不少于1人,从业人员统一服饰和标识。建立收支账,做到账实相符,各存点的交售量与乡站的台账记录相符。

4)"白色垃圾"及有害有毒废弃物的物运

一是采取给各乡镇社区的保洁员发放收储误工的激励措施,调动保洁员的积极性,从源头上全面回收城乡居民的"白色垃圾"及有害有毒废弃物。即每人每月补助 100 元收储误工费,乡镇按 1 个保洁员服务 1000 人,城区按 1 个保洁员服务 500 人的标准计算。

二是生活生产中产生的有害有毒废弃物因无价值、危害较大且收储运费用较高,政府委托县再生资源公司全面收运(含收购、储藏、装卸、运输等工作)。城区按每户每年补贴 5 元,乡镇按每户每年补贴 7 元的标准补助给公司。公司按各站点的有毒有害废弃物回收情况拨付给各站点。

三是城乡居民的"白色垃圾"及有毒有害废弃物量多价低,储运成本高。为调动从业人员收储、装运的积极性,促使各站点、公司全面收运,对回收的"白色垃圾"及有毒有害废弃物实行储运补贴,每吨补贴储运费 10 元。

四是县再生资源公司购置 1 辆有毒有害废弃物回收专用车辆用于收集装运有毒有害废弃物,需要 2 个专职人员。拨给再生资源公司 50 万元专项资金用于车辆的购置、运行及相关人员费用开支。

五是居民生活中产生的医疗垃圾(含医疗废弃物)因含有病菌,易造成污染,且具有传染性,关乎人民群众的身体健康,按照国家有关规定,由卫生部门和从事医疗垃圾处理的专业公司单独收集处理,不能混入废旧物资及有毒有害废弃物中。

六是有毒有害废弃物由再生资源公司每月定期到各乡镇(办事处)回收站回收,乡回收站集中收集各村回收点的有毒有害废弃物,收储费用由公司按收集情况及时支付。该类物资的处理费用由政府与处理各类有毒有害废弃物的专业处理公司商定。

七是上述补贴按废旧物资回收工作考核情况拨付给县再生资源公司,公司按考核结果兑现给各乡镇及各站点。

八是再生资源公司严格建立拨付专账,兑付补贴及时。网点按时回收,车辆定期清运,分拣处理快速。

5)健全工作保障机制

一是加强组织领导。成立了县城乡同治工作领导小组,县委书记任政委,县长任组长,相关部门单位和各乡镇(街道)一把手为成员,统筹推进全县农村生活垃圾分类处理工作。各乡镇(街道)完善了相应的组织机构和协调机制,进一步明确责任分工,确保责任到位、措施到位、投入到位;建立对口指导制度,采取"县级领导包乡镇,部门单位包村,村干部包组"的形式,将目标任务逐级分解落实,形成一级抓一级、层层抓落实的工作格局,有计划、有步骤地组织实施农村生活垃圾分类处理工作。

二是加大投入力度。县财政每年安排城乡同治工作专项经费 2000 万元,采取以奖代拨的方式,1000 万元用于支持镇区创建,1000 万元补贴到村用于村(社区)垃圾分类处理工作;

各乡镇根据实际情况,配套一定的工作经费,对重点村、中心村、贫困村给予适当支持;各乡镇居民和各村(社区)村民自筹一部分资金,负责镇区和村级公共区域的日常保洁,基本形成财政下拨、部门支持、乡镇配套、村组自筹相结合的多元多级投入模式。

三是强化考核奖惩。强化激励措施的运用,实行月考核、季排名。县考核乡镇(街道)镇区及村(社区),每季考核排前 3 名的乡镇(街道)在享受县财政以奖代拨资金的基础上,奖励 8 万~12 万元,考核结果通过县电台向全县公布;乡镇(街道)参照县考核办法考核到村、给予 1000~3000 元的考核奖惩,考核结果向全镇公开;村考核组并延伸到户,给予 100~200 元的考核奖惩,考核结果在全村进行公示;对各农户采用"大评比、小奖励"的办法进行激励,对垃圾分类示范户给予毛巾、牙膏、雨伞等价值 10~20 元的小额物质奖励。

(2)攸县模式分析

1)经验和成效

一是建立了生活垃圾分类减量体系。理论上将农村生活垃圾分成厨余垃圾、有害垃圾、可回收垃圾、其他不可回收垃圾四类,通过"一氹、两池、三桶、四筐"建设,形成了各种垃圾的系统分类收集体系。该体系造价低、效率高,使该县垃圾处理真正达到了分类减量的效果,可作为当前农村垃圾分类设施的"蓝本"加以推广。

二是规范了回收制度体系。对可回收利用的垃圾,制定了定种类、定价格、定地点、定时间、定规则、定职责的"六定"原则,合理布点,将收集到的可回收垃圾交由再生资源回收公司处理,真正实现了可回收垃圾资源化利用。初步测算,攸县 80 万人每年产生的可回收利用垃圾价值约 3 亿元,到目前为止,已经回收的价值在每年 2.5 亿元左右。

三是健全了考核责任体系。制定了"县区考核乡镇,乡镇考核村,村核组,组考核户"的逐级考核办法,并配套相应的奖励资金,提高各级参与的热情;明确了"县级领导包乡镇,部门单位包村,村干部包组"的任务落实机制,一级抓一级,层层抓落实,责任到人,任务到人。

四是探索了特殊垃圾处理方式。对"白色垃圾"和各种有毒有害废弃物,积极探索了补贴激励、委托收运、专车收集等运作方式,保证了特殊垃圾的无害化处理和资源化利用。

2)问题和不足

一是生产垃圾分类没有跟进。多村垃圾包括两大类,即生活垃圾和生产垃圾。该模式虽然对日常生活垃圾进行了全面而系统的分类处理,但对于农业生产垃圾,如秸秆、牲畜粪便等可沤肥垃圾和农业投入品废弃物没有纳入垃圾分类系统,造成大量的有机物浪费。

二是后期垃圾转运没有跟进。该模式在前期垃圾分类投放、收集中做了大量工作,然而对各户收集的不可回收垃圾如何集中转运,以便进行下一步无害化处理,却没有实质性的要求,可能导致不可回收垃圾堆积和转运成本过高等问题。

2.湖南省岳阳市华容县模式——"三池一体处理"

湖南省岳阳市华容县现有 47 个村(场、居委会),4322 个村(居)民小组,在户农村人口 53.5 万。自 2012 年开始,华容县委、县政府部署开展农村环境卫生整治工作,县、乡成立了专门的农村环境卫生整治指挥机构,设立了整治预算资金。3年来,全县、乡、村、农户共投入资金6000多万元,发动群众全员参与农村垃圾分类处理。华容县在垃圾治理探索中主要采取了以下措施。

(1)主要做法

一是建立长效机制。①设施到位:配合垃圾分类减量处理,建造了集垃圾沤制池、回收池、焚烧池于一体的农户垃圾处理池12万多口,用于农户就地处理生产生活垃圾,基本实现户均一池。②人员到位:全县农村配备保洁员1326名,主要负责乡、村公共区域的常态保洁。③制度到位:全县所有乡镇村场都建立了《村规民约》《农户三包责任制度》《村场环境卫生管理制度》《环境卫生评比制度》等,用制度管理乡、村环境卫生,实现常态化,使农村面貌大有改善。

二是农户生活垃圾采取分类减量、回收利用、焚烧、沤制有机肥的办法处理。具体做法是:每户建一个具有回收沤制功能的垃圾池,农户在户用垃圾池内处理垃圾,不集中、不转运(少量不可降解且无法回收的或应由专业公司处理的除外),将可降解垃圾(农作物秸秆、厨余垃圾等)沤制有机肥用于培肥地力,不可降解垃圾中能卖钱的玻璃、塑料、金属及纸类垃圾等尽可能回收卖钱,不能卖钱的少量垃圾及时焚烧、填埋(图4-1)。

三是农业面源污染处理化肥、种子等农资包装袋随用随收、及时处置(回收、焚烧);农药瓶(袋)等有毒垃圾集中回收至村回收站,由专业部门处理,保持田园干净、水源安全。

四是集镇建镇压缩站,垃圾经压缩后转运至县垃圾处理场处理;偏远乡镇建深埋场或焚烧炉,实行无害化或少害化处理。

图4-1 集镇垃圾集中焚烧

(2)华容模式分析

1)经验和成效

一是创新收集装备。创造性地发明了垃圾焚烧、回收、沤肥一体池,使垃圾不集中、不转运,户可直接处理成为可能,有效解决了农村垃圾统一收集难、集中转运难、随机填埋造成二次污染严重等难题,使 70% 的生活垃圾、牲畜垃圾沤制成有机肥还田;20% 通过回收变卖,全县农村垃圾回收每年总价值超过 1000 多万元;仅 10% 左右需要集中处理,有效实现了分类减量和变废为宝。

二是完善垃圾处置体系。该县在垃圾处理过程中"人、财、物、制"全跟进,做到了垃圾有人收、分类有容器、经费有保障、制度保运转,使模式得以顺利运行。

三是降低处理成本。根据乡镇地缘环境,制定了两种不同的处理方法,允许偏远乡镇建深埋场和焚烧炉,有效减轻了县城垃圾处理负荷,降低了垃圾转运成本。

2)问题和不足

一是分类未细化。没有建立一个廉价、高效的垃圾分类体系,虽然实现了可沤肥垃圾资源化利用,但对可回收垃圾没有进行细化分类,导致后期分类收集成本高、难度大,直接降低了回收价值。

二是可能造成二次污染。一体池建设目前还处于初级阶段,在密闭、防漏和焚烧技术等方面还存在缺陷,极可能因焚烧、渗漏等造成二次污染问题。

三是缺乏考核奖惩机制。县、乡镇、村、组没有建立起相应的考核机制,没有配套奖惩措施,工作难以层层落实,容易造成"上面一头热、下面各管各"的现象。

4.2.1.2　源头分类、集中处理模式

对经济一般、距离县市在 20km 以上的农村,可考虑集中力量建立覆盖该区域周围村庄的垃圾收集、转运和处理设施,实现垃圾的分类收集、集中处理。该模式要求村民每天产生的生活垃圾首先要进行分类,将垃圾内的有机物、废金属、废电池、废橡胶、废塑料以及泥沙等进行分离,可回收部分由废品回收人员收购,餐厨等有机垃圾集中式堆肥,不可回收垃圾进入村镇垃圾处理场集中填埋处理。村镇垃圾处理场可利用区域废弃土地建设简易填埋场,但场地应具有承载能力,符合防渗要求,远离水源。

1.湖南省常德市模式——城乡统筹处理

近年来,常德市农村垃圾处理按照减量化产生、资源化回收、无害化处理的"三化"要求,大力推进城乡一体化处理和农村垃圾分类减量,取得了较好的成效。其鼎城区是一个城乡接合区,具有典型性。

(1)鼎城区采取的主要措施

1)实施城乡垃圾一体化清运处理

城乡垃圾一体化清运处理项目是把全区各集镇(场)垃圾统一清运至德山垃圾焚烧发电厂处理,项目于 2013 年 9 月面向社会公开招标,由深州龙吉顺实业有限公司中标。公司中标后成立了常德市龙吉顺环境工程有限公司,负责农村垃圾清运处理。2013 年 11 月,城乡垃圾一体化处正式运行,全区共投放垃圾桶 300 个,购置了 8 台大型压缩式垃圾清运车,总投入 800 万元。经过近半年时间的运营,全区各乡镇(场)清运垃圾 6000 多 t,日均 50t 左

右。预测今后高期可达日均 180t 左右,1～2 年后平均可稳定在日均 150t 左右,年需清运费 400 多万元。通过垃圾一体化处理,乡镇(场)集镇垃圾全部统一清运至德山发电厂焚烧发电,彻底改变了过去简易粗放填埋、造成二次集中污染的现象,较好地实现了乡镇集镇墟场垃圾无害化处理。

2)倡导农村垃圾分类减量

全区指导、号召广大农民群众把垃圾分成可回收垃圾、有毒有害垃圾、可焚烧垃圾三大类,能卖的卖,能埋的埋、能烧的烧。如废纸、废衣物、废塑料、废玻璃进行回收,废砖乱瓦填路,枯枝树叶、杂草等焚烧,有毒有害的如废电池等则集中清运处理。想方设法做到垃圾不出户,减少垃圾总量,减轻县区垃圾一体化清运压力。

3)保障经费投入

一是大幅度增加区财政预算工作经费。早在 2013 年底,全区 2014 年环境整治工作经费 803 万元全部纳入当年财政预算,同比增加了 170%。此外,对全区各乡镇(场)增加了 5 万元"一事一议"财政奖补环境整治专项资金,对近 600 个村(居)增加了 5000 元转移支付资金。

二是各乡镇(场)工作经费投入大幅度增加。全区经费投入 20 万元以上的乡镇占比 50% 以上,没有一个乡镇(场)投入经费低于 5 万元。各乡镇(场)投入总计超过 600 万元。

三是村级投入在逐步增多。各村转移支付资金用于农村环境整治部分不低于 1 万元,共计约 600 万元。

4)制定考核奖惩机制

一是设立农村环境整治押金。经区委、区政府主要领导的同意,从区财政下按各乡镇 50 万元运转资金中拿出 10 万元,用作其环境整治工作日常考核排名押金。对工作不力、效果不好的多镇严格执行处罚,直到罚完为止。

二是建立了全区每月分片区考核排名制度。32 个乡镇(场)分为四个片区分片考核,对各片前 2 名和后 2 名予以奖惩,有效调动了各乡镇(场)的工作积极性。

三是加大奖惩额度。2013 年对总排名的前 3 名各奖 1 万元,后 3 名各罚 5000 元;2014 年对各片区第 1 名、第 2 名分别奖 15000 元和 10000 元,对后 2 名分别罚 5000 元和 1000 元。

5)创新运作机制

一是推行市场化运作机制。草坪镇把全镇重点部位分为跃进渠道沿线、集镇墟场、319 国道沿线三个责任区域,由专职保洁队伍承包,镇政府直接指挥调度考核承包人,减少了中间环节,提升了工作效率,落实了保洁责任。中河口、牛鼻滩、黑山嘴等乡镇也采取类似办法,对重点部位保洁面向社会公开发包,均取得了较好的效果。

二是大力推进村级爱卫协会建设,利用爱卫协会筹集环卫经费,开展农户家庭卫生评比活动,宣讲环境卫生整治知识等。目前,牛鼻滩豪洲村爱卫协会向农户收取 5 元/月的卫生费,收取面达 95% 以上。

三是大力推动农村环境整治办点示范。在区级层面,农村工作领导小组成员、农村部班子成员共 37 人,分别到有关乡镇(场)主干交通道路沿线 37 个村办点,每村投入 1 万元办点经费。

6)建立日常保洁队伍

为了确保全区重点部位的整治效果,把保洁员队伍建设放在首位。各村(居)至少配备 1 名以上专职保洁员,集镇墟场至少 3 名以上。嵩子港镇 14 个村配备保洁员 37 名,全部统一着装、统一购买意外伤害保险;牛鼻滩 22 个村配备 32 名保洁员,规定保洁员工资不得低于 500 元/月,统一签订劳动合同,购买保险和统一服装。目前,全区各乡镇集镇墟场、行政村(居)共配备专职保洁员近 700 人,为全区重点部位保洁打下了坚实的基础。

例如,常德津市依托新建的垃圾卫生填埋场,在全市范围内建立覆盖全部集镇、农村的垃圾收集运输网络,对全市范围的生活垃圾实现了无害化处理。每个集镇建设了一个垃圾压缩转运站,每个农村设立保洁、垃圾收集专员。市环卫处统一管理从转运站到填埋场的运输车辆的调度。社区及公共场所垃圾收集箱采用专业的密闭垃圾箱,转运车为专业的垃圾密闭运输车辆(图 4-2),转运站内设有垂直式压缩机,全系统装备先进,全市境内垃圾收运处置达到了无害化标准。

图 4-2　垃圾清运车

(2)常德模式分析

1)经验和成效

一是城乡统筹保经费。为保障垃圾处置经费,鼎城区实行"区拨、镇支、村补"的城乡统筹经费供给模式,全区投入 803 万元作为环境整治工作经费,其余由各乡镇、村负责筹集,有效降低了区财政负担,提高了村、镇两级的参与度。

二是城乡统筹共处理。通过实施城乡垃圾一体化清运处理项目,把全区各乡镇(场)集镇墟场垃圾统一清运至德山垃圾焚烧发电厂处理,通过公司专业运作,避免了各乡、村简易粗放填埋,造成二次集中污染的问题,较好地实现了垃圾无害化处理。

三是体制机制有创新。农村垃圾处理问题,最终要归结为社会服务问题。该区在探索建立垃圾处理体制机制时,大力推进村级爱卫协会建设,利用爱卫协会筹集环卫经费,开展农户家庭卫生评比活动,宣讲环境卫生整治知识,为今后的政社分开机制提供了一个良好的蓝本。

2)问题和不足

一是分类机制有空档。虽然对垃圾分类作了明确规定,但没有相应的设施配套、机制保障,规定无法得到落实,未能实现分类减量,既大大增加了后期垃圾转焚烧处理负担,也阻碍了可回收垃圾资源化利用。

二是项目经费难管理。"区拨、镇支、村补"的供应模式,对经费管理要求较高。为防止多镇专款不专用、造假账、报虚数等一系列问题的出现,还需要建立一整套预算绩效考核体系和资金使用管理办法。

2.湖南省郴州市永兴县模式——市场化运作

永兴县地处湖南省东南部、郴州市北陲,辖14镇7乡,总人口67万,是郴州市人口第二大县,系黄克诚大将的故乡。永兴县生活垃圾转运系统项目采取纯市场化方式运作,由北京桑德新环卫投资有限公司承担,主要内容包括永兴县全境内的生活垃圾转运处理,日清运垃圾约350t,新建中转站16座,特许经营期限30年。项目采用建设—运营—移交(BOT)的特许经营方式完成。桑德集团负责项目的环评、立项、投资、建设、运营管理工作,以及项目建设及运营期内的全部投融资等工作。

(1)合作方式

1)资金投入

桑德集团根据该项目运营计划需要,提供道路清扫保洁、垃圾收集清运、垃圾中转运输等所需要的各种设备车辆,以设备设施投资方式为该项目注入资金。县政府根据合同约定拨付该项目运营费220元/t。

2)资产处置

由国有资产管理公司管理的环卫资产由第三方评估,采取两种方式处置:一是全部或部分注入双方合资成立的项目公司,由桑德集团控股经营该项目公司(桑德集团的股份比例达不到控股要求时,桑德集团购买部分机械设备和办公场所等环卫资产)。二是由桑德集团全资购买优质环卫资产(主要是机械设备和办公场所),桑德集团独资成立项目公司,独立经营该项目公司。

3)人员安置

原有市场化环卫作业公司人员、其他承包经营人员、临时环卫作业人员,实行双向自愿的方式,选择是否加入新的项目公司,桑德集团新成立的项目公司承诺:一是不降低环卫人员岗位工资标准和福利待遇;二是按照有关政策为管理作业人员缴纳保险等;三是建立环卫专项基金,对困难职工实行专项补贴和补助;四是提高机械化作业水平,降低环卫工人的劳动强度。

4)作业内容

城市道路清扫保洁,城市生活垃圾收集运输;城市市政公用设施的外立面保洁;城市公厕的运营管理;城市粪便的收集运输;农村生活垃圾收集转运,农村环境卫生清扫保洁。

5)监管机构

市容和环境卫生行政管理部门或环卫市场化作业监管中心。

(2)永兴县模式分析

1)经验和成效

一是建立了市场化运行模式。永兴县垃圾收集转运、处理全部外包给桑德公司,由公司对人力、物资按照市场需求进行科学配置,并制定了系列制度,保证模式常态化运行。政府通过拨付运营费的形式购买所有服务,这必将成为未来垃圾处理的发展趋势。

二是实现了垃圾处理"四化"。公司配备了标准化容器、机械化收集设备,垃圾运至中转站集中化转运,最后统一收运至垃圾填埋场进行无害化处理,提高了设备的通用率和收运效率,降低了处置成本,避免了二次污染的发生。

2)问题和不足

一是对龙头企业依赖度高。市场运作需要大型龙头企业牵头带动,目前我国大型垃圾处理龙头企业数量不多,覆盖面不广,限制了该模式的适用性。

二是前期分类未跟进。所有垃圾全部装入 240L 垃圾桶中,未进行分类处理,一方面增加了后期处理负荷,另一方面浪费了部分可回收垃圾资源。

三是费用相对高昂。目前该县每天清运垃圾约 350t,按照 220 元/t 的收费标准,每日需开支垃圾处理经费 7.7 万元,每年需投入 2810.5 万元。由于前期没有分类减量,随着垃圾总量的不断增加,该项投资也将不断增加,最终成为地方财政的巨大负担。

4.2.1.3　城乡一体化处理模式

一些经济发达的农村地区或城镇周边的农村地区,采用有机垃圾和无机垃圾分类收集的方式。无机垃圾可结合城市生活垃圾管理体系,执行"村收集—镇运输—县(市)处理"的垃圾收集运输处理系统,实施城乡一体化管理。

1.湖南省长沙市长沙县模式——财政全投入

长沙县毗邻湖南省会长沙、西临湘江,从东、南、北三面环绕长沙市区,全县总面积1997km^2,辖 17 个镇、7 个街道,常住人口 97.9 万。其中涉及农镇街 21 个,农村行政村(社区)257 个,农村总户数 24.49 万户。

(1)主要措施

1)硬件设施建设

自 2006 年起,长沙县启动多镇生活垃圾处理和农村农户生活垃圾分类收集处理工程。

一是垃圾桶、垃圾池全覆盖工程建设。按照"多镇自主,因地制宜,一户一桶,一组几池"的要求,全县农村共配置垃圾桶 18 万个,建设垃圾收集池 4.2 万余座。

二是垃圾压缩中转站全覆盖工程建设。按照每个乡镇 180 万元 1 个垃圾中转站的建设标准共投入 3600 万元,建设农村乡镇垃圾中转站 19 个,形成了"户有垃圾桶,组有收集池,村有回收点,镇有中转站"的基础设施网络,实现了农村生活垃圾处置设施全覆盖。

三是垃圾回收点全覆盖工程建设。结合农村环境连片综合整治项目,按照每个村垃圾回收点 1 万元的标准进行补助,逐步推进村垃圾集中回收点建设,目前各村垃圾回收点已基本建立。

2)队伍建设

2009 年,全国首个农村环保合作社在长沙县果园镇挂牌成立,目前,各乡镇成立了环保合作社(保洁公司)等专门机构且运行良好。从 2011 年起,按照"公共区间卫生员、生态环保监督员、资源垃圾回收员、一年四季宣传员"的要求,每 200~300 户选聘 1 名村级保洁员。2014 年进一步推进保洁员队伍职业化,目前全县共配置专职保洁员 39 名。同时,2011 年全县还成立了 20 支主要河港常年清污保洁队伍。

3)运行模式

为实现垃圾分类减量,2010 年长沙县提出"户分类减量、村主导消化、镇监管支持、县以奖代投"的运行模式,农村不可降解垃圾统一经镇垃圾压缩中转站压缩后送市无害化处置填埋场;有毒有害垃圾和可回收利用垃圾通过保洁员上门回收后统一送专业公司集中进行无害化资源化处置。其中,一部分保洁员由镇环保合作社管理,主要负责集镇公共区域和村(社区)主要马路的常态保洁;另一部分保洁员由村(社)直接管理,主要负责本村责任区间的常态保洁和上户回收工作。按照减量家庭化、处置无害化、废物资源化、保洁常态化、村容整洁化的"五化"处置要求,倡导和动员农村居民"不可利用的植物做燃料、可喂养畜禽的做饲料、可降解的有机质做肥料、废弃的工业品保洁员上门收",有效确保了农村垃圾无害化处置工作的常态运行。

4)经费投入

自 2011 年起,长沙县每年安排 2450 万元农村垃圾处置专项经费,按照 100 元/户的补助标准付到乡镇。2014 年,进一步推进保洁员队伍职业化,全县用于农村保洁队伍(整洁行动)的资金增加到 2900 万元,其中 60% 作为基础费用,40% 按考核折算,按 200 户选配 1 名保洁员,人均预算年基本工资 2 万元的标准,有效保证了保洁员队伍的工资待遇。同时,全县每年还安排河港常年清污保洁经费 400 万元,确保了"两河"流域及支流的常态保洁。

5)长效机制建设

一是建立了严格的考核和奖罚制度。县对镇实行一季一考核,将考核分值与下拨资金挂钩。聘请有资质的社会评估机构进行镇村整治效果的暗访评估,将农户垃圾分类减量、保洁员商户回收、村组卫生评比、"四边"卫生、镇(街道)垃圾减量和有害垃圾集中回收作为考核的重要内容。全县还安排 500 万元奖励资金,每个季度考核,奖罚分明,其中,分类排名前三位的,每季分别奖励 8 万元、6 万元、4 万元;排名后三位的,每季分别扣拨专项经费3 万元、2 万元、1 万元。同时,季度考核结果与全市城乡环境卫生整洁行动"十佳""十差"候选单位直接挂钩,促使农村生活垃圾处理长效机制进一步完善。

二是探索了垃圾分类减量处置的新模式。提出"户分类减量、村主导消化、镇监管支持、县以奖代投"农村垃圾处理模式和"五化"处置要求,广泛发动群众,吸引群众参与,总结了一套老百姓便于操作、便于接受的新方法。

三是实施了有害垃圾"统一收集统一清运、统一处置"的无害化、资源化管理。为根治县内废弃玻璃(瓶)、废弃灯泡(管)、废弃电池(电板、碳棒)等有害垃圾危害水体、土壤安全的问题,自 2013 年 10 月起,全县委派了专业公司负责定期对镇级环保合作社回收的有害垃圾实施统一收集、转运和处理。从 2014 年 4 月起,全县又新增废弃纺织品和棉絮的"三统一"回收,并明确镇(街道)指导性收集任务,将有害垃圾回收作为镇(街道)考核加分的重要依据,由此推动农村生活垃圾减量化、资源化处置工作。

四是建立县、镇(街道)、村(社区)、组四级公示平台。坚持县对镇、镇对村、村对组、组对户,一季一评比、一季一公示。县对乡镇(街道)、镇(街道)对村(社区)的考评结果每季在《星沙时报》公示,且镇(街道)的考核结果与联点的县领导和县直单位一并公示,促进齐抓共管。

五是完善舆论机制。2013 年,全县张贴《关于建立生态环境建设有奖举报制度的公告》,县生态办设立举报督办组,建立有奖举报制度,接受群众举报,对举报事项及时督办整改,并将督办情况纳入镇街绩效考核。与此同时,电视台设立《每周环篇观察》专栏;报纸设立《生态建设》专刊,曝光环境破坏问题,宣传先进典型,营造全民共识,基本实现设施配套与村民自治同时跟进的良好效果。

六是抓典型示范,推动全民参与。2012 年,全县启动了每镇一个示范村、每村一个示范组、每组 10 家示范户的创建活动,将垃圾分类减量作为十项创建指标之一,树立典型样板,作为全县示范在全县推广,带动群众进一步做好环境卫生和垃圾分类处置工作。通过两年的创建,出现了金井镇西山村、自沙镇锡福村、双江镇大桥村、高桥镇范林村和路口镇路口村等一批环境优美、生态宜居的美丽村落,成为全县垃圾分类处置的典型示范村。

(2)长沙模式分析

1)经验和成效

一是资金保障到位。全县财政共投入 7000 万元用于农村垃圾治理工作。其中,3600 万元用于乡镇垃圾中转站建设,2900 万元作为垃圾处置专项经费,500 万元作为奖励资金,有效保障了设施配套、人员配置和系统整体运转,激励了乡镇的工作热情。

二是模式运作到位。该县建设了"户有垃圾桶,组有收集池,村有回收点,镇有中转站"的垃圾处理基础设施网,为模式运行提供了硬件保证。对各种不同垃圾的处置方式作了具体规定,便于农户实际操作。"以村主导消化",将处理机制前移,减轻了后期转运和处理压力。

三是舆论宣传到位。在全县范围内宣传《关于建立生态环境建设有奖举报制度的公告》，发动全民监督，带动民众积极参与垃圾处置工作；利用各种新闻媒介对垃圾处置考核结果和环境治理先进、落后典型宣传曝光，有助于形成全民共识，达到设施配套与村民自治同时跟进的良好效果。

2) 问题和不足

一是财政压力较大。7000 万元的财政投入，对部分经济欠发达地区的县市是一笔不小的开支，大面积推广难度较大，降低了大多数县市农村的垃圾处置热情。

二是科技水平较低。虽然财政投入了大量资金，但在处理设施科技投入方面还比较欠缺。例如，固废处理场防渗不到位、间歇性填埋场气味扰民等问题仍不同程度地存在，对不可回收垃圾的资源化利用（如垃圾焚烧发电）还需进一步创新突破。

2.江苏省苏州市模式——居民垃圾分类

苏州市面积为 848842km²，其中市区面积为 2742.62km²。2013 年末，全市户籍总人口 653.84 万，其中市区 332.90 万。全市流动人口登记人数 653.85 万，其中市区 309.14 万。苏州市下辖张家港市、常熟市、太仓市、昆山市、吴江区、吴中区、相城区、姑苏区以及苏州工业园区和苏州高新区（虎丘区）。2013 年，全市完成地区生产总值 1.2 万亿元，地方公共财政预算收入 1204 亿元，城镇居民人均可支配收入、农民人均纯收入分别达到3.8 万元和 2 万元。

苏州市是我国经济发达地区，城乡基本趋于一体化，人均每天约产生 1kg 垃圾，平均每天产生垃圾 4000t 左右。尽管现在苏州的垃圾大部分用来焚烧发电、沼气发电，少部分填埋，但以目前的速度，预计到 2025 年左右，苏州的垃圾填埋场将饱和。这些废弃物的产生给城市废弃物处理系统带来了巨大的压力，其复杂成分也对现有垃圾处理系统造成了影响。因此，防范垃圾围城的最有效途径并不在终端处理上，而在源头减量和分类回收上。

（1）采取的主要措施

1）政府搭台推进垃圾分类

苏州从 2000 年便开始在全市范围内推进垃圾分类。2002 年底，苏州与丹麦的艾斯比约市、意大利的威尼斯市共同向欧盟申请了"苏州市生态垃圾管理项目"，在一批中小学、高校、机关和居民小区进行试点。2010 年，对近 10 年垃圾分类工作进行了总结，提出"近期大分流，远期细分类"的目标，把垃圾分类的中心转向社区。2012 年 9 月，出台了《苏州市居民垃圾分类设施设备配置标准》，该标准主要从生活垃圾分类标准、生活垃圾分类设施设备的配置、生活垃圾细分类标识及收集容器标准三个方面对苏州市生活垃圾分类设施设备配置进行了规范；启动了垃圾分类中可回收物的"固体、流动、在线"三位一体回收网络建设，目前已建成固定回收网点 53 个、中心分站 4 个。另外，在终端处理上，生活垃圾焚烧发电项目三期扩建工程于 2013 年实现商业运行。餐厨垃圾资源化终端利用设施扩建项目也将建成投运，日处理 600t 餐厨垃圾，可将苏州市 95％以上的餐厨垃圾纳入正规处置途径。

2）社区积极推进垃圾分类

苏州市目前主要采用的是以社区为试点的方式,2012 年,在 7 个城区 25 个居民小区中再次试行垃圾分类,居民小区的生活垃圾可以按照其他垃圾、可回收垃圾、有害垃圾、厨余垃圾四类进行分类,各行政区可根据所辖区生活垃圾终端处置设施等具体情况选择其他垃圾、可回收物、有害垃圾"三分法"或其他垃圾、有害垃圾、可回收垃圾、有害垃圾"四分法"。在这 25 个试点小区中,除了苏州工业园区的 3 个小区实行"四分法"外,大多数小区采用"三分法"。

3）加强垃圾分类宣传

据苏州市调查,有 75％的居民认为实施垃圾分类困难的原因是居民环保意识淡薄;3％的人经常主动关注垃圾分类的常识与进展;82％的人偶尔关注;还有 15％的人从不关注。这说明有相当一部分人觉得垃圾分类这件事与己无关,认为这只是政府或者环保部门的责任。为了使居民进一步系统了解循环经济知识,赢得民众的理解和合作,苏州市每个月都要进行广泛的普及教育活动,例如,举行各类报告会,对垃圾分类处理有功的人加以表彰。同时,在电视、广播、网络上宣传垃圾分类相关知识,让这个潜意识深入人心,达到生活垃圾分类投放的效果。开展关于垃圾分类的一些趣味活动,增强居民环保意识。例如,养一社区举办的"垃圾分类动起来"志愿服务趣味运动会,运动会上幼儿园的小朋友表演童谣"垃圾分类",志愿者在新村内上门宣传生活垃圾分类知识,发放《生活垃圾分类》宣传手册,全方位、多角度,广泛、深入、持久地开展多种形式的宣传教育活动,不断地增强居民日常生活垃圾分类的意识,形成小区内广大居民共同参与垃圾分类的良好氛围。

4）提出了新模式

随着居民生活质量的提高,苏州市生活垃圾种类日趋复杂,建筑垃圾、餐厨垃圾、有害垃圾的产生量增长迅速。这些废弃物的产生给城市垃圾处置系统带来了巨大的压力,其复杂的成分也对现有的生活垃圾处置系统造成了影响。苏州市提出了"近期大分流,远期细分类"的生活垃圾分类模式。"大分流"就是按照生活垃圾的属性进行专项分流,将餐厨垃圾、建筑垃圾、园林绿化垃圾、农贸市场有机垃圾和日常生活垃圾分类投放、分类运输、分类利用和处置。"细分类"就是将日常生活垃圾再进一步细分成有害垃圾、可回收物和其他垃圾,目前在有条件的场所可以将其他垃圾进一步细分成厨余垃圾和其他垃圾,远期所有场所的分类都将按照有害垃圾、可回收物、厨余垃圾和其他垃圾进行细分。通过近两年生活垃圾"大分流"政策的实施,进入生活垃圾终端处置的原生垃圾的增长率已经开始降低,2010 年的增长率为 10.48％,2011 年降为 2.78％,2012 年进一步下降至 2.38％。

5）优化收运体系

收运体系的建立是生活垃圾分类工作能否顺利开展的关键因素。苏州市开展居民小区垃圾分类收集亭建设,实现生活垃圾分类收集和"以桶代房",引导居民从源头开始分类。2012 年初确定的 25 个试点小区(包括城中村安置点)的收集设施已全部建成投用,配套购置了生活垃圾细分类的收运车辆。针对垃圾分类处置后端工作,优化了相关模式,即可回收物由市供销合作总社负责收集,目前已建成固定回收网点 53 个、中心分拣站 4 个,并配备流动回收车 45 台,启动了"固定、流动在线"三位一体的回收网络建设,为市民、村民群众提供上门服务 3 万余次。通过竞争性谈判,落实了试点小区废旧玻璃的回收企业。有害垃圾由市容环卫部门收集后进行临时存储,经统一收集后集中运至具有处置资质单位最终处置。为提升有害垃圾的收集效率,市容环卫部门研发了有害垃圾专用收集箱,确保易碎、易散有害垃圾收集过程中的完整性。

6)建设消纳场所

苏州市着力解决餐厨垃圾、建筑垃圾、园林绿化垃圾与农贸市场有机垃圾的最终出路问题,推进市区垃圾大分流体系建设。

一是推进生活垃圾焚烧发电项目三期扩建。2013 年,该项目实现商业运行后,形成了每日 4400t 左右生活垃圾的实际进场处置能力,基本实现了市区原生生活垃圾全量焚烧目标。

二是推进餐厨垃圾资源化终端利用设施扩建项目。2013 年 6 月,该项目建成后,具备日处置 400t 餐厨垃圾的能力,基本满足了该市餐厨垃圾资源化利用的需求。

三是推进建筑垃圾资源化终端利用项目。该项目 2014 年建成投产后,形成每年 100 万 t 的建筑垃圾处理能力,基本满足了该市建筑垃圾资源化利用需求。

四是推进园林绿化及农贸市场有机垃圾资源化利用终端设施的建设,其中园林绿化资源化利用项目于 2013 年启动实施,农贸市场有机垃圾资源化利用基本明确纳入餐厨垃圾处置项目,协同厌氧处置并产气。

7)制定监管与激励措施

只有倡导,没有强制力,成为很多垃圾分类不理想的原因。目前,垃圾分类投放还完全靠居民的自觉,正是因为居民的环保意识还比较淡薄,所以自觉分类投放垃圾还有很长一段路要走。苏州市借鉴英国、德国、日本、新西兰等发达国家以及我国台湾地区的经验,针对垃圾分类问题设立了相关的行为规范和制度,已开展《苏州市生活垃圾分类管理办法》立法调研工作,并于 2013 年纳入立法序列,2014 年发布出台。

(2)苏州模式分析

1)经验和成效

苏州市城市生活垃圾分类回收的工作已经全面展开,成效明显,分类投放垃圾的大环境逐步形成,生活垃圾分类的参与率有了很大的提高,是国内分类垃圾分类处理工作走在全国前列的城市。

该市形成了一条从家庭到垃圾处理场的完整的垃圾分类处置链,这正是目前垃圾处理过程中所缺乏的。已经建设了分类垃圾专用的转运房,垃圾分类收集、转运、处置的完整链条已成型。

2)困难和不足

第一,群众的垃圾分类意识有待进一步加强。苏州的垃圾分类已经做了 10 年,却推行缓慢,大部分的场所没有用于分类投放垃圾的垃圾桶,有的分类投放垃圾桶形同虚设。据该市调查,22%的受者表示会自觉按照分类投放垃圾;49%的受访者表示虽有分类垃圾桶,但没有按照要求分类投放垃圾;还有29%的受访者表示社区没有分类垃圾桶。25%的人认为投入使用的分类垃圾桶作用很大,67%的人认为作用不大,8%的人认为没有任何作用。由此可以看出,垃圾分类还没有成为群众的自觉行为。

第二,垃圾分类设施需进一步完善。苏州还没做到所有场所配备分类垃圾桶,这样就会出现想分类投放却没有分类垃圾桶的情况。有的自己在家里进行垃圾分类处理,但扔到小区、收集点里还是只有一个垃圾箱。调查显示,23%的群众认为垃圾分类相关配套还未成熟,目前很难做到垃圾分类;83%的群众认为设施不够完善。尽管有了分类运输设施,但是在实际运输过程中还是出现了不管类别而全倒在一辆垃圾车上的现象。

第三,分拣水平需进一步提高。在资源回收领域,当谈论再生资源利用、生物堆肥、垃圾发电等先进技术时,往往忽略了一个关键问题,即引进这些硬件技术很容易,但一切先进处理的前提都是垃圾分拣水平,只有分类越干净、越细致,回收利用、堆肥甚至焚烧才会越有效率。要提高我国废弃物的回收利用率,就必须建立高效实用的垃圾分类体系。

第四,没有分类奖罚机制。苏州虽然已开展《苏州市生活垃圾分类管理办法》立法调研工作,但还没有具体实施,群众、社区乡镇、单位(村)参与的约束、奖励机制没有形成。

第五,一般地区难以复制。苏州市经济基础雄厚,可用财力充沛,其整体的城乡一体垃圾分类投放、收集、转运及处理模式,建立在政府财政大投入、大管理的基础之上,一般地区难以复制。

4.2.1.4　综合整治模式

综合整治模式就是通过农村环境连片综合整治项目建设,解决农村环境环境污染和生态破坏问题,使农村环境人居环境和生态污染得到根本改善,具有整体、协调、循环、共生的特性。其主要内容包括"六治理,一建设",即治理农村垃圾,治理农村生活污水,治理畜禽养殖污染,治理农村面源污染,治理农村工业污染源,治理农村无序建房,推进美丽乡村建设。当前全国各地绝大多数农村都结合本地实际探索出了各具特色的农村垃圾综合整治模式,我们以湖南省永州市模式为例,对农村垃圾综合整治模式进行分析。

永州市位于湖南省南部,东连郴州,南接广东省清远市、广西壮族自治区贺州市,西接广西壮族自治区桂林市,北邻衡阳、邵阳两市,地处湘江源头,面积为 2.24 万 km^2,占全省面积的 10.55%。全市总人口 630 万,其中农村人口占 86%,辖 2 区 9 县,共 188 个乡镇,26 个国有林场,5326 个村,全市森林覆盖率达 62%。2013 年,永州市地方生产总值为 1163.4 亿元,财政收入 1004 亿元,全年完成各项民生支出 185 亿元,增长 22.2%,占全市财政总支出的 72.5%,城乡居民收入分别为 22368 元和 7799 元。

永州市在湖南省内乃至全国都属于经济相对欠发达的地区,农村经济落后,境内地形多

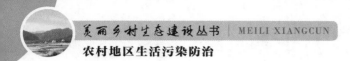

样,农村地域代表性强。生态环境优良,人口密度适中,是湖南省乃至全国重要的生态环境保护治理地区和用水水源重点保护地区,有良好的环境保护基础。2014年3月,在中央电视台和国家统计局开展的大规模调查活动中,永州市上榜"中国幸福城市20强"。

近年来,永州市委、市政府把农村环境污染治理作为六件惠民实事来抓,以"清洁水源、清洁家园、清洁田园、清洁能源"为目标,以综合整治示范区建设和农村清洁工程项目为抓手,以创建国家卫生城市为载体,在农村环境污染治理方面做了大量工作。

1.主要措施

(1)理顺处置机制

首先,由户初步分类投放。农村清洁工程处理的垃圾主要分为生活垃圾、生产可沤肥垃圾和生产投入品废弃物三大类。与之对应,每个项目实施村要配备适当数量的垃圾桶,建立发酵池和废弃物收集池,并把"一桶两池"列为主要考核指标:每户按照"生活垃圾入桶、农田生产废物入发酵池、农业投入品废弃物入收集池"的原则,将垃圾初步分类投放。其次,由村统一收集。对入桶(或池)垃圾,一般以村为单位进行收集。项目将公共垃圾池作为清洁家园环节的一项重要考核指标,要求每村根据自身情况建设2~3个固定的公共垃圾池,收集全村生活垃圾。为了维持系统的有效运转,保持村容整洁,项目要求各村聘请村级保洁员,配备必要的保洁工具,成立物业管理站,建立《农村清洁工程村规民约》《农村清洁工程物业管理制度》《卫生公约》等一系列规章制度。最后,按地域分类处理。考虑到该市地理环境和地缘条件的复杂性,在垃圾处理过程中将农村分为三类:城郊村、城中村,纳入城市创卫工作范畴,由县区直接转运及无害化处理;一般行政村,采取以乡镇为主体的管理方式,由乡镇直接焚烧或填埋;一些偏远山区,采取以村为主体的处理方式,直接焚烧或填埋。

(2)集中清理积存垃圾

该市要求全面清理、收运、处理好房屋周边、河道沟渠积存的垃圾杂物和漂浮物,并拟定于2014年完成辖区内城乡垃圾无害化处理统筹规划。

例如,零陵区石山脚乡吾山里、杨柳湾、竹元背3个村结合当地的地域条件,探索建立"户清扫、组收集、村联运、片区焚烧、区填埋处理"的垃圾处理模式。3个村垃圾处理基础设施(包括焚烧炉、文明清洁屋)建设和清运车辆购置由区、乡负责;人员工资按"三个一点"进行筹集,即区、乡财政"以奖代补"补一点,按照属地管理的原则村委会出一点,按民自治的原则村民筹一点(农户、商家必须缴纳清洁费用,具体标准由各村代表会议制定村规民约进行确定,对困难群体可适当减免)。3个村共用1台垃圾清运车,共同聘请1名垃圾清运员,工资为每月3000元。垃圾清运人员主要负责垃圾清运及焚烧工作,要求做到日产、日清、日运,垃圾不出村。清运员的管理按照"村聘、村用、村管、村考核"的机制运行,由村对聘用人员进行定期考核,考核结果与其工资直接挂钩。根据3个村的垃圾日产量,建设联村垃圾焚烧炉1个,设计日处理生活垃圾1t。焚烧炉由零陵区绿环环保设备开发中心设计,拥有两项专利技术,拥有二次污染少、运行成本低、焚烧效率高等特点,可焚烧处理除建筑垃圾、金属制品、玻璃制品、陶瓷品以外的所有垃圾。

（3）加强环卫基础设施建设

为切实解决农村垃圾露天堆放、随意堆放的问题,要求每户配备无害垃圾收集设施,村组建设有害垃圾收集设施,分 3 年完成。其中,2014 年完成 40%,2015 年完成 80%,2016 年全面完成。例如,永州市东安县在白牙市镇桐子山村进行垃圾无害化试点,建立了从收集、运输到集中焚烧的处置系统。整套系统投入运行后,形成了"户外有桶、路边有池、清运有车、焚烧有炉"的格局,达到了"每户分类、垃圾入池、整村清运、集中焚烧"的效果。

（4）建立清扫保洁机制

成立乡镇、村专职环卫队伍,按照不同村组规模,配备 1～3 名保洁员,结合各地实际,探索建立农村垃圾清扫保洁机制。例如,零陵区菱角塘镇梁木桥村采取了"户清扫、组保洁、村收集镇转运、区处理"的垃圾处理模式。自治理工作开展以来,该村召开了三次会议,完善了三个制度——《保洁员工作责任制》《环境污染治理村规民约》《村级物业管理制度》,与农户签订了"环境污染治理承诺书",并组建了保洁队伍;开展了"两项"评比,即组与组之间、户与户之间卫生评比,全村治理工作取得初步成效。全村共清除陈年垃圾 100 余 t,整治乱堆乱放 126 处,拆除"空心房"12 座,拆除乱搭乱建 13 处,改造旱厕 17 座,建垃圾收集小屋 13 座,配备分类垃圾桶 800 余个,清理污水沟 2.1km,清理臭水塘 3 口,整理坑洼路及积水路面 16处,"户清扫、组保洁村收集、镇清运、区处理"的垃圾收集处理体系日益完善,村容整洁、田园美、室内干净、庭院卫生、沟渠通畅的新农村风貌初显。整治办法要求到 2014 年底,全市农村垃圾集中收运率需达到 60% 以上,2015 年达到 80%,到 2016 年达到 100%,并建立起长效管理机制。

（5）构建全市农村可回收利用垃圾资源再生网络体系

整治办法要求:2014 年,各县区组建县级再生资源回收利用龙头企业,完成乡镇可利用垃圾回收站建设和县区农村可利用垃圾集散中心项目建设的选址及相关前期工作;2015年,各县区完成集散中心项目 50% 的工程进度;2016 年,各县区建成集散中心并交付使用。

2.永州市农村环境综合整治模式分析

（1）经验和成效

一是健全领导机制。成立了永州市农村环境污染治理工作领导小组,充分整合了农业、农办、环保、供销等相关部门的已有资源,明确了各自职责,将农村环境连片综合整治示范区建设和农村清洁工程两个主要项目有机结合起来,统筹到全市农村环境污染综合治理工作中来,形成了有效合力。

二是实行粗分减量。为实现垃圾分类减量,在农村清洁工程项目实施的过程中,将农村垃圾粗分为生活垃圾、可沤肥生产垃圾和生产投入品废弃物三大类,并配备生活垃圾桶、可沤肥垃圾发酵池、投入品废弃物收集池,初步实现了农村垃圾大分流。

三是治理面广、高效。该模式涵盖日常生活垃圾治理、污水治理、农业面源污染治理等七个方面,并提出了一系列有效的处理措施。自该项工作开展以来,已覆盖全市 13 个县区(管理区),4 个乡镇,18 个村。农村环境污染治理工作领导小组成立后,积极推进示范点扩面、增效,努力实现农村环境污染治理全市推进。

(2)问题和不足

一是体系未建立,垃圾分类还未达到要求。从严格意义上来讲,当前该市绝大部分村庄还未进行生活垃圾细分类,包括一些项目实施村。按照垃圾分类要求,每户需配备"两桶一袋",即不可回收垃圾桶、沤肥垃圾桶和可回收利用垃圾袋,各种垃圾分类投放。该市大多数村庄并未配备分类垃圾桶,加之长期生活习惯的影响,生活垃圾目前还处于直接投放后集中处理的初级状态,有近 50% 的可回收利用物和有机物混于其中,极大地增加了后期转运和处理的压力。垃圾后续处理体系不健全。当前该市农村垃圾分类处理体系主要集中在上游(分类投放、收集),中下游(转运、处理)建设还处于规划阶段。主要表现在以下几个方面:公共垃圾池长期无人处理,"废"满为患;系统地分类回收处理工作迟迟没有开展,可回收利用资源损失严重;垃圾处理方法单一、设备简陋、技术落后,粗放处理后易造成二次污染。

二是资金难筹措。项目建设资金难筹措。根据当前基本造价和项目实施经验(以农村清洁工程为例),每个项目实施村至少需投入 60 万元(不含转运和处理经费)才能保证基本达标,而省级项目扶持资金一般为 15 万~20 万元,剩余 40 万元没有固定的资金来源。运行维护资金难筹措。初步统计,为了保障系统正常运行,每年至少需支付设备更新维护费、管理人员工资等 2 万元,每户 2 元的清洁费可谓杯水车薪。有的项目实施村由于缺乏运行维护资金,甚至废弃了部分设施。

4.2.1.5 存在的主要问题

随着我国经济的发展,农村经济不再是纯粹的农业经济,许多农户成为非务农户。经济模式的转变,对农村生活垃圾产生了两方面的影响:①垃圾数量和成分的变化。随着农村经济的迅速发展,农民生活水平显著提高,消费产品数量逐年增加,消费结构发生了明显变化。城乡一体化在推动农村经济发展的同时,也将更多的城市垃圾带到农村。②原有的农业生态循环因农村居民生活方式的改变而日趋减弱。例如,利用厨余垃圾饲养家禽的途径在逐渐削弱,导致餐厨垃圾成为一个新的污染源;大部分农村居民居住较为分散,加之无专门的生活垃圾收运及处理系统,大量垃圾在田间和公路边随意倾倒,对土壤和水环境造成了污染。

目前,我国各省仅部分农村陆续开展了农村清洁工程试点工作及创建文明卫生村活动,通过政府的专项资金投入,建立了生活垃圾收集、清运和处置系统。而在大部分农村尤其是经济相对欠发达农村,还没有规范的垃圾收集装置,仍以废旧坑塘简易填埋为主,有些村庄垃圾甚至不做任何处理,直接随意丢弃;大部分农村没有能力提供公共垃圾处理服务,通常将垃圾收集后露天堆放于村前屋后、沟渠河塘、道路两旁。各地反映的问题和困难主要集中在以下几个方面。

1.多头监管

农村垃圾处理问题涉及环保、农业、农办、供销、财政等多个部门,项目资金分散在各部门中,部门之间沟通协作机制不畅,例如,农业、环保部门在部分乡镇对农村垃圾进行了整治处理试点工作,但后续分类回收机制迟迟没有跟进,所有垃圾一律集中填埋或焚烧,造成了大量资源浪费。多年来,垃圾管理工作一直是城乡分治,城市垃圾由城管局(环卫局)管理负责,农村则一直处于无人管的状态,城管局(环卫局)虽开展了一些环卫进农村活动,但由于方方面面的原因致使该项工作开展还很不到位。虽然各乡镇按要求挂牌了环保机构,但大多数尚未配备专职或兼职工作人员,环境监管无法覆盖广大农村地区,存在"污染问题无人管,环保咨询无处问"的现象。

2.缺乏标准

各地根据自身的实际,探索了一些可操作、较规范的农村垃圾处理方式,但由于各环节处理缺乏明确的标准,运作过程较为零乱。分类投放上,有按生产、生活分的,有按住户、集镇分的,有直接投放的;在收集过程中,哪些需要收集,由谁负责收集,收集容器标准都没有作出明确规定;转运时,设备有什么要求,以什么标准衡量是否需要转运;对垃圾处理,即哪些适合焚烧,哪些应当填埋,设备要求标准,怎样避免二次污染等,针对这一系列问题,必须提出整套操作标准规范,才能使模式更有可操作性、更规范,实现垃圾无害化、资源化、标准化处理,为模式推广打下基础。

3.投入保障机制不健全

做好农村垃圾治理工作,平均每村需要投入近60万元,用于设施设备添置、人员配置、机构设置等前期治理体系建设;需要近3万元保证村内体系持续运转,另外,各乡镇还要配套垃圾中转、转运经费约180万元;县区还需配套巨额的垃圾处理经费。各种分散的项目经费可谓捉襟见肘,剩余部分如何保障,经济发达地区可以由财政全部埋单,然而在经济欠发达地区,财政紧张,乡镇生活污水和垃圾处理设施建设欠账较多,严重打击了基层垃圾治理的积极性。

4.宣传发动不到位

农民整体受教育程度不高,长期不注意环境卫生和生态保护,是造成农村垃圾问题的主要原因。很多地区在治理农村垃圾的过程中,侧重于设施设备配套、考核奖惩制度建立等硬性指标,对"农村垃圾治理的目的和意义、各项工作开展进度、具体操作措施"宣传发动不到位,农村居民对工作不了解,参与度不高,未变"要我做"为"我要做"。

5.没有形成有效的回收利用体系

当前大多数废品回收市场主要依靠个体户回收,简单分拣打包发往集中处理中心。乡镇、村的回收网点建设严重滞后,分类不系统,没有中转站,可回收垃圾资源化利用出现断层,造成可回收垃圾均价低,转运成本高,无法实现垃圾应有的价值和效益。

4.2.2 农村生活垃圾分类收集模式

在整个垃圾处理的过程中,垃圾收集是整个过程的基础,是制约着整个垃圾处理过程的关键因素,对垃圾选择合适的方式进行收集,可以达到垃圾的减量化和资源化利用。当前主要的生活垃圾收集方式包括源头细分类、源头粗分类和源头不分类三种,分类收集为后续的处理与处置奠定了良好的基础,而混合收集则为后续的处理增加了难度,因此应该选择有效的垃圾分类收集方式。

4.2.2.1 源头细分类

源头细分类方式,是指由垃圾产生者(居民、单位)或收集者(物业公司的保洁人员)将垃圾中的可回收组分分类后,送至垃圾房堆存,待积存到一定量后,由废品公司或废物资源化的工厂定时收集或收购,如图4-3所示。

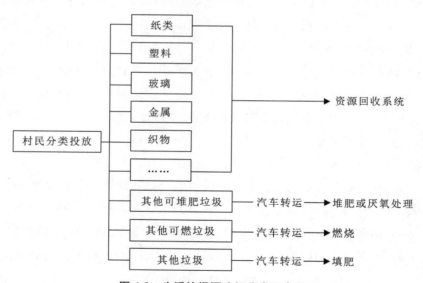

图4-3 生活垃圾源头细分类示意图

4.2.2.2 源头粗分类

垃圾收集与处理的另一种方法是实行源头粗分类,就是在垃圾产生源进行粗分类收集,之后将分类好的垃圾送至处理厂进行统一处理。根据《CJJ/T 102—2004 生活垃圾分类及其评价标准》,生活垃圾可以粗分为可回收垃圾、大件垃圾、可堆肥垃圾、可燃垃圾、有害垃圾及其他垃圾六种。源头粗分类主要流程如图4-4所示。与源头细分类相比,源头粗分类设置了一个中间环节,建立了分拣中心,主要是对垃圾进行分拣,回收可资源化利用的垃圾。

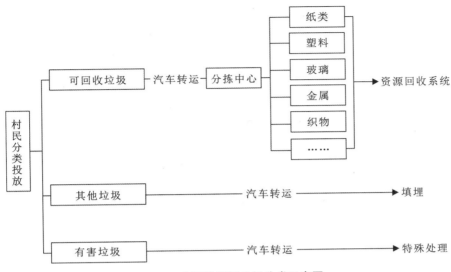

图 4-4　生活垃圾源头粗分类示意图

4.2.2.3　源头不分类

源头不分类指的是混合收集,集中分拣,然后转运至集中分拣中心,用自动分拣设备将可回收的组分回收,剩余适宜堆肥的有机垃圾和可直接填埋的其他垃圾,主要流程如图 4-5 所示。我国大部分农村地区垃圾收集采用的多为混合收集的方式,这种收集方式为后续的垃圾处理带来了很大困难,不仅在技术的选择上,同时也无法使垃圾达到有效的资源化利用,而且需要投入大量的资金。

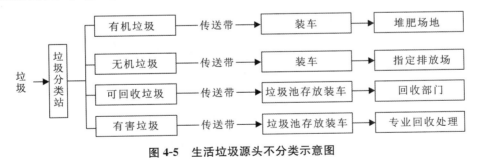

图 4-5　生活垃圾源头不分类示意图

农村垃圾分类收集必须建立在一套从垃圾源头分类的完善系统和程序的基础上,即从农户开始进行,按照有机垃圾(菜叶、瓜皮等)、有毒有害垃圾(如电池、电子元器件等)、可回收垃圾(玻璃、塑料等)及不可回收垃圾(煤灰等)分别放置,分类收集。而某个地区是否实施垃圾分类收集,应遵循以下原则:第一,农民产生的生活垃圾中,可回收垃圾所占的比例不能太低,应该有一个界限,当生活垃圾中可回收物所占比例低于这个界限时,进行垃圾分类收集的意义就不大；当可回收物所占比例高于这个界限时，才值得进行分类收集。第二，目前是否有对可回收垃圾进行加工处理再利用的技术，如果没有，那么分类收集将变得无意义；如果有这种技术，还需要考虑运用这种技术在经济上是否有效益。第三，对农村可回收垃圾进行再加工处理后形成的资源，是否有销售市场，如果销售不出去，那么最终还是要当垃圾处理。第四，在农村实行分类收集还必须得到农民的支持，通过宣传教育后农民是否支持是能否实现生活垃圾分类收集的关键所在。

4.2.3　农村生活垃圾收集案例

4.2.3.1　兴仁镇基本情况

兴仁镇的地域面积为 45.7km²，现辖行政村 16 个，社区 3 个，共 2.6 万户，总人口为 7.7 万，耕地面积 5.1 万亩。兴仁镇位于南通市通州区西部，距城区 20km。包括酒店居、韩家坝村、温桥村、阚家庵村、阚庵东村、戚家桥村、徐家桥村、长林桥村、横港居、太阳殿村、徐庄村、孙家桥村、三庙村、葛长路村、丁涧店、芦花港村、兴仁居、兴仁村、李家楼村。镇域内有金通公路、洋兴公路、宁启铁路过境，宁通、盐通、通启高速公路互通立交桥坐落镇区。古人誉之为新兴福祥之地，故在清中后期称为"新地"。

随着经济的发展，城乡差距不断缩小，兴仁镇农村生活垃圾也呈现上升的趋势。2006 年，兴仁镇部分村庄就出现了"垃圾围村""河塘沟渠水体污染""道路脏乱""畜禽粪便难掩""旱厕破旧、异味严重""零散粪堆随处可见"等环境问题。因此，兴仁镇于 2006 年 10 月在南通市通州区全区率先启动农村环境卫生整治工作。2006—2010 年，对农村房前屋后、田间坝埂、沟塘水面、道路林园进行了全方面、立体式、无残留的集中整治，但农村垃圾产量一直得不到有效的控制，对生活垃圾的处理还存在很多缺陷。据统计，2011 年兴仁镇的农村生活垃圾产生量就达 123.68t/d，并且还存在不断增长的趋势。2012 年兴仁镇调整了农村环境治理的重点，并取得了"天蓝、地绿、水清、路畅"的有效成果。截至 2015 年，该镇在农村环境整治中累计投入 7000 多万元，发动党员干部 15600 余人次，新建农路近 400km，清洁道路 792 条、662km，清洁家园超过 1.5 万户；清洁田园 2.2 万亩，出动垃圾装运车 44000 余车次，清除垃圾 30 多万 t，建成封闭式垃圾房 34 座；疏浚整治大小河道（塘）183 条（个）、146.3km，绿化覆盖率超过 85%，农村环境卫生工作始终保持在通州区前茅。

2015 年 6 月，兴仁镇将农村生活垃圾收集转运承包给南通大恒环境工程有限公司，并取得了一定的成效。这种"政府＋公司＋农户"的运行机制不仅实现了企业的价值，同时缓解了政府的压力，进而为农民提供了更好的服务。

4.2.3.2　兴仁镇农村垃圾治理历程

1.调查摸底阶段

为全面开展村庄环境整治工作，兴仁镇政府领导班子召开会议，商定全镇村庄整治工作

"三步走"方案：一深入调查，二制定方案，三着手落实。工作第一步就是在全镇各村辖区范围内对农户房前屋后的整洁度、家禽养殖污染排放物、河道垃圾、农户厕所的卫生等情况做调查摸底，针对各村的情况有针对性地列出治理方案。所有对公路、河塘、生活垃圾及污水的整治方案都要遵守各村居村民的意愿，做到最大限度地满足居民的需求。

2.综合整治阶段

对各村居农户的生活垃圾进行集中收集转运，并建立生活垃圾日常管理制度。采用"组保洁，村收集，镇转运，区处置"的模式，实行垃圾集中、分类堆放，实行全天候保洁，做到在各村辖区范围内无暴露垃圾，垃圾日产日清；整治村居内的河道沟塘，形成一套河道管护制度。积极开展沟河疏浚工作，对各村范围内河道进行疏浚，每村落实 2 名专职河道保洁员，集中清理河道水面的水花生等水生植物或漂浮物，保证不在河道坡岸堆放垃圾或杂物，保持水面清洁无异味。整治生活污水，配置完善污水处理设施，构建起村庄污水排水体系，进行雨污分流，充分利用可用淡水。同时，进行农户露天粪池到卫生厕所的改造；整治农业废弃物，采用高效、节能、无污染的方式综合利用废弃秸秆，提高农业废弃物循环利用水平，实现无害化处理；整治工业污染源，提高并不断稳固排放标准。对污染源企业实行源头管理，强化监管。突击整治村庄家前屋后的草堆、灰堆、杂物等，拆除严重影响村容村貌的违章建筑，对旧宅及闲置房进行墙体出新，统一粉刷，同时对道路两侧、河道周围、家前屋后实行绿化美化。

3.巩固提升阶段

以"四位一体"的农村环境综合整治工作为标准，推进农村环境综合治理工作，打造星级标准的"康居乡村"。这一阶段的工作主要是不断跟进群众需求，以保护群众利益、持续改善民生、维护社会稳定为出发点，高度重视环境保护工作，具体做到"有人抓"，建立健全环保工作网络，充分发挥镇城管队和村民组长等队伍的作用，确保组织到位，人力充足；"重整治"，深入排查辖区内污染源，理清工作对象、思路、方式和步骤，逐步逐户推进整治工作；"堵源头"，大力宣传，切实强化群众的环保意识，广泛调动社会力量参与环境保护工作，加大社会监督力度，严密监控，坚决杜绝产生新的污染源，一旦有污染环境的事件发生，将对相关责任人作出严肃处理。

2016 年兴仁镇农村环境办公室的主要成果为：一是创新了检查评分模式；二是创新考核奖励机制；三是优化考评评分细则；四是绿化公路两侧及村居公园；五是对村庄环境治理工作的人员、职责、管辖区域进行细分；六是创办宣传专栏，保证各级对村整工作有全方位的了解等。

4.专业化服务阶段

经过近十年的环境整治工作，兴仁镇的环境水平已有很大的提高并继续维持现状，进一步提升了农村居民的生活质量。兴仁镇的卫生管理由"四位一体"过渡到"五位一体"的长效管理工作的运行模式，具体的管理模式为：第一步进行环卫人员的清理，形成一个完整专业的队伍；第二步规定保洁人员的责任，重点抓管理，做到定岗、定责、定时，保证其工作的成效；对垃圾运输车辆、保洁工具进行分时、分点使用，集中存放管理，形成严谨的管理工作模式,逐步推进"五位一体"工作的进展;第三步是制定村规民约,促进长效管理;第四步则要狠抓落实工作任务,严格遵守规章制度,注重奖惩,定期考核。

为有效探索农村环境"五位一体"长效管理,真正实现长效、常态化管理,兴仁镇对部分村庄的农村环境及整治工作进行了调研和效益性评估。结合各村的实际状况,在三庙村、徐庄村和兴仁社区三个村(居)先试行了村(居)环境保洁外包服务,通过一段时间的试行,发现各方面效果明显,达到了预期目标。目前,兴仁镇兴仁村、横港社区、阚庵东村等村(居)已进入招投标程序,下一步全镇农村环境整治工作将力争在两年内全面实现社会化、专业化的服务管理。

4.2.3.3 兴仁镇农村垃圾处理现状

1.农村垃圾处理的公共服务供给

(1)人员队伍

作为全市农村环境卫生整治工作起步较早、措施较完善的乡镇,兴仁镇在注重集中整治"脏乱差"环境的同时,更加注重整治后续工作,通过组建培养以下三支队伍,促使全镇农村环境实现长治久洁。

一是包片干部队伍。镇蹲点干部及全体村干部实现划条包块、分段包干。镇干部按照蹲点分工包干到村,村(居)干部分工包干到组。村主要负责人为本村环境卫生整治及长效管理的第一责任人,包片的镇村干部负责相应区域内的整治及管理工作。具体包干地块都作了明确标注,并在板报及宣传栏上公示,接受村民群众的监督。在突击整治和长效管护过程中,包片干部既分工负责,做到"人人有担子,个个有责任",同时又集中推进,强化了整体合力。

二是保洁员队伍。该镇各村按照每1000人安排1名保洁员的要求,建立了专门保洁管护队伍。全镇选配的48名保洁人员,全部与所在村签订了合同、责任状,明确管护范围和要求,做到了管理有班子、保洁有队伍、工作有器具、报酬有保障。保洁员实行全天候保洁,保证村庄各巷道的生活垃圾做到日产日清。注重长效管理,保洁人员实行一年一聘制,通过民意测评和季度考核来决定续聘或解聘,增强保洁人员的责任感。

三是检查考核队伍。兴仁镇成立了由镇分管领导负责、镇纪委牵头,机关骨干力量、市镇人大代表和政协委员参与的环境整治考核小组。考核组坚持每季大考核、每月小抽查,并对一些卫生死角进行录像曝光。对检查后三位或曝光三次以上的缓发以奖代补费用,并要求限期整改。以奖代补制度的实施效果良好。

(2)收容设施

2013—2015年兴仁镇各村庄农村生活垃圾收运设施的情况:2013年,兴仁镇16个行政村共有18个垃圾收集点,122台生活垃圾清扫车,3台转运车,2个垃圾中转站。2014年增加了12个村庄保洁员所用的电动三轮清运车,2辆垃圾转运车,并建成了1个卫生填埋场。

2015 年,随着垃圾产量的增加,兴仁镇在全镇增加了 2 个压缩中转站,维修替换新型垃圾清扫车 14 辆,并增添了 1 个焚烧发电厂。

(3)资金投入

2011 年至 2015 年末,全镇 16 个行政村共计投入资金 800 多万元,其中有 400 万元用于村庄道路硬化、街道绿化、修建垃圾中转站、修垃圾收集点、购置垃圾清运车、购置压缩机、完善及维护公用设施、铺设排水管道等。农村垃圾集中收集处理费用及农户旱厕改造费用投入 352.5 万元,主要用途为:雇用挖掘机清理沟塘花费 103 万元,用于旱厕、废旧猪舍的拆除补贴计 80 万元,主要街道及村庄道路树木涂白的涂料花费 27.2 万元,写宣传标语所用的黑板、笔、宣传海报、灯箱等费用为 19.9 万元,购置垃圾桶、三轮车、扫把、垃圾袋等保洁器材花费资金 37.9 万元,支付县里的垃圾清理车的运输及清理费用 37.9 万元,此外,界集镇各村按照村庄居住人数每 200 人配备 1 名管护人员的标准,全镇共配备管护人员 180 名,并与其签订了卫生管护合同,5 年内用于支付保洁人员的工资达 39 万元。其他费用共计 15.6 万元。具体使用情况如表 4-2 所示。

表 4-2　　　　　**2011—2015 年兴仁镇环境整治资金使用情况表**

时间 类别	各年资金使用数量(万元)				
	2011	2012	2013	2014	2015
清理沟槽	23	28	29	27	33
旱厕、废旧猪舍拆除补贴	18	19	19	18	21
涂料	5	4	4	6	4.2
写宣传标语	3.5	3.3	3.2	2.8	3.1
保洁器材	10.6	10.5	10.5	10.5	10.8
清理车工资	8.5	8.6	8.4	8.8	8.6
其他	5	5	5	5.4	5.2
合计	83.3	86.2	76.55	87.45	94

资料来源:兴仁镇环境卫生整治材料汇编。

4.2.3.4　农村垃圾处理方式

对农村生活垃圾的处理方式,由于农户是生活垃圾的源头,因此首先从农户层面分析。根据对农户的问卷调查,笔者发现,兴仁镇农村居民对生活垃圾的处理方式主要有:装袋后放于家门口等保洁人员上门收,装袋后放于附近的垃圾桶或垃圾池,散倒于家附近的垃圾桶或垃圾池,散倒于房前屋后或路边,堆积焚烧,简易填埋,堆肥。而投放前是否进行分类的情况:所有垃圾一起堆放,只把有害垃圾分出来,按是否可以回收或再利用进行分类。具体的调查结果如下。

1.农户日常处理行为

从问卷调查的情况来看,如表 4-3 所示,被调查的 90 户居民中对农村生活垃圾的处理方式多为环保行为,具体为:58 人表示将自家的生活垃圾装袋后放在自家门口或附近的垃圾桶/池,等待保洁员集中收集,这部分样本占比65.9%。22个农民将自家产生的餐厨垃圾及畜禽粪便用于堆肥再利用,占比25%。样本中10.2%的农户对垃圾处理的方式不环保,他们选择将生活垃圾散倒于房前屋后、路边。而在常见的处理方式中最可能造成环境污染的焚烧垃圾及简易填埋方式很少被采用。不难看出,兴仁镇农民对生活垃圾的处置方式较为环保,说明兴仁镇在农村垃圾环保处置的宣传教育工作做得很到位,政府、企业以及农民三方主体配合的效果也很好。

表4-3　　　　　　　　　　　兴仁镇农村居民处理生活垃圾的方式

收集方式	袋装集中堆放	散倒	堆积焚烧	简易填埋	堆肥
样本数	58	9	2	7	22
所占比例(%)	65.9	10.2	2.3	8	25

资料来源:根据农户调查问卷整理。

　　问卷中涉及农户在进行生活垃圾处理时是否进行分类,如表4-4所示,参与调查的88个农户中有58人选择将所有垃圾一起堆放,这部分样本占比65.9%。22人表示在将垃圾投放出去前会将有害垃圾,如杀虫剂、电池、农药瓶、油漆等挑拣出来,但这部分垃圾由于没有专人进行收集处理,没有专用的投放设施,农户自身也不懂得如何去降低危害,最终还会与无害的垃圾一起堆放。样本中可以观察到很少有农户愿意按照可回收、不可回收及可堆肥、不可堆肥等标准的方式进行分类,近90%的做不到按标准分类,是因为农户缺乏分类的相关知识,绿色、环保、无害、节能的意识没有形成,没有相关的分类设施等。

表4-4　　　　　　　　　　　兴仁镇农村居民生活垃圾的分类情况

是否分类	所有垃圾一起堆放	只挑有害垃圾	按是否可回收、可利用分
所占比例(%)	65.9	25	9.1

资料来源:根据农户调查问卷整理。

　　在调查农村居民对自家生活垃圾的处理频率时,兴仁镇的样本数据表现良好。如表4-5所示,样本中47.7%的农户平均每天清理一次日常生活垃圾,31.8%的农户平均2~3天清理一次。而清理频率在4天以上的农户占到样本数量的22.4%。虽然农户对生活垃圾的清理频率会受家庭人口数、垃圾产生量及集中堆放点的距离等因素的影响,但也不难看出,农户对于日常垃圾的清理表现较为积极。

表4-5　　　　　　　　　　　兴仁镇农村居民处理生活垃圾的频率

处理频率	1天1次	2~3天1次	4~5天1次	1周1次	1周以上1次
样本数	42	28	12	4	2
所占比例(%)	47.7	31.8	13.6	4.5	2.3

资料来源:根据农户调查问卷整理。

2.企业及政府收集处理行为

第一,企业处理方式。农户在源头将垃圾投放后,企业需要对其统一收集后做相关处理,企业的处理方式主要有:分类处理、统一焚烧、简易填埋、卫生填埋、焚烧发电以及高温堆肥(表 4-6)。被调查的 88 个农户中,表示企业对垃圾进行卫生填埋的有 34 人,占样本总数的 38.6%;表示进行焚烧发电的样本占比 21.6%。因此得出,兴仁镇环保企业在进行农户生活垃圾处理时主要采用卫生填埋及焚烧发电。由于当前分类设施配备不足、无害化处理技术有限,因此很难对垃圾进行分类后再做处理。

表 4-6　　　　　　　　　　　兴仁镇企业对农村垃圾的处理方式

处理方式	样本数	所占比例(%)
分类处理	2	2.3
不分类,统一焚烧	11	12.5
不分类,简易填埋	15	17
不分类,卫生填埋	34	38.6
简单分拣,焚烧发电	19	21.6
分类,高温堆肥	7	8

资料来源:根据农户调查问卷整理。

第二,政府处理方式。表 4-7 列出了兴仁镇农村垃圾清理的主体以及处置的方式。可以看出,兴仁镇的生活垃圾大多是由村庄的保洁人员进行清理的,但兴仁镇的村领导及党员也在积极参与垃圾收集,领导作用较明显。样本中 43.18% 的人表示县、乡镇对生活垃圾的处理方式是集中收集但不分类,32.95% 的居民表示村内垃圾会转至镇中转站,说明该镇的生活垃圾已基本达到无害化的处理标准,但实施分类尚不成熟。

表 4-7　　　　　　　　　　　兴仁镇政府对农村垃圾的处理方式

变量	变量分类	频数	频率	变量	变量分类	频数	频率
清理主体	环保公司	11	12.50%	县、乡镇如何清理农户垃圾	集中但不分类	38	43.18%
	乡镇环卫人员	15	17.05%		分类后处理	16	18.18%
	村庄保洁员	54	61.36%		统一焚烧	5	5.68%
	村民	1	1.14%		不处理,自然降解	0	0.00%
	村领导及党员	6	6.82%		转至中转站	29	32.95%

资料来源:根据农户调查问卷整理。

4.2.3.5　农村垃圾管理模式

兴仁镇农村生活垃圾参与主体分为两个阶段:第一阶段由政府主导,村民参与;第二阶段指 2015 年 6 月兴仁镇将农村生活垃圾收运处理委托给第三方企业——南通大恒环境工程有限公司,此阶段的利益相关者包括政府、企业及农户三方。两个阶段农村垃圾的管理模式类似,"政府＋公司＋村民"模式是"政府＋村民"模式的延伸,但流程都为"组保洁—村收集—镇转运—县处理",两个模式最大的区别在于利益相关者之间的关系不同,具体形式如下。

1."政府＋村民"模式

第一,组保洁。组保洁是指以自然村庄为基本单位,按规定各小组常住人口总数的1‰~3‰配备长效保洁人员。江苏省住房和城乡建设厅规定每个自然村至少配备 1 名保洁人员,负责清理收集各村公共区域内产生的垃圾,维持各组内的环境卫生。即农户自行收集生活垃圾,然后放置至指定位置的垃圾桶或垃圾池,最终由村委会组织的保洁人员清理转运至村内集中收集房(点)。在组保洁的过程中,最初是由农户产生并自行处置生活垃圾的,农户参与不仅能提高垃圾的资源化率和减量化率,也可节省垃圾处理设施建设及运营费用,同时部分可回收类垃圾还可直接为农户产生经济效益,增加村民收入,有效提高村民的垃圾处理意愿。

第二,村收集。村收集是指以行政村为单位,农户产生生活垃圾后,各村由保洁员及村民负责组织收集各自辖区范围内的日常生活垃圾,并有专门的保洁人员将其收集并用转运车运到乡镇中转站或集中到规定的集放点,交由村组统一集中处理。考虑到垃圾处理过程的复杂性,兴仁镇在村庄设立了环保小分队,队长由村民推选且不超过 3 人,每组保洁员为队员,负责村级垃圾的收集、转运和集中处理。同时成立环境卫生督查组,加强对农户卫生和保洁员职责的监督。

第三,村考核。兴仁镇环境卫生长效管理工作取得明显成效,还归功于该镇的三种考核办法。一是季度考核法。镇组建了由党政领导、部分镇村干部、区镇人大代表、政协委员等组成的考核人员库,每季度从库中抽 10~15 名同志组成摩托车检查方队,所到之处进行录像记录并现场打分,对后三位或曝光三次以上的村(居)缓发环境整治以奖代补费用;连续两次居后三位的,取消以奖代补资金,同时对村(居)负责人进行谈话。二是每月暗访法。暗访结果以《交办单》或《通报》的形式发到各村(居),要求在三天内整改到位。连续两次暗查发现同一垃圾堆的,取消包干区保洁员的季度考核奖,分片村(居)干部该季度考核一票否决,直接定为末等。三是村巡查法。各村(居)保洁人员基本工资实行固定加浮动,70%作为固定工资,30%用作考核浮动。村干部每 10 天组织一次检查,月终考核合格的领取固定工资,90 分以上的上浮 20%,95 分以上的上浮 30%。通过定期检查辅以暗访的方式,兴仁镇环境卫生长效管理得到了有效加强。

第四,镇转运。镇转运是指各乡镇负责将其管辖区域内的各村送至垃圾压缩处理站的垃圾进行简易分拣后进行压缩,再将压缩处理后的垃圾转运到县(市)级处置或焚烧发电中心,交由县级垃圾处理设施进行统一处理。

第五,县处理。县处理是指各县有关单位根据其自然条件及生产状况选择适合本地区的卫生填埋、焚烧发电以及其他生物处理技术等处理方式,即农村生活垃圾经农户固定投放后,经村收集、镇简易分拣并转运后,由专用车送到县级处理中心进行安全处置。

2."政府＋公司＋村民"模式

农村生活垃圾收集转运服务外包是环卫管理市场化改革的重要一步,是能有效整合政府、社会和村民的力量并使之共同参与环卫整治的新型模式。该模式的推广逐步使农村环卫整治工作走向常规化、制度化、市场化、专业化。

第一,公司加入。2015 年 6 月,兴仁镇通过招标形式将该镇酒店居、兴仁居、横港居、丁涧村、阚庵东村的村庄生活垃圾收运服务外包给南通大恒环境工程有限公司。南通大恒环境工程有限公司是一家集环保项目投资、建设及配套环保设备研发、制造、销售于一体的专业性企业,公司立足长三角,面向全国,项目涉及市政污水、城镇污水、农村环境连片整治、生态修复、畜禽养殖废水处理,以及印染、化工、医疗、制药、电子、电镀、食品、煤矿等众多行业的污水处理,在废水、废气、噪声治理、环境治理咨询服务等领域积累了丰富的实践经验和成熟的治理技术。公司持有环境工程设计资质、环境工程施工资质、环境污染治理设施运营资质,并且通过了 ISO9001 质量管理体系论证、ISO14001 环境管理体系论证、OHSAS18001安全体系论证。依托环卫专业设备制造优势,南通大恒环境工程有限公司将服务延伸至市政环卫投资和运营领域,在道路清扫、垃圾清运、公厕美化、水域保洁、园林绿化、垃圾分类处置等领域为客户提供咨询、设计、投资建设、运营和设备集成等“一站式”服务。

政府在垃圾收集转运服务外包项目上,力图打造乡镇、街道、社区三个层次的收运服务外包体系,以便为垃圾收运服务外包项目的高效运作提供全方位的政策支持及组织保障。具体分为三个方面:一是服务项目。政府通过招标的方式,在各项考核指标排名前列的几家竞标公司中选取南通大恒环境工程有限公司为承包方,与承包方签订合同,明确责任。其服务的主要内容主要有:提供各村详细的居民信息、建筑信息、地理信息、生产信息、垃圾收容设施信息、人员及工具配备信息等。二是资金来源。兴仁镇农村生活垃圾收运服务运营由政府提供的资金主要有:村庄垃圾收运所需的设备,如收集车、压缩机、转运车、清扫工具等,以及运输及处理费用县镇财政补贴少部分。垃圾收集转运的宣传及有关活动费用主要来源于政府,如果是公司主办的活动,政府会根据其活动效果的调查报告给予一定的资金支持。培养居民环境意识方面的资金需政府财政补助。三是服务考核。政府对承包方对各村庄环境维持的效果及生活垃圾处理的水平作出评估,按其效果决定是否对其进行奖惩及奖惩的力度,是否与其签订下一期合同,并将整改意见反馈至企业。

南通大恒环境工程有限公司的加入打破了政府原有的全能型治理模式,形成了政府与企业合作治理处理模式。合作治理模式依托企业管理村庄内生活垃圾的各项事务,充分实现了企业作为盈利者的价值,减轻了政府的工作任务、财政压力,有效发挥了政府的监督职能,弥补了政府在垃圾处理技术方面的欠缺;企业牵头也使垃圾处理的专业化程度得以提高。

第二,政府与公司协同治理。在“组保洁、村收集、镇转运、县处理”模式的指导下,政府要推动自身管理模式的变型,并从政策制度供给和财政方面等对垃圾收运处理的承包方进行引导和支持,但企业对村内民主机制建设和自身能力建设不可偏废。因为在国家公共事务的治理格局中,组织或个人参与公共事务治理的实力和能力决定了他们自身参与的地位及充当的角色,而他们所拥有的资源禀赋、自我意识则决定了自身参与实力的强弱和能力的大小,因而对参与村生活垃圾相关事务的管理企业必须做到以下几点:一是组织及动员社会力量来增强自身的资源要素,如鼓励和吸纳村干及党员参与村庄公共事务管理、发展村集体经济、组织村庄环卫队伍、健全村庄保洁员制度等。二是投入垃圾收运服务其他方面所需的资金,即垃圾分类管理费用主要来源于南通大恒环境工程有限公司内部盈利的资金,村庄垃圾收运所需的设备,如收集车、压缩机、转运车、清扫工具等,以及运输及处理费用主要由承包公司支付,而资金主要来源于财政补贴、基金会、村同乡会、企业家及机关事业团体等资助。三是完成拓展服务项目,具体包括收集规定区域内的生活垃圾,做到日产日清;压缩中转生活垃圾;定期清理各村河道沟塘;定期检查并维修垃圾收运设备;聘用分配环卫人员;发放环卫人员工资;选取科学的方式处理农村生活垃圾等。四是服务考核。兴仁镇的垃圾收集转运管理效果的评估考核体系主要由外包公司构建,主要指标有:不同时间段的垃圾产生量、居民意识水平、居民习惯的变化、对垃圾的分类、配合程度等。五是激励引导。通过创建"双评双比"村组户以激励农户共同参与村庄卫生管理,并建立了"户集、村收、村运"的生活垃圾管理机制,有效地解决了村庄终端处理垃圾难的问题。

乡镇和企业引导广大农民群体共同参与农村生活垃圾治理的过程中,政府与企业的关系是支持与合作的关系,村委会则成为有效连接政府与村民之间利益表达和信息沟通的中间渠道,由此形成良好的合作互动网络。农民则通过自身的实际行为参与治理网络中。政府与企业、农民通过责任分摊、资金投入、公共产品供给等五个方面进行互动合作,使得政府与农村社会内部在合理分工的基础上明确各自的合作治理边界,促使三方合作朝着良性互动的方向发展;同时依靠植入公共精神和责任理念,使各治理主体围绕治理的事项充分发挥各自的功能和作用,致力于完善和优化整个治理系统的良性互动与合作机制。互动与合作机制如图 4-6 所示。

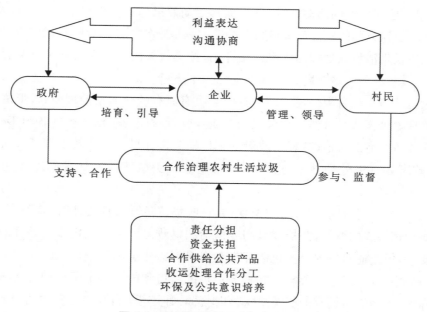

图 4-6　利益相关者互动与合作机制

在责任分摊上:政府主要提供监管、技术指导等服务,村组织则负责村内垃圾收集的管理和实施,并健全农村社会内部管理机制如制定保洁员制度等,确保村内管理规范化、制度化,村民则负有配合村级妥善处理家庭生活垃圾的义务。在资金共担方面:构建政府、企业及村民合作共担机制,除财政专项划拨外,企业会分担一部分管理及处理技术费用,村民则按规定缴纳相应的垃圾处理服务费。在公共产品供给方面:政府负责惠及村镇周边地区的公共设施建设如垃圾中转站、公路沿线基础设施,并主持村庄内大型基础设施建设,村内基础设施则按"村庄投入为主,政府补贴为辅"的原则由村组织负责,企业在承包服务项目以后按村庄情况增减服务设施供给并定期维修更换设施,而村民则负责解决自家垃圾收集设施。在垃圾收运处理方面:乡镇主要对已纳入城乡一体化收运系统中的村庄提供完善的垃圾清运服务,村组织及乡镇负责监督企业,企业负责村内垃圾的收集、清运和处理,村民则有分类投放到固定点的责任和义务。在环保及公共意识教育方面:企业通过媒体、报纸等媒介开展环保知识和公共责任意识宣传,政府只负责指导和监督,农民通过多形式意识形态的洗礼,逐渐转变观念和改变生活习惯并自觉参与其中。

4.2.3.6　兴仁镇农村垃圾治理成效

经过四个阶段的整治,兴仁镇形成了适应本地区发展的农村生活垃圾模式,即以"组保洁、村收集、镇转运、县处理"为主线的"政府＋公司＋村民"治理模式。据统计,截至 2015 年末,该镇在农村环境整治中累计投入 7000 多万元,发动党员干部 15600 余人次,新建农路近 400km,清洁道路 792 条、662km,清洁家园超过 1.5 万户,清洁田园 2.2 万亩,出动垃圾装运车 44000 余车次,清理垃圾 30 多万 t,建成封闭式垃圾房 34 座,疏浚整治大小河道(塘)183条(个)、146.3km,绿化覆盖率超过 85％,农村环境卫生工作始终保持通州区前茅。

4.3　农村垃圾处理模式

4.3.1　农村垃圾处理原则

4.3.1.1　"3R"原则

3R 原则(3R rules)即减量化 Reduce、再利用 Reuse、再循环 Recycle 三者的简称。其中减量化是指从源头上通过适当的方法和手段尽可能减少后续环节废弃物的产生和最终污染物排放的过程,它是防止和减少污染最重要的途径;再利用是指为防止物品过早地失去效能成为垃圾而通过发现新功能或新用途,以达到尽可能多次以及尽可能多种方式地使用;再循环是把废弃物品中有用的成分分解返回生产工序,作为新的原材料融入新产品生产之中。

1.减量化原则

减量化是农村生活垃圾治理的首要原则,从源头上抓起,变末端处理为前端处理,远离之前的"先污染后治理、先混合再分拣、甚至不分拣一锅烩"的老路。减量化应从质和量两个方面提出,如净菜入户,将来自田间地头的蔬菜尽可能地去除菜帮烂叶,直接就地堆肥还田,可以减少大量的餐厨垃圾;减少一次性物品的使用,如塑料袋、一次性筷子、方便餐盒等,取而代之的是使用一些能够多次重复利用的物品,将会极大地减少生活垃圾的产生。

2.再使用原则

再使用原则主要是针对当今消费的快捷便利要求而带来的一次性消费产生的。在农村生活垃圾治理的应用中主要以"复用"为主,因为现行的一次性物品绝大部分是"舶来品",是同传统的农村居民生活要求相背离的。在产品的使用周期上下功夫,延长使用寿命,在某一合适的阶段内不以更新换代为目的。

3.再循环原则

再循环有两种情况:一种是原级再循环,即废品被循环用来生产同种类型的新产品,例如报纸再生报纸、易拉罐再生易拉罐等,这一方面城市里生活垃圾回收产业发展得比较好,在某些地方也成为朝阳产业,因为城市生活垃圾中有回收价值的东西含量多,经济效益高,而农村生活垃圾相对来说此方面经济效益不高;另一种是次级再循环,即将废物资源转化成其他产品的原料,如堆肥、发电等都是此类,需要在农村进一步的引导和推广。原级再循环在减少原材料消耗上面达到的效率要比次级再循环高得多,是循环经济追求的理想境界。

4.3.1.2 从"3R"到"4R"的发展

随着垃圾能源回收以及焚烧污染控制技术的逐步成熟,对垃圾中能源的回收也逐步成了现实,如堆肥发酵回收沼气、垃圾焚烧发电等。3R进一步的演变为4R,即减量(reduce)、复用(reuse)、再生(recycle)、能源回收(recovery)。第4个R重点在于能源回收,就是指通过垃圾焚烧或堆肥发酵等物理化学或生化方式对前3个R无法进一步回收利用的能源进行回收利用的过程。国外目前的垃圾管理政策也是按照先减量,再重复利用,然后分类再生循环利用后进行能源回收利用,最终实现卫生填埋的顺序进行,并要求做到有机质的零填埋,对垃圾从产生到消亡的全工程均进行绿色环保处理,真正实现了4R。

4.3.2 农村垃圾处理模式选择方案

农村生活废弃物现有的处理方法如下。

4.3.2.1 自然消失

对生活垃圾采取放任自流的态度,如各种废弃纸制品、果皮纸屑随地丢弃。农村废弃物管理属于公共服务性质,村民无需付费即可享受环境资源,甚至破坏环境也无需承担后果,这种搭便车的现象导致了人们过度地使用公共资源和随意丢弃垃圾污染环境,造成了垃圾无人管、环境治理难的局面。

4.3.2.2 焚烧

农村生活垃圾在组分和性质上与城市生活垃圾相似,只是在组成的比例上有一定的区别。农村生活垃圾有机物含量多,水分大,同时掺杂化肥、农药等与农业生产有关的废弃物。但随着农民生活水平的提高,农村生活垃圾的组成正趋近于城市生活垃圾。农村生活垃圾中,废塑料等可燃成分较多,具有很高的热值,采用科学合理的焚烧方法是完全可行的。

焚烧处理是一种深度氧化的化学过程,在高温火焰的作用下,生活垃圾经过烘干、引燃、焚烧被转化为残渣和二氧化碳、二氧化硫等气体,可以经济有效地实现垃圾减量化和无害化。焚烧后的灰渣可以作为农家肥使用,同时可以将产生的热量用于发电和供暖。焚烧技术适用于可燃组分较高的农村生活垃圾(可燃组分较低时也可采用焚烧技术,但需添加助燃剂),焚烧时要求焚烧炉内有较高且稳定的炉温、良好的氧气混合工况、足够的气体停留时间等条件。因为焚烧工艺会直接影响到整个系统的运行效果和尾气中的污染物的浓度。在焚烧过程中会产生大量有毒有害气体,易造成环境污染,因此,选址时距离有人居住的地方至少要有 1000m 以上,其次是焚烧炉周围不能有农作物,最好选在偏僻的山坳。

4.3.2.3　堆肥

堆肥处理的原理大致可分为好氧堆肥和厌氧堆肥。厌氧堆肥与好氧堆肥比较,单位质量的有机质降解产生的能力较少,且厌氧堆肥通常容易发出臭味。堆肥技术工艺简单,适合于易腐有机质较高的垃圾处理,可实现垃圾资源化,且投资较单纯的垃圾填埋、焚烧技术都低。堆肥技术最早起源于欧美的国家,在这些地区,工业化的应用已达到了一定的水平,产出的堆肥产品可以作为有机肥增强土壤的肥力。当前,堆肥是农村生活垃圾资源化处理的最有前景和发展的工艺技术。然而,在我国,由于垃圾分类收集的程度较低,且垃圾成分日益复杂,垃圾堆肥处理愈发困难,堆肥的产品质量不佳,还可能产生二次污染,尤其是重金属污染问题。目前,利用混合垃圾简易堆肥出的产品质量较差,而且可能含有有毒的物质,无法与普通工业肥料竞争。农村生活垃圾中有机组分(厨余、瓜果皮、植物残体等)含量较高,经济较发达的农村可达到 80% 以上,可采用堆肥法进行处理。

堆肥处理对垃圾要进行分拣、分类,要求垃圾的有机含量较高。而且堆肥处理不能减量化,仍需占用大量土地。

4.3.2.4　填埋

填埋是生活废弃物最终处置的一种方式。较为落后的农村地区直接利用空地进行挖坑处理作为填埋场所,而相对发达的农村地区选择相对封闭的地质环境作为天然屏障、利用工程措施构筑人工衬层作为人工屏障进行处理。

4.3.2.5　废品回收

废弃物回收是一种有偿性的废弃物处理生活服务,农村废弃物回收以个体户为单位。在农村还存在废品回收站的废品回收模式。居民将可回收的废弃物暂时堆积,比如废弃的钢材等,等回收的摊贩回收时进行售卖或当废弃物集中到一定数量,自行运往废品回收站。

4.3.3 农村生活垃圾处理模式发展

在农村生活垃圾产生量趋于增长、土地资源紧缺及环境保护日益重要的背景下,农村生活垃圾治理呈现出以下趋势。

一是"城乡一体化"处理模式将全面推开。很多地区已经作出硬性规定,要求对农村垃圾实行"户收集、村集中、镇转运、县(市)集中处理"的城乡一体化运作模式。有信息显示,2016年底,全国行政村处理的生活垃圾中,有43%是集中运送至城镇处理设施处理的。近几年由于推广该模式的地区不断增加,该比例正在稳步提高。

二是垃圾分类和厨余垃圾堆肥化利用的探索和推广。混合收集与城乡垃圾无差别处理体系结合后,对终端处理设施及场所造成很大压力。垃圾分类可显著实现垃圾的减量和资源化利用,因此成为国家鼓励和探索的方向。江西乐平的试点经验就表明,垃圾分类可以在源头实现60%以上的减量。浙江农村垃圾工作的重点之一就是垃圾分类,尤其是厨余垃圾。宁波以行政村为一个终处理单元,在垃圾分类基础上对有机垃圾因地制宜确定了太阳能成肥和机械成肥两类处理模式,效果较好。

三是市场化运作模式将被更多的地区接纳。自2013年底以来,政府与社会资本合作的PPP模式获得财政部和一些地方政府的大力支持。政府通过购买服务,将农村垃圾从清扫、收集到终端处理,都交给第三方环保公司运作,促进了城乡垃圾处理规范化、一体化和专业化,成为有条件地区推广的模式。

四是垃圾填埋和焚烧的技术将不断革新并运用到实践中。目前,各地垃圾填埋和焚烧技术正在升级改造中。地方上有很多简易垃圾填埋场和焖烧炉,由于这些场所的垃圾堆放区地面没有硬化,会造成垃圾渗透液污染,而焖烧炉燃烧不充分的烟尘会造成空气污染,所以革除改造这些简易处理方式势在必行。江西余干县就对本县焖烧炉和简易填埋场开展了整治和拆除。同时,现有的技术也在不断升级中,浙江宁波多地就对现有的焚烧发电厂进行了技术升级和改造。

五是垃圾焚烧将取代垃圾填埋成为主要处理方式。垃圾填埋存在占地多、渗滤液难处理、恶臭较难控制等缺点,由于经济、技术和管理等方面的限制,填埋场存在不同程度的二次污染。相对来说,焚烧是利用高温氧化作用处理生活垃圾,可燃废物焚烧后会转变为二氧化碳和水等,焚烧后剩下的残渣仅占垃圾原体积的10%~20%,大大消减了固体废物量和填埋占地,还可以消灭各种病原体,焚烧产生的热量也可用于发电和供暖,是最符合生活垃圾处理"减量化、资源化、无害化"原则的方式。在越来越成熟可靠的技术保障和规范管理制度下,越来越多的省份正在大力推广以垃圾焚烧取代垃圾填埋。浙江全域推广垃圾焚烧,提出在2020年垃圾处理原则上不允许填埋,江西一些地区甚至期待通过焚烧处理已被填埋的垃圾。

4.4　农村垃圾处理技术

4.4.1　垃圾堆肥

堆肥是农村生活处理易腐有机垃圾最常见的一种方式。堆肥技术是在一定的条件下，凭借微生物的生化作用，在人工控制条件的情况下，使生活垃圾中有机组分达到稳定化的处理技术，即将生活垃圾堆放在特定的容器内，在缺氧或供氧的状况下，通过微生物自然发酵升温降解有机物，实现垃圾无害化。

垃圾堆肥技术在中国农事活动中早有应用，而作为科学进行研究探讨此法则始于 1920 年。按细菌分解的作用原理，分为高温需（好）氧法和低温厌氧法堆肥；按堆肥方法，分为露天堆肥法和机械堆肥法。堆肥法操作一般分为四步：①预处理，剔出大块的无机杂品，将垃圾破碎筛分为匀质状，匀质垃圾的最佳含水率为 45%～60%，碳氮比为（20～30）：1，达不到需要时可掺进污泥或粪便；②细菌分解（或称发酵），在温度、水分和氧气适宜条件下，好氧或厌氧微生物迅速繁殖，垃圾开始分解，将各种有机质转化为无害的肥料；③腐熟，稳定肥质，待完全腐熟即可施用；④贮存或处置，将肥料贮存，废料另作填埋处置。

好氧堆肥法是在有氧存在的条件下，以好氧微生物为主降解、稳定有机物的无害化处理方法。由于具有发酵周期短、无害化程度高、卫生条件好和易于机械化操作等特点，好氧堆肥法在国内外得到广泛应用。好氧堆肥工艺由前处理、主发酵（亦可称一次发酵，一级发酵或初级发酵）、后发酵（亦可称二次发酵，二级发酵或次级发酵）、后处理、脱臭及贮存等工序组成。

4.4.1.1　前处理

生活垃圾中往往含有粗大垃圾和不可堆肥化物质，这些物质会影响垃圾处理机械的正常运行，降低发酵仓容积的有效使用，使堆温难以达到无害化要求，从而影响堆肥产品的质量。前处理的主要任务是破碎和分选，去除不可堆肥化物质，将垃圾破碎在 12～60mm 的适宜粒径范围。

4.4.1.2　主发酵

主发酵可在露天或发酵仓内进行，通过翻堆搅拌或强制通风来供给氧气，供给空气的方式随发酵仓种类而异。发酵初期物质的分解作用是靠嗜温菌（生长繁殖最适宜温度为 30～40℃）进行的。随着堆温的升高，最适宜温度 45～65℃的嗜热菌取代了嗜温菌，能进行高效率的分解，氧的供应情况与保温床的良好程度对堆料的温度上升有很大影响。然后将进入降温阶段，通常将温度升高到开始降低为止的阶段称为主发酵期。生活垃圾的好氧堆肥化的主发酵期为 4～12d。

4.4.1.3 后发酵

碳氮比过高的未腐熟堆肥施用于土壤,会导致土壤呈氮饥饿状态。碳氮比过低的未腐熟堆肥施用于土壤,会分解产生氨气,危害农作物的生长。因此,经过主发酵的半成品必须进行后发酵。后发酵可在专设仓内进行,但通常把物料堆积到1~2m高度,进行敞开式后发酵。为提高后发酵效率,有时仍需进行翻堆或通风。在主发酵工序尚未分解及较难分解的有机物在此阶段可能全部分解,变成腐殖酸、氨基酸等比较稳定的有机物,得到完全成熟的堆肥成品。后发酵时间通常在20~30d。

4.4.1.4 后处理

经过二次发酵后的物料,几乎所有的有机物都被稳定化和减量化。但在前处理工序中还没有完全去除的塑料、玻璃、陶瓷、金属、小石块等杂物还要经过一道分选工序去除。可以用回转式振动筛、磁选机、风选机等预处理设备分离去除上述杂质,并根据需要进行再破碎(如生产精制堆肥)。也可以根据土壤的情况,将散装堆肥中加入氮、磷、钾添加剂后生产复合肥。

4.4.1.5 脱臭

在堆肥化工艺过程中,会有氨、硫化氢、甲基硫醇、胺类等物质在各个工序中产生,必须进行脱臭处理。去除臭气的方法主要有化学除臭法及吸附剂吸附法等。经济实用的方法是熟堆肥氧化吸附的生物除臭法。将源于堆肥产品的腐熟堆肥置入脱臭器,堆高0.8~1.2m,将臭气通入系统,使之与生物分解和吸附及时作用,其氨、硫化氢去除效率均可达98%以上。

4.4.1.6 储存

堆肥一般在春秋两季使用,在夏冬两季就需积存。因此,一般的堆肥化工厂有必要设置至少能容纳6个月产量的贮藏设施,以保证生产的连续进行。

1.好氧堆肥

好氧分解过程一般在有氧和有水的情况下产生,它的形成如下所示:有机物质+好氧菌+氧气+水→二氧化碳+水(蒸气状态)+硝酸盐+硫酸盐氧化物。

这种反应过程无任何有害物质产生,尽管没有一种生物分解是无味的,但经过正确处理的好氧发酵所产生的气味很小。它与传统的卫生填埋相比,将厌氧消化过程由几年缩短到20d以内。好氧堆肥处理具有过程可控制、易操作、降解快、资源化效果好、可以处理混垃圾、运行费用低等特点。根据堆肥供氧方式和物料流动形式,目前国外常用的生活垃圾堆肥系统可分为以下几类。

(1)自然通风静态堆肥。这是一种最简单的堆肥方式,就是将准备的物料堆在一块地上,堆高在2m左右,料堆形状一般是长条状,也可以结合场地条件堆成其他形状。这种堆肥方式与散开式自然堆积很相似,料堆内部常处于受压状态,外面空气常常不能扩散到料堆内部而使其呈厌氧状态,异味大,发酵不够充分,发酵周期较长。

(2)强制通风静态堆肥。为克服自然通风静态堆肥堆体内经常出现的供氧不足的缺点,一般在料堆底部沿着长度方向设置通风管或通风槽,由高压根据堆体的发酵状况强制通风。由于通过控制鼓风量能够对堆体的需氧量和含水量实现一定程度的控制,其发酵周期比自然通风静态堆肥明显缩短。

(3)机械翻堆条形堆肥。条形堆肥就是采用机械方式把堆肥物料堆为长条形,料堆的截面为梯形状,高度一般为 2m 左右,宽度 4m 左右;料堆的长度根据场地确定。通过机械翻堆来促进料堆与空气的接触称为机械翻堆条形堆肥。

(4)密闭式机械化翻堆堆肥。该方式主要工艺流程是:混合垃圾处理后的可堆腐物进入专门的发酵车间,采用专用翻堆设备——翻堆机翻转垃圾,以利于垃圾的好氧发酵,充分好氧发酵后的垃圾再根据需要进行筛分处理。

2.厌氧堆肥

有机垃圾厌氧堆肥是一种在厌氧状态下利用微生物使垃圾中的有机物快速转化为甲烷和氨的厌氧消化技术。厌氧过程一般在缺氧状态下产生,它的形成如下所示:有机物质+厌氧菌+二氧化碳+水→气态甲烷(沼气)+氨+最后产物。

厌氧分解后的产物中含许多喜热细菌并会对环境造成严重的污染,其中明显含有有机脂肪酸、乙醛、硫醇(酒味)、硫化氢气体,还夹杂着一些化合物及一些有害混合物。例如:硫化氢,它是一种非常活跃并能致人死地的高浓度气体,能很快地与一部分废弃的有机质结合形成黑色有异味的混合物。

4.4.2　垃圾厌氧发酵

厌氧发酵是有机物在无氧条件下被微生物分解转化成甲烷和二氧化碳等,并合成自身细胞物质的生物学过程。

有机垃圾厌氧发酵处理的基本原理:第一阶段为水解发酵阶段,是指复杂的有机物在微生物胞外酶的作用下进行水解和发酵,将大分子物质破链形成小分子物质,如单糖、氨基酸等,为后一阶段做准备。第二阶段为产氢、产乙酸阶段,该阶段是在产酸菌如胶醋酸菌、部分梭状芽孢杆菌等的作用下分解上一阶段产生的小分子物质,生成乙酸和氢。这一阶段产酸速率很快,致使料液 pH 值迅速下降,使料液具有腐烂气味。第三阶段为产甲烷阶段,有机酸和溶解性含氮化合物分解成氨、胺、碳酸盐和二氧化碳、甲烷、氮气、氢气等。甲烷菌将乙酸分解产生甲烷和二氧化碳,利用氢将二氧化碳还原为甲烷,在此阶段料液 pH 值上升。

这三个阶段当中有机物的水解和发酵为总反应的限速阶段。一般来说,碳水化合物的降解最快,其次是蛋白质、脂肪,最慢的是纤维素和木质素。联合厌氧发酵的这几种原料当中粪便是反应最快的物质,几乎看不到酸化过程;剩余污泥次之,因为剩余污泥经过了污水处理的过程,这就相当于给了它一个预处理过程;接下来是生活垃圾当中分离出来的有机物,反应最慢的是厨余物。

4.4.3 有机垃圾综合处理技术

4.4.3.1 厨余垃圾源头减量及循环处理

厨余垃圾中有机易腐物质含量高,此类垃圾直接填埋处置将增大卫生填埋场的渗滤液处理成本,增加填埋场维护费用,高有机物含量、高含水率的生活垃圾还可能带来严重的环境问题和安全隐患。因此,村民在丢弃垃圾之前,应尽可能地将厨余垃圾作为禽畜饲料,对未养殖禽畜的家庭产生的此类垃圾,可以进行堆肥处理;而其中难以利用的部分,再进行集中处理。在条件成熟的居民区,可以推广使用村庄厨余垃圾源头减量化处理技术,如在居民社区内设置厨余垃圾源头处理设施,通过源头破碎和排入排水管网(有终端污水处理厂的管网)或现场生化处理利用设施,达到减量化效果。采用厌氧发酵法进行沼气利用适合我国丘陵农村的实际情况。通过微生物发酵作用,产生可燃气体沼气,将有机物转化为能源,用作生活燃料,同时沼液和沼渣是优质肥料,该方法可使有机物充分资源化。发酵原料以人、畜、禽粪便为主,具有废物资源化、管理方便、投资少、操作容易等优点。目前,户用沼气池和户用堆肥池是经济效益、能源效益和资源环境效益较好的农村生活垃圾处理方式。户用沼气池的综合效益最高,但调查表明,约50%的户用沼气池由技术知识匮乏的农户自行建设使用,存在一定的质量问题和安全隐患;而近95%的农户表示,资金缺乏是未能建设户用沼气池的主要原因。这两个问题是户用沼气池推广的主要限制因子。因此,当农户有足够的资金、土地资本和垃圾产量时,应采用户用沼气池,同时应注意加强对沼气池建设的技术人员和维护管理沼气池的农户的技术培训,以保证建池质量。当农户资金、土地资本和垃圾产量有限时,可以考虑采用户用堆肥池,同时要注意堆肥池规格的设计,以求达到最高的综合效益。

4.4.3.2 农村有机垃圾的综合资源化利用

农村有机垃圾主要包括秸秆、禽畜粪便、生活有机垃圾及农产品加工产生的废弃物。农村有机废弃物数量巨大且分布广泛、污染危害大,但同时又具有可资源化利用的特点,是一种宝贵的生物质资源。

当前,农村有机废弃物的开发利用和再利用在不少地区取得了明显成效。一是利用农村有机废弃物开发沼气能源,有效改善了农村的能源结构。二是农村有机废弃物循环用于农业生产,有效促进了生态农业发展。但是,当前农村有机废弃物利用不足、处置不当的问题还相当普遍。

农村有机垃圾含水量大,不易燃烧,不可焚烧处理;虽然可进行卫生填埋处理,但填埋产生的渗滤液浓度过高,处理难度高。在德国,规定 2012 年后禁止有机垃圾进入填埋场,所以农村有机垃圾的最佳处理技术是堆肥成沼气发酵。堆肥可分为农户庭院堆肥和堆肥场统一堆肥,沼气发酵可采用定用气池和大中型沼气工程。具体堆肥方式视实际情况而定。

4.4.4　垃圾填埋

填埋法是农村生活垃圾的最终处置方法。经过焚烧或其他方法处理后的残余物被送到填埋场进行填埋,其原理是将垃圾埋入地下,通过微生物长期的分解作用,使之分解为无害的化合物。

在农村,一般有很多天然的或废弃的低洼地、水坑、干涸的河流等,很多农民就将生活垃圾直接倾倒其中,很容易造成水、土壤和大气的污染。农村地域广大,选择垃圾填埋场应避开易渗透以及靠近河流、湖泊、洪灾区和储水补给区的地理位置,要在填埋场底部加防渗层。在自然村建立垃圾中转站,建立完善的卫生责任制度。及时清运农户生活垃圾,将垃圾填入选好的填埋场盖上黄土压实,使其发生生物、物理、化学变化,分解有机物,达到减量化和无害化的目的。

填埋是利用工程手段,采取防渗、铺平、压实、覆盖等措施将垃圾埋入地下,经过长期的物理、化学和生物作用使垃圾达到稳定状态,将垃圾压实减容至最小,并对气体、渗沥液、蝇虫等进行治理,最终对填埋场封场覆盖,从而将垃圾产生的危害降到最低,使整个过程对公众卫生安全及环境均无危害的一种土地处理垃圾方法。垃圾填埋法是近几年甚至几十年内不可替代的生活垃圾处理方法。在我国农村,由于经济较落后,垃圾处理工艺仍以最落后的简易填埋为主。简易填埋主要是指在填埋过程中没有采取底部和侧面防渗以及废气收集处理、垃圾表层覆盖压实作业等措施,也就是说,填埋场缺乏气体以及渗滤液导排与雨污分流的系统。一般的垃圾填埋场都未采取任何污染控制措施,导致大量的含有高浓度有机废物的渗滤液及气体直接排放到环境中,严重污染生态环境,并且危害人们身体健康。此外,由垃圾填埋气体引起的爆炸事件时有发生,渗滤液引起的建筑地基侵蚀性破坏、工程损坏和不能建设的实例日益增多。

填埋垃圾的优点:卫生填埋由于具有技术成熟、处理费用低等优点,是目前我国城市垃圾集中处置的主要方式。

填埋垃圾的缺点:填埋的垃圾没有进行无害化处理,残留着大量的细菌、病毒;还潜伏着沼气重金属污染等隐患;其垃圾渗漏液还会长久地污染地下水资源。

所以这种方法潜伏着极大的危害,会给子孙后代带来无穷的后患。这种方法不仅没有实现垃圾的资源化处理,而且大量占用土地,是把污染源留存给子孙后代的危险做法。目前,许多发达国家明令禁止填埋垃圾。我国政府的各级主管部门对这种处理技术存在的问题也逐步有了认识,势必禁止、淘汰此类行为。

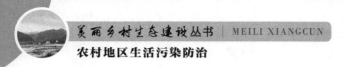
4.4.5　垃圾衍生燃料技术

垃圾衍生燃料(refuse derived fuel,RDF)技术是一种将垃圾经不同处理程序制成燃料的技术,即通过对可燃性垃圾进行破碎、分选、干燥、添加药剂、压缩成型等处理而制成的燃料。

RDF 燃料的制备:垃圾进场经破袋、一次磁选等预处理后,除去金属、玻璃、砂土等不燃物,将垃圾中的可燃物(如塑料、纤维、橡胶、木头、食物废料等)投进一次破碎机,破碎成易干燥的碎粒后通过输送机进入烘干机,在烘干机内自动滚下。热风在烘干机上部通过,避免物料因与热风直接接触而着火。通过控制热风调整含水率,使物料水分降到 8% 以下。干燥后的烟气经除尘器排出,干燥后的物料经二次磁选、铝分选后送入风选机,将不燃物(灰土、碎玻璃、金属屑等)除去后,送入二次破碎机,将物料破碎至易成型的小颗粒,添加一定量的固硫、固氯剂和防腐剂后送入成型机。成型机连续制出 RDF,经冷却后通过振动筛筛分送入成品漏斗,由自动称量机装袋,筛下物则返回重新成型。

RDF 燃料的特点是大小均匀,所含热值均匀,成型工艺可使垃圾热值提高 4 倍左右,且易运输及贮存,在常温下可储存 6~10 个月不会腐烂,因此可以临时将一部分垃圾贮存起来,以解决锅炉技术停运,或者因旺季而导致垃圾产出高峰时期的处置能力问题。通过在 RDF 成型过程中加入添加剂可以达到炉内脱除二氧化硫、氯化氢和减少二噁英类物质排放的目的,得到的 RDF 燃料具有热值高、燃烧稳定、易于运输、易于储存、二次污染低等特点。这种燃料可以作为主要原料单独燃烧,亦可根据锅炉工艺要求,与煤、燃油混烧。

4.4.6　农村干垃圾资源化技术

农村生活垃圾资源化处理是将废物变为有用,变有害为有利,无论在保护资源、节约能源方面,还是在防治污染、保护环境方面都具有重要意义。①可以大大降低处理成本,减少投入;②可以节约资源,产生一定的经济效益;③可以有效地改善农村生态环境,减少投入。农村生活垃圾资源化处理的前提是垃圾分类收集,垃圾分类收集是也是实现农村生活垃圾减量化、资源化和无害化的重要措施。目前,我国农村生活垃圾处理与资源化技术主要是沿用城市生活垃圾处理处置的技术模式,重点关注末端处理处置环节。面对农村日益增长的生活垃圾和高额的垃圾清运费用,源头减量和就地资源化利用需求极为迫切。目前,我国大部分农村地区的生活垃圾没有源头分类收运处理。作为今后治理农村生活垃圾问题的方向和趋势,源头分类收集与资源化处理相辅相成,若缺乏后续的处理处置与资源化技术,将使得源头分类收集的意义成为空谈。

"干湿分类"作为一种常见的垃圾分类方式,是针对我国城市生活垃圾中厨余和果皮类垃圾比例较高,其水分含量高,不利于垃圾回收和最终处置的国情提出的一种简单实用的垃圾分类方法。国内外依处理和处置方式或者资源化回收利用的可能性,通常将生活垃圾分为可回收物、餐厨垃圾、有害垃圾和其他垃圾四类。这里强调的干废物是特指生活垃圾推行源头分类收集得到的干垃圾,是一类区别于湿垃圾(如厨余垃圾)的废物总称,也就是除了厨余垃圾之外的其他三类垃圾都是属于干废物的范畴。

随着石化肥料在农村广泛和大量的施用,农村农田生态系统的快速退化已经成为不争的事实。厨余湿垃圾就地综合利用,可采用比较成熟的有机易腐生活垃圾堆肥处理技术和有机质生活垃圾热解处理等技术来生产农用有机肥和沼气,对农村耕地的改善和生活能源的补给起到非常巨大的作用。干垃圾通常被运往焚烧厂或填埋场进行处理处置,运营成本高,带来二次污染,且未资源化利用。农村生活垃圾中难降解的干废物资源化利用鲜有报道,因此,农村干废物的就地综合资源化利用,近年也成为研究的热点。本章将农村生活垃圾中干废物资源化利用现状及适用于我国农村生活垃圾干废物资源化处理的最新研究成果予以介绍,以期实现农村生活垃圾末端处置产物的二次利用。

4.4.6.1　农村生活垃圾典型干废物资源化利用现状

农村生活垃圾源头分类收集后的干废物,有的废物有机物含量、水分含量和热值均较低,如采用常规的生活垃圾处理方式如堆肥、厌氧发酵、焚烧等非典型干废物,即混入厨余垃圾中却难降解的动物骨头,因农村拆建或清扫清洁产生的砖石类垃圾中的发泡混凝土,常见的废旧衣物类垃圾中的织物、生活垃圾烧炉渣以及废旧塑料,将它们资源化处理,可以实现农村生活垃圾干废物的源头资源化和末端处置产物的二次利用。

1.动物骨头

我国是世界第一食肉大国,每年产生的动物骨头就有 1500 多万 t。尽管没有关于农村厨余垃圾中的动物骨头数量的统计数据,但由于厨余垃圾中的动物骨头难降解的特点,一般需要先分出来打碎以降低后续处理的压力,从而对生活垃圾分类和资源化利用造成许多不便。

早在我国古代,对动物骨头资源化利用的现象就已经非常普遍。由于环境所迫,在古代早期的生产中动物骨头常常用于制作劳动工具或武器等。随着生产的发展,人们在实践中发现动物骨头中富含大量农作物所需要的氮、钾、钙、钠、铁、锌等元素,可以用于土壤改良,改善作物生长环境,还能促进作物生长发育。此外,古籍中也有介绍将动物骨头用于种子处理,除虫防虫、除鼠害等。生活中,古人也发明了动物骨头的治疗疾病、保健养生的方法,还有艺术装饰品或占卜祭祀工具制造等的广泛应用。由此可见,有高智慧和创造力的前人已经开发出多种动物骨头资源化利用的方法。

在现代食品工业中,动物骨头是用于制备骨粉、骨炭,提取骨油、骨胶和软骨素的主要原料,通过各种技术还能使动物骨头最终加工制造成为优良的添加剂、填充剂、酶载体等。但这些均需要复杂的手段或先进工艺,目前其深加工率仍不足 1%。作为一种典型的生物材料,动物骨头(骨组织)由活细胞和钙等矿物质混合构成,主要成分为羟基磷酸钙$[Ca_{10}(PO_4)_6(OH)_2]$,正是这些物质使骨头具有坚实的物性,使基羟基磷酸钙在煅烧的过程中不容易分解,煅烧过程中产生的气体使其出现孔状结构。因此,近年来有许多将动物骨头制备成介孔碳等多孔材料,并将其用于燃料电池电极催化剂或活性炭等的报道。此外,还有将动物骨头制备成吸附材料骨炭,用于水体污染物或重金属的吸附去除等。由此可见,动物骨头制备成功能材料用于特定目的有着巨大的研究和应用潜力。

2.发泡混凝土

发泡混凝土,又名泡沫混凝土或发泡水泥,是为降低水泥浆的密度,向其中充气形成的轻质水泥基体发泡材料。它与普通混凝土在原材料上最大的区别在于不使用粗集料,同时引入大量均匀分布的气泡,导致内部具有大量均匀分布的细孔,具有质轻的优异性能,广泛应用于建筑工程和节能墙体材料中。

以碎石为骨料的生态混凝土试件吸附效果较好,以砂粒为骨料的生态混凝土试件对磷的吸附效果较好,其原因可能是由于生态混凝土中生物的挂膜率高于塑料网框包裹骨料试件,更适于微生物的生长繁殖,能在短期内有效富集微生物。此外,有学者认为多孔的生态混凝土净水机理还有另外两个优点:①物理与物理化学净化作用。通过多孔混凝土的过滤和吸附作用去除污水中的污染物。②化学净化作用。通过多孔混凝土释放出来的某些化学组分(如Al^{3+}、Mg^{2+}、OH^-等),使污水中的污染物发生沉淀而得以去除。

近30年以来,伴随着农村城镇化进程的快速推进,农村有大量建筑物和构筑物正在新建、改建和拆毁。若将建筑废物中的发泡混凝土回收,利用其轻质和破碎后比表面积的特点,将其制备成为适合微生物附着的载体填料,就地用于农村生活污水处理,不仅可以将部分建筑废弃物资源化回收利用、减少建筑废弃物的处置量,而且有利于节约农村生活污水处理的经济成本。开发新型填料,对农村建筑垃圾减量化、无害化和资源化及农村环境保护具有重要的意义。

3.织物

由于我国没有建立织物回收制度,随着生活水平的提高和服装产业的发展,大量的废弃织物亦从资源变成了生活垃圾。据统计,全球每年产生的废弃纺织类产品高达400万t以上。据调查,某地区农村生活垃圾中的废弃织物的比例高达9.1%,这不仅造成了资源的浪费,也增加了农村生活垃圾的产量,加剧后续处理压力。传统的织物资源化的方法如下。

(1)机械法

利用机械力将纤维还原到初始状态,几乎不破坏原本纤维分子的构成。由于其加工步骤少、工艺简单、要求低、无需分离等优点,是目前应用最广的织物产品资源化方法之一。

(2)物理法

增加必要的助剂或辅料,经过简单的机械加工使废弃织物直接成为其他产品原料。物理法回收再利用比较彻底,但很难实现循环使用。

（3）化学法

通过化学试剂破坏废弃织物中高分子聚合物分子结构,使分子内部结构发生解聚进而转变成单体或低聚物,再用生成的单体或低聚物制造出纤维或者对原材料改性。化学法回收利用最彻底,并可以实现织物重复循环利用,但其工艺复杂、成本较高,对废弃织物的成分要求很严格。

（4）热能法

在高温条件下使废弃织物燃烧,对燃烧过程产生的热能加以利用。热能法工艺操作简单,但不规范的燃烧会对环境造成污染。

4.生活垃圾焚烧炉渣

即使农村生活垃圾从源头产生到最终处理处置的过程中历经源头分类减量,到分类分质资源化利用,再到厌氧消化、好氧堆肥和焚烧或填埋等过程,在当前技术水平条件下也还无法达到"零废物"的效果。由于焚烧生活垃圾具有显著的减量化和无害化效果,世界各国都普遍采用该方法对生活垃圾进行末端处置的大背景下,我国东南沿海和部分中心城市有很多生活垃圾焚烧厂已经投入运营或正在建设中。同时,在"村收集、镇转运、县处理"模式的倡导下,许多地区的农村生活垃圾都将随之进入焚烧系统。

农村生活垃圾在焚烧后仍有残余物——烧炉渣产生。炉渣在我国认为是无毒性的一般废物,可直接填埋处理。目前,生活垃圾焚烧炉渣资源化利用最主要的方式就是作为道路工程的集料和填埋场的覆盖材料,此外也有用于生产水泥和制备免烧砖的报道。由于炉渣经高温烧结,具有较大的比表面积和孔隙率,含有大量的铝硅酸盐物质,将炉渣作为生物膜载体或水处理填料具有一定可行性。

5.废旧塑料

科技的不断进步和发展,带动了塑料产业的不断前行,不仅塑料的产量在不断上升,日益成熟的生产技术也使生产塑料的成本在不断地降低。相关数据表明,全球塑料的产量已经上亿吨,其中 2010 年的产量接近了 2 亿 t。塑料与人们的日常生活实践的联系越来越紧密,各种类型的塑料日益广泛地应用到生活中的各个方面,在农业、工业中均占据着十分重要的地位。塑料在隔声消音和化学稳定性方面具有巨大优势,具有良好的电绝缘性、绝热性、弹性和可塑性,容易与其他材料较好地衔接。凭借各种性能优势,塑料已大量代替金属、玻璃等材质。

农村生活垃圾中,由政府部门清运至填埋场或焚烧发电厂的生活垃圾约 1.6 亿 t/年,填埋场中储存的矿化垃圾约 30 亿 t,两者潜在的塑料、纸张、纤维、玻璃等四大类废品资源分别为 5400 万 t/年和 14.1 亿 t,而且还在逐年增加进入市政部门收运的组分中。有价组分基本上是塑料类,但塑料类废品质量比例不是很大,所占体积较大。

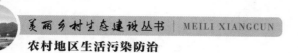

我国是塑料产量第二、进口可回收塑料量第一的国家,2011年我国塑料的产量是5000多万t。工业塑料在实际的生产实践中有着很大的用量。我国地域辽阔,农业发达,而现代农业生产需要大量农用塑料,我国每年农田地膜和温室大膜用量高达百万吨。

随着塑料产业的不断发展和塑料制品应用领域的扩展,废弃塑料的数量和种类都在增加,废弃塑料对环境的影响也日益严重。人们也已经意识到废弃塑料对生存环境产生的威胁。提高废弃塑料的循环利用率以及降低塑料使用过程中的老化速度是降低整个塑料产业对环境污染的重要途径。为了降低废旧塑料可能对环境造成的严重污染,各个国家都在逐步采取相应的措施。很多国家都对塑料循环利用投入了大量资金,近十年里,欧盟已经花费5000万欧元对塑料废弃物进行科学的管理,并取得了比较理想的效果,有效减少了废弃物对生态环境造成的严重污染。

近几年废弃塑料产品的污染问题愈发严重,废旧塑料产品对环境及人体健康造成的损坏已经引起了越来越多的人的关注,人们已经开始采取相应的措施降低废气污染带来的危害。引起塑料污染问题的原因是多方面的。由于塑料属于高分子,在自然界中很难进行降解,废弃于土壤中的塑料产品会阻碍植物根系对土壤中的营养成分、水分和氧气的吸收,使植物根系不能正常发育,阻碍植物的呼吸作用和蒸腾作用。废弃塑料中的有毒物质利用生态系统中的富集作用,通过蔬菜、水果等间接地进入人体内,影响人类的身体健康。在废弃塑料燃烧的过程中,也会产生大量有毒的气体,对周围的环境造成严重的污染,并且刺激人类的呼吸系统,形成呼吸系统疾病。

我国塑料总量中70%～80%的通用塑料10年内将转化为废弃塑料,其中有50%的塑料也将在两年内转化为废弃塑料。我国废旧塑料利用率仅为25%,每年不能被及时回收和合理再利用的废旧塑料有1400万t。塑料的基本成分主要来自石油,而石油属于不可再生资源,因此对废旧塑料进行回收利用可以充分利用自然资源,有利于解决塑料工业原料紧张的局面。

废旧塑料的回收和再利用是解决废弃塑料所引起的环境污染问题和资源浪费问题的有效方法。废旧塑料再利用可解决塑料工业原料短缺的问题,通过对废旧塑料进行资源化利用,降低了相关产品的价格成本,提高了相关产品在市场中的竞争能力。与简单填埋处理焚烧处理法相比,废弃塑料的回收再利用实现了真正意义上的资源循环利用,不仅解决了环境资源问题,同时提高了产业经济效益。废旧塑料回收再利用包括直接造粒的物理法再利用、改性再利用、热能与还原性利用、多种化学分解再利用和复合再利用法。废旧塑料回收利用价值较高,经过破碎、分离、清洗、再生造粒或裂解等过程可以生产各种再生塑材制品或燃料。图4-7为废旧塑料回收再利用预处理工艺流程图。对废旧塑料进行循环利用,既减少了废弃塑料对环境带来的污染,解决了环境问题,同时又可以节省原材料,降低生产成本,获得较好的经济效益。

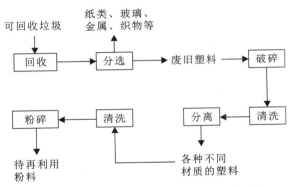

图 4-7　废旧塑料回收再利用预处理工艺流程

塑料在使用过程中,势必受到各种污染,农村生活垃圾中废旧塑料受到生活垃圾中渗滤液、有机物、黏附物等源头污染物的严重污染,在其表面形成不同类型的附着污染物,如不能进行洁净和再生利用,只能填埋或焚烧。农村生活垃圾中的废旧塑料黏附物很复杂,无法清洗,附加值极低,非常不利于后续资源化利用。

废旧塑料的清洗可以去除附着在塑料表面的污物,使识别和分离的准确度更高,直接影响再生塑料产品的质量,是废旧塑料回收再生利用的关键。而目前针对回收的废旧塑料清洗技术的研究较少,这限制了塑料回收再利用的发展。传统的废旧塑料湿法清洗,在使用大量水的同时可能添加大量化学清洗剂,利用清洗剂对废塑料表面的污染或覆盖层进行溶出和剥离,以达到去除污垢的效果。这种清洗方法存在需水量大、产生大量污染废水、需配备相应的污水处理系统、塑料充分清洗之后需经干燥才能回收利用等缺点,清洗成本高,不利于推广使用,限制了废旧塑料清洗、回收行业的发展。而涉及超声波、干冰和微波等的新型清洗技术,以及以空气或吸附性固体介质为媒介的干法清洗的研究极少,应用方面几乎空白。

废旧塑料清洁后必须再经分离,分离技术在塑料的回收循环利用过程中发挥着重要的作用。在废旧塑料回收利用的过程中,必须采用一定的分离纯化技术,将塑料中的其他杂质清除,不同废旧塑料混在一起进行加工循环利用的效果不佳,所生产的循环利用塑料产品的性能受到影响。目前常用的分类技术有人工分离、重力分离、光学分离、电选分离法、熔点分离和溶解分离。

在废旧塑料回收进行循环利用之前,应对不同的塑料进行分类归整,以更好地适应实际的生产需要。另外,不同种类的废旧塑料在加工生产的过程中需要添加不同的助剂,未经分离、含有不同添加助剂的废弃塑料,即使添加助剂含量较低,依然会降低整炉回收物料的性能。

4.4.6.2　难降解干废物与生活污水共处置技术

我国农村生活污水排放面广、排放点分散、排放量增长快、有机物浓度高、排放不均匀,难以集中处理。本着农村生活垃圾源头分类减量与就地资源化处理的初衷,结合农村水环境污染日益突出的现状,本书提出干废物难降解的特性和农村分散式污水处理的思路,筛选农村生活垃圾中难降解的干废物制备适合微生物附着的载体填料,就地用于农村生活污水处理,这不仅对农村生活垃圾减量化、无害化和资源化具有一定的意义,而且还能降低农村生活污水处理的费用,有利于农村生活污水治理工作的推广。

在各种农村生活污水处理技术中,生物膜法以其投资费用低、管理维护方便、处理效率高、占地面积小、出水水质好和无污泥膨胀问题等优点越来越受到人们的重视。生物膜法包括生物滤池、生物转盘、生物接触氧化池、曝气生物滤池及生物流化床等工艺形式,其共同特点是微生物附着生长在填料表面,形成生物膜,污水与生物膜接触后,污染物被微生物吸附转化,污水得到净化。填料作为生物膜反应器中微生物的载体,影响着微生物的生长、繁殖和脱落,因而对反应器的运行效果具有十分重要的影响。

以曝气生物滤池工艺(BAF)为代表的生物膜法污水处理工艺,填料一般可分为无机类和有机类两种。无机填料由于密度相对较大,属于沉没式填料,常见的有陶粒、瓷粒和矿石破碎后制备的不规则颗粒,以及活性炭、膨胀硅铝酸盐等;有机填料密度较小,多为上浮式填料,常为聚丙烯等高分子物质制备而成。尽管可以取得较好的效果,但这些人工填料对农村或经济欠发达地区来说明显成本偏高,不适合在农村分散式污水处理工程中应用。此外,由于其使用的大多是不可再生资源,不仅消耗了资源,还可能对环境造成破坏。

下面根据分散式污水处理的特点,介绍用农村生活垃圾中难降解的干废物(织物、动物骨头和发泡混凝土)制备适合微生物附着的载体填料,对生活污水进行就地处理,通过对出水 COD、NH_3-N 等指标的测定,结果显示均取得较好的处理效果,既节约了农村生活污水处理的经济成本,实现了农村生活污水的处理,也使农村生活垃圾得到"以废治废"的资源化利用。

1.处理装置

采用曝气生物滤池工艺,反应器结构主要包括填料层、承托层、布水系统、布气系统和排水系统等,由有机玻璃制成,如图 4-8 所示。

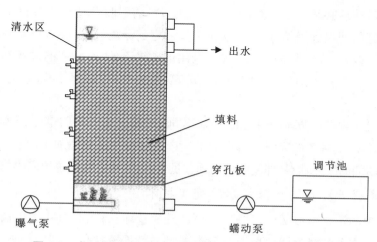

图 4-8 农村生活垃圾干废物处理生活污水 BAF 装置示意图

2.处理结果

采用曝气滤池工艺,利用动物骨头、发泡混凝土和织物三种干废物处理生活污水,达到《城镇污水处理厂污染物排放标准》(GB 18918—2002)一级 B 标准(8mg/L),三种干废物填料中,发泡混凝土的 NH_3-N 去除能力更好,能在相对较低的水力停留时间条件下实现 NH_3-N 去除。各处理在不同 HRT 条件下出水 COD 差异不大。

HRT 为 6h,进水 COD 浓度约为 600mg/L 条件下,织物、动物骨头和发泡混凝土三种处理的平均出水 COD 浓度分别为 38mg/L、45mg/L 和 48mg/L,去除率均在 90% 以上,出水 COD 浓度均低于《城镇污水处理厂污染物排放标准》(GB 18918—2002)一级 A 标准同值(50mg/L)。NH_4^+-N 去除效果相对较低,去除率约为 60%。因此,针对这两个处理,选择延长其 HRT 以保证较优的污染物去除效果是有必要的。当织物和动物骨头处理的 HRT 延长至 8h 时,平均出水 COD 浓度分别为 41mg/L、48mg/L 和 36mg/L,COD 去除效果仍保持较高的水平,平均约 90%。三个处理实现 COD 和 NH_3-N 的同步高效去除。HRT 为 6h时,织物、动物骨头和发泡混凝土对浊度的去除率分别为 98%、96% 和 96%。改变织物、动物骨头处理 HRT 为 8h 时,其浊度去除率分别为 97% 和 97%,缩短发泡混凝土 HRT 为 4h时,其浊度去除率降低至 82%。不同 HRT 条件下各处理出水清澈,浊度较低且差距不大,说明三种不同干废物填料对污水中的悬浮物有很好的截留和过滤作用。同时,三种干废物填料 BAF 具有不同的硝化特性,但主要的 NH_3-N 降解区均在进水端。

基于农村生活垃圾干废物处理生活污水小试研究成果,福建省安溪县建立了农村生活垃圾干废物处理生活污水技术中试线,采用上进水、自然通风的生物滤池工艺,使用动物骨头、发泡混凝土和植物组合填料。尽管调试时间较长,但出水水质 COD 和 NH_3-N 浓度较低,分别为 23~41mg/L 和 3.6~7.2mg/L,去除率保持在 80% 以上,基本达到了预期目标,如表 4-8 所示。

表 4-8　　　　　农村生活污水处理中试进出水主要污染物平均浓度及去除效果

指标	时间	8 月	9 月	10 月	11 月	12 月
NH_3-N	进水(mg/L)	29.3	26	32.9	42	34.3
	出水(mg/L)	3.6	4.1	4.9	7.2	5.9
	去除率(%)	88	84	85	83	83
COD	进水(mg/L)	197	293	261	309	247
	出水(mg/L)	23	39	33	36	41
	去除率(%)	88	87	87	88	83

4.4.7　水泥窑协同处置

水泥窑协同处置是指在水泥生产过程中,将满足或经过预处理后满足入窑要求的固体废物投入水泥窑,在进行水泥熟料生产的同时,实现对固体废物的无害化处置过程。废弃物中的有机质高温分解率达到99.99%,重金属被固定在熟料晶格中,达到无害化、资源化处置。

4.4.7.1　原理

利用水泥回转窑内的高温、气体长时间停留、热容量大、热稳定性好、碱性环境、无废渣排放等特点,在生产水泥熟料的同时,焚烧固化处理污染土壤。有机物污染土壤从窑尾烟气室进入水泥回转窑,窑内气相温度最高可达1800℃,物料温度约为1450℃,在水泥窑的高温条件下,污染土壤中的有机污染物转化为无机化合物,高温气流与高细度、高浓度、高吸附性、高均匀性分布的碱性物料(CaO、$CaCO_3$等)充分接触,有效地抑制酸性物质的排放,使得硫和氯等转化成无机盐类固定下来;重金属污染土壤从生料配料系统进入水泥窑,使重金属固定在水泥熟料中。

4.4.7.2　系统构成和主要设备

水泥窑协同处置包括污染土壤贮存、预处理、投加、焚烧和尾气处理等过程。在原有的水泥生产线基础上,需要对投料口进行改造,还需要必要的投料装置、预处理设施、符合要求的贮存设施和实验室分析能力。

水泥窑协同处置主要由土壤预处理系统、上料系统、水泥回转窑及配套系统、监测系统组成。

土壤预处理系统在密闭环境内进行,主要包括密闭贮存设施(如充气大棚)、筛分设施(筛分机)、尾气处理系统(如活性炭吸附系统等)。预处理系统产生的尾气经过尾气处理系统后达标排放。

上料系统主要包括存料斗、板式喂料机、皮带计量秤、提升机。整个上料过程处于密闭环境中,避免上料过程中污染物和粉尘散发到空气中,造成二次污染。

水泥回转窑及配套系统主要包括预热器、回转式水泥窑、窑尾高温风机、三次风管、回转窑燃烧器、篦式冷却机、窑头袋收尘器、螺旋输送机、槽式输送机。监测系统主要包括氧气、粉尘、氮氧化物、二氧化碳、水分、温度在线监测以及水泥窑尾气和水泥熟料的定期监测,保证污染土壤处理的效果和生产安全。

4.4.7.3　水泥窑协同处置废弃物的基本原则

1.应遵循水泥窑利用废物的分级原则

如果在生态和经济上有更好的回收利用方法,则不要用水泥窑处置废弃物。利用水泥窑协同处置废弃物必须建立在社会处置成本最优化原则之上,并保证对环境无害的资源回收利用。废弃物的协同处置应保证水泥工业利用的经济性。

2.必须避免额外的排放物和对人体健康和环境的负面影响

水泥窑协同处置污泥应确保污染物的排放不高于采用传统燃料的污染物排放与废弃物单独处置污染物排放总和。

3.必须保证水泥产品的质量保持不变

协同处置废弃物水泥窑产品应通过浸出试验,证明产品对环境不会造成任何负面影响,水泥产品的质量应满足使用期终止后再回收利用的要求。

4.必须保证从事协同处置的公司具有合格的资质

利用水泥窑协同处置废弃物作为跨行业的协同处置方式,应保证从产生到处置完成良好的记录追溯,在全处置过程确保污染物的达标排放和相关人员健康和安全,确保所有要求符合现有的国家法律、法规和制度,能够有效地对废物协同处置过程中的投料量和工艺参数进行控制,并确保与地方、国家和国际的废物管理方案协调一致。

5.必须考虑到具体的国情及地区经济文化不平衡性差异

只有废弃物不能以更经济、更环保的方式加以避免或再生时,方可对其进行协同处置。生态循环利用废弃物是最理想的解决方案,协同处置应当被认为是一种可选的处理方式。

4.4.7.4　水混窑协同处置废弃物的主要特点

(1)处理温度高,焚烧空间大,停留时间长,可彻底分解废弃物中有害有机物。

(2)无残渣飞灰产生。

(3)回转窑内碱性环境抑制酸性气体和除水银、铊以外的绝大部分重金属排放。

(4)可选择不同温度点处置废弃物,避开二噁英等有毒有害气体产生。

(5)废弃物可部分代替一次原料和燃料。

(6)回转窑热容量大、工作状态稳定,废弃物处理量大。

(7)水泥回转窑是负压状态运转,烟气和粉尘很少外溢。

4.4.8　垃圾处置的其他技术

4.4.8.1　热解气化焚烧技术

热解是利用有机物的热不稳定性,在缺氧条件下加热使分子量大的有机物产生裂解,转化为分子量小的燃料气、液体(油、油脂等)。热分解的生成物,因分解反应条件不同而有所不同。

热分解与焚烧不同,焚烧只能回收热能,而热分解可以从废物中回收可以储存、输送的能源(油或燃料气等),是热分解的一大优点。但废物的热解因废物的种类多变化大、成分复杂,要稳定连续地热分解,在技术上和运转操作上要求都十分严格。因此,热分解设备费用和处理成本也较高,热分解的经济性就成了能否实用化的一个关键。

热解处理系统主要有两种:一种是以回收能源为目的的处理系统;另一种是以减少焚烧造成的二次污染和需要填埋处理的废物量,以无公害型处理系统的开发为目的的处理系统。其中,对于前者,由于城市垃圾的物理化学成分极其复杂且变化较大,如果将热解产物作为资源回收,要保持产品具有稳定的质和量有较大的困难。即使对成分复杂、破碎性能各异的城市垃圾增加破碎、分选等预处理技术,不仅需要消耗大量的动力和极其复杂的机械系统,而且总效率又非常低。对于后者,将热解作为焚烧处理的辅助手段,利用热解产物进一步燃烧废物,在改善废物燃烧特性、减少尾气对大气环境造成的二次污染等方面,却是较为可行的,许多工业发达国家已经取得了成功的经验。

4.4.8.2　等离子体焚烧

等离子体是物质存在的一种状态,与固态、液态和气态并列,称为第四态。和物质的另外三态相比,等离子体可以存在的参数范围异常的宽广(其密度、温度以及磁场强度都可以跨越十几个数量级)。等离子体的形态和性质受外加电磁场的强烈影响,并存在极其丰富的集体运动(如各种静电波、漂移波、电磁波以及非线性的相干结构和湍动),因而能量极为集中,并具有极高的电热效率(85％以上),产生的高温可以还原难还原和难融的物质。

等离子体焚烧是一种全新的垃圾焚烧方法,它没有传统的锅炉,而是模拟地层中的化工过程,将垃圾气化。简单地说,就是用高压电弧产生高于太阳表面温度的高温焚烧垃圾。在这样的高温下,任何物质都会变成气态或者液态,实际上是等离子体。这时候,一切垃圾都被还原成原子状态,所以有毒有害物质、病菌、病毒等全部变成了无害物质。

等离子体焚烧火炬中心温度可高达摄氏10000℃,边缘温度也可达到1000℃左右。它的处理过程为废料的分解和再重组过程。工作原理是在一个密闭空间里,通过强大的电弧使空气电离产生等离子体,然后在另一个缺氧的密闭空间里,产生的等离子体对城市固体废料进行超高温加热。在无氧化条件下,垃圾混合物中的无机物迅速玻璃化,最后产生的无害熔渣可作为建筑材料。最为重要的是,高温可分解固体废料中的有机分子,在无氧的条件下,固体废料中的有机物就会转化为氢气和一氧化碳的混合物。这种混合物可以像天然气一样作为能源,其中的氢气可进一步纯化分离,作为单独的燃料。

该技术的主要优点:垃圾焚烧彻底,不污染空气水源及周边环境。由于炉膛温度大于1200℃,有机物包括传染性病毒,病菌及其他有毒有害物质都全部裂解分解,产生的气体、灰烬无毒害;垃圾燃烧后的灰烬体积量大大减少,大约为传统炉燃灰体积的1/5,而排放的气体无黑烟,不需烟囱。装置的主要优点:结构比较简单,小型化,占地面积小;不用煤、燃油、天然气作燃料,只使用电,洁净、卫生;操作运行费用低;操作简单,启动停机快,可全部实现自动控制;安全、可靠。

4.4.8.3　生物处理

利用生物即细菌、霉菌或原生动物的代谢作用处理污水的方法,称为生物处理。生物处理可分为好氧性和厌氧性处理两种。

好氧性处理是在污水中含有充分溶解氧的条件下,利用好氧性微生物使水中的有机物分解成二氧化碳、氨及水等。一般采用活性污泥法、滴滤池法、曝气法以及灌溉田法等进行处理。

厌氧性处理是在污水中缺氧的条件下,利用厌氧性微生物使水中的有机物分解成甲烷、二氧化碳、硫化氢、氮及水等。一般采用甲烷发酵法(消化法)等进行处理。

生物处理适用于处理可降解有机垃圾,如分类收集的家庭厨余垃圾、单独收集的餐厨垃圾、单独收集的园林垃圾等。对进行分类回收可降解有机垃圾的地区,可采用适宜的生物处理技术。对生活垃圾混合收集的地区,应审慎采用生物处理技术。采用生物处理技术,应严格控制生物处理过程中产生的臭气,并妥善处置生物处理产生的污水和残渣。

4.5　农村生活垃圾管理

4.5.1　农村生活垃圾管理模式

我国农村幅员辽阔,类型多种多样,目前存在无收集无处理、有收集无处理和有收集有处理三种生活垃圾收集、处理模式。不论经济发达或落后、气候差异,还是生活习惯方式不同等,对我国农村生活垃圾的管理模式都应该是以源头分类为前提,因地制宜地采取多种资源化利用或处理技术模式相结合的方式来解决农村生活垃圾问题。为了适应农村生活垃圾分类技术的发展以及农村城镇化发展的趋势,参考我国部分省市的农村生活垃圾特色管理模式经验,分析选取以下三种管理模式对农村生活垃圾进行管理。

4.5.1.1　城乡一体化模式

对城镇化发展程度较好、发展速度较快的或城镇周边的农村,生活垃圾应按"城乡一体化"模式管理,即经过统一收运后与城市生活垃圾一同集中处理或资源化利用。一般可以行政村为单位,按照"村收集—镇转运—县(市、区)处理"的模式,将各村的生活垃圾都纳入城市生活垃圾收运体系中,形成覆盖全面的收运网络。具体的管理模式如下。

1.村收集

农村居民将产生的生活垃圾自行投放或由专人(保洁员)收集后投放到固定的垃圾收集地点。结合实际情况,每个行政村至少设置一个生活垃圾转运点。人口数较多或居住分散的村可根据实际情况布置数量和规模不等的生活垃圾收集点。每个村应修建有密闭的垃圾房或配备垃圾桶、收集车等生活垃圾收集器材。

2.镇转运

由相关环卫部门负责定时收集各村的生活垃圾,用机动车将各收集点的生活垃圾运至生活垃圾压缩站经压缩处理后,再送至生活垃圾处理设施进行处理。对工厂或公路沿途的生活垃圾,可以派垃圾运输车辆上门或沿途收集之后,直接运往垃圾处理站处理。因此,镇环卫部门应配备适合近远期收运需求的车辆、工具,建设处理规模适当、符合相关建设要求的生活垃圾压缩转运站。

3.县(市、区)处理

由县(市、区)相关部门统筹安排,将统一收集转运而来的农村生活垃圾送入城市生活垃垃圾填埋场、焚烧厂等进行处理或资源化利用。

4.5.1.2　源头分类集中处理模式

源头分类集中处理模式是指对于大部分地处平原、经济发展水平一般、距离县（市）较远（距离县市20km以上）而无力长期承担生活垃圾运输费用的农村地区，可通过联合力量建立起覆盖该区域周围村庄的农村生活垃圾收运网络和处理设施体系，实现垃圾的源头分类减量后再集中处理。

1.户分类

因地制宜地制定农村生活垃圾分类减量方法，由政府为农户配备统一的分类垃圾桶和垃圾袋等垃圾分类存储工具，农村居民将每天产生的生活垃圾自行分类（按照灰渣垃圾、有机易腐烂垃圾、有价废品或有毒有害垃圾等不同的分类方式）存放或投放至垃圾收集点。

2.就地处理

由保洁人员通过流动垃圾车定时、定点收集由居民分类投放的生活垃圾，分别送往本地区不同的处理场所。如政府将集中回收的灰渣垃圾用于造地制砖，厨余（有机易腐烂）垃圾进行堆肥处理用于农村替代施用化肥，保护环境；有价废品统一出售给废品回收部门；有害垃圾集中存放，统一送到有资质的单位处理。典型垃圾分类处理模式如图4-9所示。

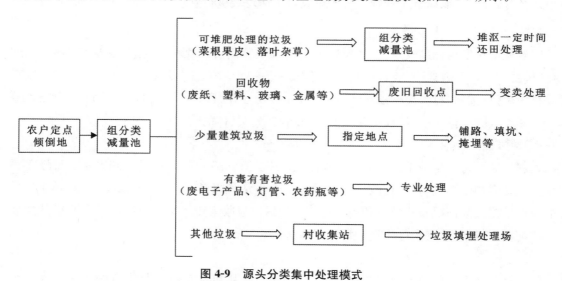

图 4-9　源头分类集中处理模式

4.5.1.3　源头分类分散处理模式

我国部分山区农村、远郊型农村和其他偏远落后农村，经济不发达、交通不便、人口密度低、距离县（市）20km以上，可采取源头分类分散处理模式。源头分类分散处理模式与源头分类集中处理式的区别在于处理方式上的不同。同样地，该模式要求村民首先对生活垃圾源头分类，有价废品由废品回收人员收购，有机易腐烂类垃圾和灰渣类垃圾（占农村生活垃圾总量的 70％以上)不出村镇即可被就地消纳处理,能够显著降低传统模式垃圾收集、运输和处理过程中的固定设施投入和运营成本,杜绝对环境的二次污染。对剩余的少部分不可回收、村内不能就地消纳的垃圾,则可经统一收集后运送至上级地区生活垃圾处理站进行处理,这种方法可以明显减少传统方法下农村生活垃圾收运和处理过程中的设施建设投入和运营管理成本。

4.5.2　农村生活垃圾管理对策

4.5.2.1　完善立法和执法标准

农村环境问题渐趋严重,农村环境质量标准、污染物排放标准、农村生活垃圾污染及防治等立法缺位。而构建和完善农村环境管理体系,首要对策便是完善国家层面立法,加强专项立法和地方性法律法规建设,健全农村生活垃圾污染防治的配套法律制度(责任延伸制度、奖惩制度、垃圾年收费制度、垃圾分类制度、处理处置技术规范等),完善和落实农村生活垃圾处理处置标准规范及技术指南。同时,农村环保管理需明确各监管责任主体及其权责范围,完善以政府为主导的农村生活垃圾管理机制,将农村生活垃圾的管理工作纳入地方政府公共服务及干部考核体系,制定农村环境卫生工作制度,实施制度化、常态化的环境卫生作业和考核制度。

4.5.2.2　构建专业管理队伍

农村垃圾收集成本高、经济效益低、市场化运作困难、环境管理和环保资金对政府部门的依赖性较强,农村环保建设资金投入有限、环卫设施简陋、设计不合理、人员配备不足。2014 年,随着城乡一体化发展及行政区划的规范与调整,我国乡镇区划个数从 2000 年的49668 个降为 40381 个,并已趋于稳定,乡镇环保机构数量在全国环保机构总数中的占比也逐年上升,但农村环境问题渐趋严重,现有环保机构和人员数量远未达到稳定和饱和。因此,需要充分发挥地方各级政府、村委会和居委会在农村环境卫生管理和建设中的自主作用,特别是在基层应建立一支具有生活垃圾分类管理知识的专业化领导小组与宣传队伍,引导公众参与环境卫生管理,通过免费分发生活垃圾收集物品,制作、派发免费宣传册、宣传品,在地方电视台或村内广播宣传,定期组织环保知识竞赛,成立义务监督、宣传小组等方式,全面提升农村居民环保意识和环保积极性,充分认识环境污染的危害以及环境治理的紧迫性。除此之外,对保洁人员的定期培训和教育,将大力推进农村环保建设,全面提升农村干部及村民的环保意识。

4.5.2.3　加强实用的农村生活垃圾资源化技术研发

我国大部分地区农村生活垃圾的处理主要采取简易填埋、临时堆放焚烧和随意倾倒三种方式,资源化水平低下。应结合农村生活垃圾分类减量化的要求,采用集中和分散相结合、无害化和资源化并重的处理处置方式,建立相对完善、低成本的农村生活垃圾城乡一体化管理体系,研发成本低、污染少、可持续的农村生活垃圾收运处理处置技术,如农村生活垃圾源头分类分流投放技术、收运过程二次污染控制技术、残渣精细化末端卫生填埋及残渣再利用技术等,因地制宜推进农村生活垃圾无害化处理,探索具有地域特点和典型意义的农村生活垃圾处理模式。同时,应加强实用的农村生活垃圾资源化技术研发,包括高附加值可回收垃圾清洁提质技术、农村有机垃圾和粪便混合厌氧发酵产沼与沼渣制有机肥技术、农村可燃物衍生燃料制备技术等,有效提高农村生活垃圾资源化技术水平。

4.5.3 农村生活垃圾管控法律法规体系

我国与农村生活垃圾相关的法律法规、标准制定起步晚而且较为粗放,基本上没有考虑农村生活垃圾污染防治的特点,专门涉及农村生活垃圾污染防治的立法少之又少,理论上可以适用的立法又存在管理盲区。2005 年,全国人民代表大会颁布了《中华人民共和国固体废物污染环境防治法》,第一次新增了有关农村生活垃圾污染防治的条款(第三章第四十九条),指出农村生活垃圾污染环境防治的具体办法,由地方性法规规定。而多数省市并没有制定相应的地方性法规,由此导致农村生活垃圾的处理"无法可依"。但随着法律法规的完善,近年来我国在与农村生活垃圾有关的法律法规体系建设方面取得了长足进步。

2009 年 1 月 1 日,我国施行了《中华人民共和国循环经济促进法》,明确了生产、流通和消费等过程中进行的减量化、再利用、资源化活动,为农村生活垃圾减量、再利用和资源化提供了法律依据。该法强调县级以上人民政府应当统筹规划建设城乡生活垃圾分类收集和资源化利用设施,建立和完善分类收集和资源化利用体系,提高生活垃圾资源化率(第四章第四十一条)。此外与之对应的是,我国"十五"规划至"十三五"规划特别强调了生态环境主题,重点关注了废物资源化问题。

同时,我国也逐步加强了与农村生活垃圾有关的标准、规范和技术导则的编制工作。2008 年 8 月 1 日,颁布实施了《村庄整治技术规范》(GB 50445—2008),指出农村生活垃圾宜推行分类收集,循环利用:规定每个村庄应设置不少于一个垃圾收集点,并对分类的垃圾类别和去向做了相关建议和指导。2011 年 1 月 1 日,实施了《农村生活污染控制技术规范》(H574—2010),要求生活垃圾应实现分类收集,并且分类收集应该与处理方式相结合,并建议农村生活垃圾可以采用分为农业果蔬、厨余和粪便等有机垃圾和剩余以无机垃圾为主的简单分类的方式收集,有机垃圾进入户用沼气池或堆肥利用,剩余无机垃圾填埋或进入周边城镇处理系统。2013 年 7 月 17 日,实施了《农村环境连片整治技本指南》(H2031—2013),指出农村生活垃圾需优先开展垃圾分类与资源化利用,同时给出了农村生活垃圾"分类＋资源化利用"模式和城乡一体化处理模式。2013 年 1 月 1 日,公布了《农村生活垃圾分类、收运和处理项目建设与投资指南》,将农村生活垃圾分为有机垃圾、可回收废品、不可回收垃圾和危险废物四类,实现生活垃圾的源头减量化的分类方式。同时,还对农村生活垃圾源头分类的建设(农村生活垃圾分类宣传材料,户用垃圾桶等)和投资估算指标进行了概述。2016 年在各地先后出台农村生活垃圾处理技术规范的推动下,住房和城乡建设部与质检总局也联合发布了《农村生活垃圾处理技术规程(2016 年征求意见稿)》。

总的说来,不论是大纲、建议或是具体的技术规范,这些文件内容都越来越详细,为农村生活垃圾治理工程提供了有力的指导,显示出了农村生活垃圾有关的规范标准体系在不断更新、进步。此外,在解决农村生活垃圾问题上,工作方向正在建立农村生活垃圾收集、转运和处理的基础上,转向生活垃圾分类与资源化利用上来。但是,这些法律法规与政策中多使用"宜""应""建议"等字词,而且农村生活垃圾管理的责任主体与公众参与部分相对较少,增加了落实的难度。

从治理农村生活垃圾问题的视角,结合我国农村生活垃圾污染防治的特点,应当构造和完善农村生活垃圾管理的法律体系,对国家层面的立法进行完善,加强专项立法和地方性法律法规建设,使农村生活垃圾管理因地制宜,有法可依。对农村生活垃圾污染防治的配套法律制度进行完善,具体包括责任延伸制度、奖惩制度、垃圾收费制度、垃圾分类制度、处理处置技术规范等,加强农村生活垃圾管理法律制度的可操作性和适用性。同时,需要完善和落实农村生活垃圾处理处置标准规范体系。针对现有体系缺乏对农村生活垃圾处理标准和规范的现状,应明确农村生活垃圾和城市生活垃圾的区别,专门针对农村生活垃圾制定有关源头分类、收运、处理处置的标准规范和技术指南等。我国农村生活垃圾相关法律法规特点梳理,如表 4-9 所示。

表 4-9　　　　　　　　　　　　我国农村生活垃圾相关法律法规特点梳理

名称	颁布机构	有关内容
《中华人民共和国固体废物污染环境防治法》(2015 年 4 月 1 日实施)	全国人民代表大会	第三章第四十九条:农村生活垃圾污染环境防治的具体办法,由地方性法规规定
《村庄整治技术规范》CB 50415—208(2008 年 8 月 1 日实施)	中华人民共和国住房和城乡建设部、国家质量监督检验检疫总局	1.一般规定:农村生活垃圾收集处理的原则。 2.垃圾收集与运输:倡导分类收集,循环利用;垃圾收集点的要求;垃圾收集与转运的卫生防护等。 3.垃圾处理:不同种类农村生活垃圾分类处理处置与资源化利用技术路线
《中华人民共和国循环经济促进法》(2009 年 1 月 1 日实施)	全国人民代表大会	1.地方人民政府应当按照城乡规划,合理布局废物回收网点和交易市场,支持废物回收企业和其他组织开展废物的收集、储存运输及信息交流。 2.县级以上人民政府应当统筹规划建设城乡生活垃圾分类收集和资源化利用设施,建立和完善分类收集和资源化利用体系,提高生活垃圾资源化率

续表

名称	颁布机构	有关内容
《关于实行"以奖促治"加快解决突出农村环境问题的实施方案》(2009 年 2 月 27 日发布)	中华人民共和国环境保护部、财政部、国家发展和改革委员会	整治内容:政策重点支持农村饮用水水源地保护、生活污水和垃圾处理……和土壤污染防治等与村庄环境质量改善密切相关的整治措施
《中央农村环境保护专项资金管理暂行办法》(2009 年 4 月 21 日发布)	中华人民共和国环境保护部、财政部	实行"以奖促治"方式的专项资金重点支持以下内容: 1.农村饮用水水源地保护。 2.农村生活污水和垃圾处理。"以奖促治"资金主要用于符合以上内容的农村环境污染防治设施或工程支出
《农村生活污染控制技术规范》HJ 574—2010(2011 年 1 月 1 日实施)	中华人民共和国环境保护部	规范化垃圾收集、转运、回收方式方法、处理工艺技术要求、监督与管理措施
《农村生活垃圾分类、收运和处理项目与投资指南》(2013 年 11 月 11 日发布)	中华人民共和国环境保护部	为农村生活垃圾技术模式的选取提供参考,为垃圾分类、收集、转运和处理工程的规划立项选址设计施工验收及建成后运行与管理提供依据
《关于改善农村人居环境的指导意见》(2014 年 5 月 29 日发布)	国务院办公厅	加快农村环境综合整治,重点治理农村生活垃圾和污水。推行县域农村生活垃圾和污水治理的统一规划、统一建设、统一管理
《全面推进农村生活垃圾治理的指导意见》(2015 年 11 月 3 日发布)	中华人民共和国住房和城乡建设部、中央农村工作领导小组办公室、中央精神文明建设指导委员会办公室、国家发展和改革委员会、财政部、环境保护部、农业部、商务部、全国爱国卫生运动委员会办公室、中华全国妇女联合会	1.第一次将农村的生活垃圾、工业垃圾等一并处理;第一次由十个部门联合发文;第一次提出了农村生活垃圾 5 年治理的目标任务。 2.推行垃圾源头减量;适合在农村消纳的垃圾应分类后就地减量

4.6　农村生活垃圾处理的发展趋势与政策建议

4.6.1　农村生活垃圾处理存在的问题

4.6.1.1　管理机制问题

1.缺乏农村生活垃圾处置法律规定和相关标准

我国 1989 年通过的《中华人民共和国环境保护法》未对农村生活垃圾处置提出要求,直至 2014 年 4 月 24 日通过的修正案才明确了政府对农村生活垃圾处置的责任;《中华人民共和国固体废弃物污染环境防治法》中第 49 条指出,农村生活垃圾污染环境防治的具体办法由地方性法规规定,而实际上仅在近两年才有若干省份开展了地方性法规的尝试,这导致我国农村目前缺乏处理生活垃圾的专门法律规定。

2.缺乏农村生活垃圾专门管理机构

目前我国城市生活垃圾收集处置管理主要在各城市的城市管理局或市容管理局等部门,这些部门明确的管辖范围为城市建成区,农村未纳入其管理范围内。这导致农村生活垃圾没有专门的职能机构进行管理,作为纯公共服务领域而没有组织、资金、人员提供相关服务。

3.农村生活垃圾处置未纳入环境公共服务体系

我国虽在一些农村生活污染治理技术规范中已提出四级管理体系,但是在多数地区未建立其管理体系,即使在城乡接合部同样存在不能将其真正纳入城乡一体化管理的问题,使城乡接合部常常作为各城市卫生管理的死角成为其卫生城市创建的瓶颈。

4.缺乏对村镇干部的考核机制

虽然我国法律规定了各级政府的环境保护责任,但是在 GDP 主义的发展模式之下,对干部的考核目前仍将经济增长作为一项重要指标,包括环境保护在内的公共服务绩效未能在干部考核工作中得到真正落实,也没有相应的惩戒和奖励机制,使得干部既没有做好农村环境卫生工作的压力,也缺乏做好环境卫生工作的动力。

4.6.1.2　规划问题

1.垃圾收集点选址规划缺乏对农村分散居住等特点的关注

影响村民将垃圾放到指定地点因素的调查结果显示,42.3%的村民认为是距离问题,57%的村民表示如果距离合适的话愿意将垃圾放到指定地点。我国农村的生活垃圾堆放场地都离居民生活区不远,但由于用地问题通常集中在村四周的河道、沟渠、水塘、树林旁边。据调查显示,在一些农村地区有 59.4%的垃圾放在河道、水塘旁边,16.2%的垃圾堆放在树林旁边,另有 8.3%的垃圾堆放在村中的道路旁边,而垃圾堆放到指定地点的比例仅占11.3%。如某村庄的 7 个大型垃圾堆放场地中,有 3 处直接接触水源,3 处位于村中道路旁

边,且常年堆积,只有离村子比较远的1处垃圾场地有定期的垃圾处理车清理。

2.垃圾处置设施规划缺乏环境评估

由于我国农村居民居住分散,距离中转站和垃圾填埋场(或垃圾焚烧厂等)较远等特点,加之县区经济实力不足,一些地区直接在村头建焚烧炉,以解决村庄垃圾的最终处置问题。有些乡镇临时圈地将垃圾堆放于无任何防渗措施的郊外,有些乡镇建立了一批小型垃圾焚烧炉处置生活垃圾,但是小型垃圾焚烧炉运行稳定性差,存在较大的环境风险。

4.6.1.3 设施建设问题

1.村组环卫设施建设不足

在城乡二元结构下,我国农村环境卫生未得到重视,大多数村组尚未建设环卫设施,目前仅在部分城乡接合部以及在农村环境整治专项资金支持的试点示范区开展了相关环卫设施的建设,垃圾收集设施不足导致多数农村不得不处于随意丢弃生活垃圾的状况。

2.最终垃圾处置场所建设滞后

由于垃圾填埋场设置要求越来越高,垃圾焚烧项目近年来遭遇阻力较大,各地生活垃圾无害化处理设施建设总体滞后。此外,由于各地过去环卫规划多以城镇生活垃圾处理量为依据,导致新增收集的农村生活垃圾接纳能力不足。据广东省19县的调查显示,生活垃圾无害化处理水平较低,覆盖率仅40.72%。

4.6.1.4 资金问题

1.环卫设施建设经费缺口大

我国农村环卫设施建设严重不足,目前仅在部分城乡接合部以及在农村环境整治专项资金支持的试点示范区开展了相关环卫设施的建设,环卫设施建设资金缺口较大。

2.农民缺乏环保支付能力和支付意愿

2013年我国农民人均年纯收入8696元,远低于城市居民人均年可支配收入26955元的水平,农民本身环保支付能力不足,同时也缺乏环保支付的意愿。如对无锡市郊区农民环保支付意愿的调查显示,65.7%的人希望政府全部支付,33.4%人选择主要由政府出钱,村民适当交一点,只有0.8%的人选择主要由村民集资,政府适当补一点;但是,在具体环保支付意愿调查中,高达72.2%的人不愿支付环保费用,25%的人愿意每人每月支付0~10元,仅2.8%的人愿意每人每月支付10元以上。

3.环保基础设施运行经费无来源

目前,我国中央财政专项资金主要针对环保基础设施建设,基本不允许用于后期运营维护。如在我国华东地区农村环境整治示范点调研发现,许多环保基础设施没有正常运行,成为"面子工程"或者"晒太阳工程"。按照环保基础设施维护及运行管理费用占其建设费用的20%计算,浙江省农村环境整治维护运行费用每年需要3.8亿元,全部建成后所需费用达67亿元。由于国家专项资金中没有运营维护资金,地方上在环境基础设施建设上已经投入了大量资金,无力承担环保基础设施日常运营维护资金,使设施得不到正常的运行维护,导致工程设施移交当地后往往不能得到长效运行。

4.有限资金被挪作他用

目前,我国环卫建设资金有限,加之农村经济不发达,相当部分地区村镇财政经费严重不足,在一些地区把专项经费挪作他用,层层雁过拔毛,导致环卫建设经费更是雪上加霜。

4.6.1.5　技术问题

1.农村垃圾的处置在技术上常直接参考城市处置模式,缺少对堆肥等资源化利用的设计

据对广东某农村地区的调查结果显示,在沼气普及的农村,仅 7.29% 的农户有餐厨垃圾产生;而在无沼气池的农村,有餐厨垃圾产生的农户高达 50%。但是,在实际生活垃圾处置中多直接参考城市生活垃圾处置模式,忽略了农村生态系统,尤其是农业生态系统自身对有机废弃物的消解能力,这样一方面不得不加大生活垃圾收集、运输、处置的压力,另一方面又会造成资源的巨大浪费,同时由于有机肥的不足,还将导致我国化肥投入过大。

2.规划设计缺乏科学规范的技术审查

农村环卫设施建设体量较小,未能参考城市环境卫生规划和设计的相关规范,建立起自身规范的技术审查制度、机构、人员及相应的审查要求。

4.6.1.6　运行问题

1.尚未建立制度化保洁队伍

由于保洁队伍建设需要长期资金支持,目前我国农村仅在部分试点示范地区农村建立了保洁队伍,多数农村尚未建立起制度化保洁队伍。即使在试点示范地区农村,因检查需要成立了保洁队伍,但是由于缺乏资金支持和监督考核机制,也流于形式。

2.缺乏对农民环保意识和行为规范的培养

由于农民缺乏环境意识和良好的卫生习惯,相当部分村民仍随意丢弃垃圾。

4.6.2　农村生活垃圾处理的发展趋势

在农村生活垃圾产生量趋于增长、土地资源紧缺及环境保护日益重要的背景下,农村生活垃圾治理呈现出以下趋势。

一是"城乡一体化"处理模式将全面推开。很多地区已经作出硬性规定,要求对农村垃圾实行"户收集、村集中、镇转运、县(市)集中处理"的城乡一体化运作模式。有信息显示,2016 年底,全国行政村处理的生活垃圾中,有 43% 是集中运送至城镇处理设施处理的。近几年由于推广该模式的地区不断增加,该比例应该正在稳步提高。

二是垃圾分类和厨余垃圾堆肥化利用的探索和推广。混合收集与城乡垃圾无差别处理体系结合后,对终端处理设施及场所造成很大压力。垃圾分类可显著实现垃圾的减量和资

源化利用,因此成为国家鼓励和探索的方向。例如,江西乐平的试点经验表明,垃圾分类可以在源头实现 60%以上的减量。浙江农村垃圾工作的重点之一就是垃圾分类,尤其是厨余垃圾。宁波以行政村为一个终端处理单元,在垃圾分类基础上对有机垃圾因地制宜确定了太阳能成肥和机械成肥两类处理模式,效果较好。

三是市场化运作模式将被更多的地区接纳。自 2013 年底以来,政府与社会资本合作的 PPP 模式获得财政部和一些地方政府的大力支持。政府通过购买服务,将农村垃圾从清扫、收集到终端处理,都交给第三方环保公司运作,促进了城乡垃圾处理规范化、一体化和专业化,成为有条件地区推广的模式。

四是垃圾填埋和焚烧的技术将不断革新并运用到实践中。目前,各地垃圾填埋和焚烧技术正在升级改造中。地方上有很多简易垃圾填埋场和焖烧炉,由于这些场所的垃圾堆放区地面没有硬化,会造成垃圾渗透液污染,而焖烧炉燃烧不充分的烟尘会造成空气污染,所以革除改造这些简易处理方式势在必行。江西余干县就对本县焖烧炉和简易填埋场开展了整治和拆除。同时,现有的技术也在不断升级中,浙江宁波多地就对现有的焚烧发电厂进行了技术升级和改造。

五是垃圾焚烧将取代垃圾填埋成为主要处理方式。垃圾填埋存在占地多、渗滤液难处理、恶臭较难控制等缺点,由于经济、技术和管理等方面的限制,填埋场存在不同程度的二次污染。相对来说,焚烧后剩下的残渣仅占垃圾原体积的 10%～20%,大大消减了固体废物量和填埋占地,还可以消灭各种病原体;焚烧产生的热量也可用于发电和供暖。在越来越成熟可靠的技术保障和规范管理制度下,越来越多的省份正在大力推广以垃圾焚烧取代垃圾填埋。浙江全域推广垃圾焚烧,提出在 2020 年垃圾处理原则上不允许填埋,江西一些地区甚至期待通过焚烧处理已被填埋的垃圾。

4.6.3 农村生活垃圾处理的政策建议

为促进农村垃圾处理的减量化、无害化和资源化,针对现有问题,有必要完善和细化农村生活垃圾管理办法,加大农村垃圾处理的资金保障力度,积极探索政府保底的多元投入机制,建立多元化、综合性的农村生活垃圾处置方式,因地制宜推进农村生活垃圾源头分类和终端处理技术研发。

1.完善法律,因地制宜与相互借鉴相结合细化地方管理办法

在农村生活垃圾处理专项法律缺失的情况下,要抓紧研究出台相关专项单行可行的法律。同时,应根据现有法律中关于固体废弃物的处理规定,进一步完善农村生活垃圾处理的国家标准和技术规范,出台农村生活垃圾的具体管理办法或政策文件,进一步细化责任,明确防治要求。由于东、中、西部经济发展水平差异大,农村垃圾处理体系建立起步有早晚,体系的完备性和先进性差异大,在制定相关法规时要充分考虑到这种差异性。同时,农村生活垃圾管理的落后地区应该借鉴成熟地区的法律法规,因地制宜制定并细化本地农村生活垃

坂管理的具体办法。

2.加大基础设施投入,推进体系建设,建立多样化的农村生活垃圾处理模式

垃圾处理体系建设应遵循减量化、资源化和无害化三个原则,在明确政府、企业和公民各自责任的前提下,建立和落实生活垃圾源头减量、资源综合利用和无害化处理体系建设。一要加大基础设施投入和更新改造力度。利用和完善各种现有设施,改建和兴建垃圾中转站,建立覆盖村镇的乡村保洁和垃圾回收基础设施体系。二要健全农村垃圾处理的环卫机构和各项管理制度。完备的机构和人员队伍是顺利处理垃圾的必要条件,要解决农村生活垃圾管理缺位和实现城乡一体化,首先要建立起垃圾管理机构和人员队伍,实现配备上的城乡对接。在此基础上,健全各项管理制度和垃圾处理技术规范。三要因地制宜采用不同的垃圾处理模式,确定适合当地的工作重点。垃圾处理的城乡一体化、垃圾分类和资源化利用应该根据不同地区实际情况逐步有序推进。应该允许人少、面积广、地形复杂且财力不足的地区,在条件不具备时暂时采取就地就近处理模式,允许这些地区从村庄保洁开始,逐步建立适合当地的垃圾处理模式。四要探索适合当地的市场化运行体系。政府运维和 PPP 委托第三方运维是两种方式,应该给当地选择的余地。在有条件的地区探索专业环保企业介入垃圾处理全过程是有价值的,但是不宜一刀切地要求必须推行。

3.加强资金保障体系建设,探索政府保底的多元投入机制

农村垃圾处理是一项公益事业兼民生工程,政府保底是责任。但是,农民作为受益主体,也应适当承担清洁费用。2014 年中央一号文件指出,要在"有条件的地方建立住户付费、村集体补贴、财政补助相结合的管护经费保障制度"。农村生活垃圾处理设施的建设费用主要由政府出资解决,但是运行费用则应该由政府和村集体、村民共同承担。各级政府可以根据实际情况,探索以政府为主体的多元化资金投入机制。支持地方积极探索引入市场机制,逐步将农村生活垃圾治理项目推向市场,通过市场化运作筹措资金,通过财政、税收和金融政策吸引社会力量和企业参与垃圾分类处理和综合利用。如可对参与企业(如从事垃圾填埋、沼气发电项目)所得进行税收抵扣、优惠和减免。

4.总结经验,科学推进农村生活垃圾源头分类和回收利用

农村生活垃圾源头分类可显著实现垃圾减量化和资源化利用,可以在有条件的地区推行垃圾源头强制分类。在当前情况下,第一,要加强宣传教育,通过典型经验的宣传推广和代表性地区的示范、各种媒介的宣传和社会专业化组织的参与,推动农村生活垃圾分类工作。第二,源头分类要科学,在明确每类垃圾处置去向的基础上制定分类方法。比如,厨余垃圾在堆肥化处理和焚烧处理之间的选择,可堆肥化处理的品质高的厨余垃圾可分出来,不可处理的就不必分出而直接焚烧。同时,对有毒有害垃圾和建筑垃圾的分类收集也要重视。第三,根据各地垃圾治理的基础,设置合理的垃圾分类目标和要求,合理规划农村生活垃圾分类处理方案,合理规划布点。科学规划终端位置,针对村庄的实际,优选机器成肥处理为主的适用技术模式,鼓励多村联建,并细化辖区内终端设施的布点、规模、辐射区域,合理配

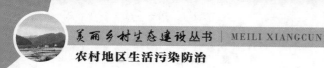
备保洁员(分拣员)数量。第四,逐步量化每户垃圾量,探索建立垃圾排放付费制度。第五,建立垃圾分类个人诚信制度,促进自觉实行垃圾分类。第六,支持可回收垃圾资源化利用项目落地的研究和立项,建立资源化利用制度;通过垃圾处理技术的改进提高无害化处置能力,同时相关制度、资金应该配套,确保各环节有足够的资金投入。

5.加大垃圾处理终端技术研发,促进垃圾减量化、无害化和资源化利用

垃圾的清洁焚烧是未来垃圾处理的主要发展方向,但是在选址建设中经常遇到"邻避困境",公众对周边建设这样一个项目充满担忧和疑虑,主要原因是担心垃圾焚烧会产生二噁英污染。在推广垃圾焚烧发电项目时,除加强宣传外,应加强针对有大量农村生活垃圾混入的焚烧相关技术和废气排放标准的制定,研究和引入适用于农村地区生活垃圾特点的无污染、高质量的清洁焚烧技术。垃圾填埋要保证严格按照技术规范操作,重点研发推广技术先进、经济可行的垃圾渗滤液收集和处理技术。在有条件的地区,可以考虑研发能收集垃圾填埋场废气的适宜技术,用于发电或利用其热值。对于厨余垃圾,应该鼓励相关堆肥化处理专用设备的研发和推广运用,以保证在农村地区最大限度实现生活垃圾就地资源化利用。

第 5 章　农村生活空气污染防治

在我们抱怨城市蓝天难得一见的时候,孰不知农村的蓝天也在消失;农村雾霾的危急情况远比城市严重,而这其中最容易忽略的当属农村生活空气污染。

5.1　农村生活空气污染防治的发展历程

5.1.1　农村生活空气污染防治的意义

近年来,人们对空气质量的关注度很高,采取了一系列治理措施,取得了可喜的成果。近两年的监测数据表明,在全国范围内,空气质量明显改善。然而,相对而言,广大民众特别是农村居民对空气污染尤其是室内生活空气污染及其带来的危害仍然认识不足。

日常生活中,室内会产生空气污染源,比如吸烟、室内装修、做饭等。经过研究分析,室内污染源主要是来自固体的燃烧,包括散煤、秸秆和薪柴等。值得注意的是,相较于城市居民,农村的室内空气污染的问题更为严重,主要原因在于大部分室内燃烧主要发生在农村,直接来自燃烧的细颗粒物(PM2.5)导致的健康危害程度远远超过公众熟悉的甲醛和苯系物等造成的危害。目前,中国的农村,尤其是西北、西南、东北和华北地区农村,仍在大量使用原始生物质燃料或者燃煤来做饭和取暖。根据第二次全国污染源普查的农村能源调查数据,做饭、取暖产生的 PM2.5 排放量占总排放的 1/3,这一方面会影响室外空气质量,更直接导致室内空气质量变差。然而,广大农村地区的民众意识不到室内空气污染,认识不到其来源和对健康造成的危害。

造成这种现状的原因,一方面在于缺乏相关知识和信息,导致人们对室内空气污染的关注不够;另一方面在于农村地区居民的自我健康保护意识相对薄弱。当然,从根本上来说,在于当前农村地区家庭生活的能源结构。目前,治理农村室内空气污染要相应从以下方面入手,既要大力加强相关知识的宣传普及,提高广大群众,尤其是农村民众的自我保护意识,重视室内空气污染问题,又要下大气力改善和升级农村地区的家庭能源结构,淘汰原始生物质能源的简单燃烧使用,代之以新型"绿色"高效的燃烧设备和清洁燃煤、天然气、太阳能光热、风能、干热岩能源等。

党的十九大报告提出,人与自然是生命共同体,人类必须尊重自然、顺应自然、保护自然。报告还将"坚持人与自然和谐共生"作为新时代坚持和发展中国特色社会主义的十四条基本方略之一。农村应充分发挥地方特色,保护自然环境,防止生活空气污染,增强农村居

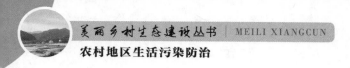
民的生活幸福感。

5.1.2　农村生活空气污染防治的工作方法

为落实《中共中央国务院关于推进社会主义新农村建设的若干意见》,有效防治农村生活污染,改善农村生态环境,根据《中华人民共和国环境保护法》《中华人民共和国水污染防治法》《中华人民共和国固体废物污染环境防治法》和《中华人民共和国大气污染防治法》等相关法律法规,制定《农村生活污染防治技术政策》(环发〔2010〕20 号)。

(1)鼓励农村采用清洁能源、可再生能源,大力推广沼气、生物质能、太阳能、风能等技术,从源头控制农村生活空气污染。

(2)推进农村生活节能,鼓励采用省柴节能炉灶,逐步淘汰传统炉灶,推广使用改良柴灶、改良炕连灶等高效低污染炉灶,并应加设排烟道。

(3)以煤为主要燃料的农村应减少使用散煤和劣质煤,推广使用低氟煤、低硫煤、固氟煤、固硫煤、固砷煤等清洁煤产品。

5.1.3　农村生活空气污染防治相关法律法规

完善我国农村大气污染防治的法律建议如下。

5.1.3.1　建立区域大气污染协调共治机制

由于大气污染具有流动性的特点,在法律层面的应对措施在某一经济区域内协调共治才能够达到最佳的治理效果,在这方面,《大气污染防治法》第五章用专章规定了重点区域大气污染联合防治,但是这些规定均属于原则性的,对联合防治的具体细节并未作规定。建议对联合防治制度进一步细化规范,以加强农村大气污染的治理,从而达到城市与农村协调治理的程度。为此,要完善以下机制:一是联合立法机制。立法修改后地级市可以有权制定地方法规,可以由不同辖区的城市所在地与农村所在地的人大共同制定联合性地方法规,在城市与农村共同适用,以提升农村大气污染的治理力度。二是联合司法机制。要实现大气污染环境纠纷公益诉讼的跨区管辖,不论城市还是农村,公益诉讼的生效裁判对农村和城市同时生效。三是联合执法机制。只要解决大气污染防治跨区联合执法的问题,尤其是农村地区的大气污染防治执法,不仅要依靠内力化解,同时还要借助外力共同化解。

5.1.3.2　加强农村大气污染防治执法力度

根据《中国环境年鉴》,2013 年,全国乡镇环保机构执法人员总数为 10252 人,环保机构2694 个,而同期我国共有乡镇级行政机构 73426 个,全国平均每个乡镇环境执法人员为0.14 人。大气污染物环境监测结果是大气环境执法的依据,截至 2014 年初,我国有大气环境监测点 3001 个,其中国家监测点 1463 个,地方监测点 1538 个,几乎全部位于大城市,农村甚至没有空气质量监测站点。由此也可以看出,农村地区大气污染环境执法的力度是积贫积弱的。

要解决农村地区的大气污染问题,加强大气污染执法力度是必经路径。建议从两个方面入手:一是增加执法人员数量。在不改变执法人员编制数量的情况下,对环保机关的执法人员实施承包制,做到县域内每一乡镇至少要有 1～2 名执法人员常年负责现辖区内每个村子的大气污染防治环境执法工作,以加大执法力度。二是监测站点建设。县级环保部门要逐步建设大气环境监测站点,初期应当保证每一县城有 1 个大气环境测站点,然后逐步向乡镇农村扩展,最终要保证每一乡镇要有 1 个大气环境监测站点,对农村地区的大气污染情况进行适时监测,从而使大气污染环境执法更加科学合理。

5.1.3.3　建立产业转移承接法律机制

城市在治理大气污染治理过程中将工业生产企业向农村转移是造成农村大气污染的重要原因之一。一般情况下,城市将不符合城市功能的产业向周边农村地区转移可以带动周边农村地区的经济发展,实现区域经济协同发展,但这些企业到农村后,由于执法力度偏软,污染排放增加。农村承接城市产业转移项目时,应当以地方立法的形式建立拆分转移规则,即城市内的工业生产企业向农村转移时,先要核定其污染物排放水平,保证企业排污水平不超过农村地区污染物控制水平。

5.1.3.4　健全农村环境治理专项资金制度

近年来,国家对农村地区环境治理的关注力度有所加强,2009 年财政部与环境保护部共同出台《中央农村环境保护专项资金管理暂行办法》,专项资金在农村实行"以奖促治"和"以奖代补",支持的内容包括水资源垃圾处理、畜禽养殖、历史遗留、土壤等几个方面,虽然有兜底条款,但是并未明确专项资金对大气污染治理的支持,这是农村地区在治理大气污染过程中得不到中央财政支持的一个重要原因。在地方财政方面,近年来,地方对治理大气污染的投入力度非常大,但是资金基本上用于过滤改造、清洁能源、淘汰黄标车等项目,这些钱绝大多数流向了城市。鉴于实践中大气污染治理专项资金运行方面的这种情况,建议由国家出台规范保障农村大气污染治理专项资金的数量比例和投入领域,并由地方立法规定地方政府拨付的农村大气污染治理专项资金的数量和用途,这样就可以部分解决农村地区治理大气污染所需的资金问题。

5.1.3.5　完善农村大气污染治理公众参与机制

从农村大气污染的成因可看出,要解决农村大气污染问题,应当从农村自身着手,完善公众参与机制,使每个村民都能够意识到大气污染防治不仅仅是政府的事,并积极参与到治理大气污染的行动中来,这样才能够使大气环境逐步改善。从以往的实践来看,农村居民对公众参与的权利、义务均不是很清楚,最常见的公众参与是举报他人违法,而对于约束自身环境行为的参与方式没有足够重视。建议进一步完善农村大气污染治理公众参与机制,明确公众参与的范围、程序、方式等细则,并通过宣传、教育等手段,让农村居民意识到大气污染防治与自身息息相关,逐步引导农村居民参与到大气环境治理中来。

5.2 室内空气污染物防治

5.2.1 农村室内空气污染产生的途径

人们每天有高比例时间在室内度过,仅仅解决室外空气污染问题实际上是远远不够的。当室内没有污染排出源的时候,室内空气主要受室外空气的影响,其影响程度超过一般人的想象。由于室内光程比较短,看到的空间比较有限,肉眼很难观察到空气的污染程度。一般情况下,关闭门窗并不能阻止室内空气污染,因为一般门窗的密闭效果是很有限的,室内外空气交换仍然比较频繁,所以室外污染严重的时候,室内污染的程度其实并不低。

5.2.1.1 室内装修

1.甲醛污染

据统计,城市 60% 以上的新装修家庭都会有甲醛污染的问题,但在农村,这一比例更高。由于农民没有这方面的意识或者这方面意识不是很高,随着城市有关部门对劣质板材的打击监管力度不断加大,许多劣质板材在城市里已经没有市场,但由于这些板材价格低廉,加上一些农村家庭对甲醛污染还没有引起足够重视,使得这些劣质板材在农村乘虚而入,被大量使用在各类装修中。

甲醛是世界卫生组织认定的一类致癌物,能对人的五官和呼吸系统造成危害。当人吸入甲醛后,轻者有鼻、咽、喉部不适和烧灼感,流涕、咽疼、咳嗽等,重者有胸部紧绷、呼吸困难、头痛、心烦等,更甚者可发生口腔、鼻腔黏膜糜烂,喉头水肿、痉挛等,长期过量吸入甲醛可引发鼻咽癌、喉头癌等多种严重疾病。

农村室内的甲醛污染来自各种人造板中使用的黏合剂,特别是装有人造板做的壁橱、整体厨房以及新买家具的房间,甲醛超标更严重。农村以及三四线城市更应该注重甲醛等室内污染的问题,因为监管和安全意识,对甲醛等室内装修污染认识不足,造成很大的安全的隐患。农村家庭的经济能力相对较低,一旦发生疾病的因素,抵抗能力更是低下,轻则家庭经济负担加重,重则失去生命。同时,专业的除甲醛公司的业务范围也难以辐射到农村。

2.苯污染

室内环境中的苯污染主要来自含苯的胶合剂、油漆、涂料和防水材料的溶剂或稀释剂。长期吸入苯会出现白细胞减少和血小板减少。育龄妇女长期吸入苯会导致月经异常,主要表现为月经过多或紊乱。在整个妊娠期间吸入大量甲苯的妇女,所生的婴儿出现小头畸形、中枢神经系统功能障碍及生长发育迟缓等缺陷的较多。

3.强致癌物超标

在华北某地家庭厨房中测得的苯并芘高达 $49 \sim 548 ng/m^3$,卧室中也高达 $31 \sim 187 ng/m^3$。这种强致癌物的室内空气国家标准为 $1.0 ng/m^3$。在西部某地测得的厨房

PM2.5浓度为 $72\sim1652\mu g/m^3$,高于北京或者哈尔滨重度污染情况下的室外浓度。

如果长年累月生活在这种空气下,更容易患上慢性支气管炎、支气管哮喘、肺气肿甚至肺癌。对使用固体燃料导致的健康危害研究发现,中国非吸烟妇女肺癌发病率偏高的原因就是使用固体燃料做饭。另外,根据世界卫生组织发布的死因分析,室外大气污染和室内空气污染排名都很靠前,分别占全部死亡贡献率的 10.8％和 8.9％。

5.2.1.2　燃煤

关于大气污染的成因,目前聚焦在工业、发电和交通等排放源,对生活源特别是农村生活用固体燃料(煤、秸秆和薪柴)使用导致的污染物排放缺乏应有的关注。尽管家庭生活燃煤量不足发电和工业耗煤量的 1/20,但由于家庭炉灶燃烧效率低且没有净化装置,单位用煤污染物排放量往往是工业和电厂的数十倍(如二氧化硫)、数百倍(如黑炭)甚至上千倍(如致癌的苯并芘)。因此,在很多情况下,控制家庭燃煤的效果不亚于控制电厂和工业排放。

2012 年开展的农村生活燃料调查得到的结果表明,二氧化碳和二氧化硫的主要来源无疑是电厂和工业(88％和 89％),氮氧化物主要源自工业、电厂和交通(97％),但生活源贡献了黑炭、有机碳和苯并芘总排放的 50％～65％。其中黑炭和有机碳是大气颗粒物的重要组分,苯并芘则是强致癌物。值得庆幸的是,由于经济发展和生活水平提高,越来越多城乡居民从固体燃料转向电、液化气、天然气和沼气等清洁燃料,生活源排放污染物在总体排放中的占比近 20 年来有显著下降。尽管如此,在区域大气污染控制中,生活源固体燃料使用造成的排放是绝不能忽略的,这在冬季需要取暖的北方地区尤为重要。

5.2.2　室内空气污染物防治技术

5.2.2.1　改善室内的通风条件

防治室内环境空气的污染程度,首先要改善室内环境的通风条件,降低空气中污染物的浓度。在房间内空气不流通的情况下,空气中的细菌和病毒可以随飞沫等飘浮30h,而经常性开启门窗换气,室内空气中的飞沫等将飘走,细菌和病毒等将无法在室内环境中繁殖,室内环境的污染物浓度也将显著下降。

有关检测结果表明,室内空气在通风 2h 后,环境中甲醛的浓度最大降幅量为 83％,最小降幅量为 36％,浓度值满足国家标准要求。室内通风是防治室内空气环境污染最好且最简单的方法。

5.2.2.2　控制室内环境的温度、湿度

室内建筑物品中甲醛的释放量随室内湿度和温度的增加而增大,为加快室内物品甲醛释放的速度,可增加室内环境的温度、湿度。因此,在刚装修的房屋内,可采取烘烤等增加室内温度的方法,或在室内摆放盆装清水,提升室内物品中甲醛的释放速度。另外,在工程施工以及居民在室内装修时,应选择经国家检测机构认定合格的材料,是防治室内环境中甲醛

污染的有效手段。

5.2.2.3　植物净化

室内可养植一些具有吸收苯、氨、甲醛、氡等有害物质的花草,降低这些有害物质的浓度。这种方法适合那些轻度污染的室内,主要是应对室内具有异味的环境,对中、高度的室内环境污染作用不明显。

5.2.2.4　光触媒治理

光触媒治理技术的优点是有效期长,对病毒、细菌、苯、氨、甲醛、氡等室内环境污染的治理效果显著。光触媒治理技术主要在紫外线照射下完成,因此这种技术主要用在对室内墙体的防治,对其他物品的治理效果不明显。而且这种技术对操作的专业性要求较高,施工成本高。

5.2.2.5　活性炭吸附剂治理

活性炭是一种对有害物质具有较高吸附性的物品,广泛被使用在防毒面具等产品中,能够过滤掉毒气等对人体有害的气体。活性炭类产品具有无污染、有效期长、价格低廉等诸多优点,可在民用住宅净化室内环境方面广泛应用。

5.2.3　清洁能源替代技术

传统意义上,清洁能源指的是对环境友好的能源,意思为环保,排放少,污染程度小。

5.2.3.1　可再生能源

消耗后可得到恢复补充,不产生或极少产生污染物。如太阳能、风能、生物能、水能,地热能,氢能等。中国是国际洁净能源的巨头,是世界上最大的太阳能、风力与环境科技公司的发源地。

5.2.3.2　非再生能源

在生产及消费过程中尽可能减少对生态环境的污染,包括使用低污染的化石能源(如天然气等)和利用清洁能源技术处理过的化石能源,如洁净煤、洁净油等。核能虽然属于清洁能源,但消耗铀燃料,不是可再生能源,投资较高,而且几乎所有的国家,包括技术和管理最先进的国家,都不能保证核电站的绝对安全,前苏联的切尔诺贝利核事故、美国的三里岛核事故和日本的福岛核事故影响都非常大。核电站尤其是战争或恐怖主义袭击的主要目标,遭到袭击后可能会产生严重的后果,所以发达国家都在缓建核电站,德国准备逐渐关闭所有的核电站,以可再生能源代替,但可再生能源的成本比其他能源要高。

可再生能源是最理想的能源,可以不受能源短缺的影响,但也受自然条件的影响,如需要有水力、风力、太阳能资源,而且最主要的是投资和维护费用高,效率低,所以发出的电成本高。许多科学家正在积极寻找提高利用可再生能源效率的方法,相信随着地球资源的短缺,可再生能源将发挥越来越大的作用。

5.2.4　节能环保炉灶技术

节能环保灶,是在全球进入能源枯竭的时期,为了节约能源而研制出的比普通炉灶消耗更少的节能灶具。节能环保灶之所以节能,主要是通过对普通炉灶进行改进,达到技术上的革新。很多厨卫电器公司生产的节能环保灶都是通过改进炉灶的进风方式(主要有上进风、下进风、侧近风、全进风等进风方式)和炉头尺寸的大小来达到节能的目的,改变进风方式能够使燃气燃烧更充分,既节约了燃气,又减少了一氧化碳和氮氧化物的排放量;改进炉头的尺寸大小可以使相同燃料燃烧更充分。

节能环保灶是燃具灶的一个发展方向,现在全世界都在提倡低碳生活、低碳经济,更是加快了节能环保灶的发展步伐。

5.2.5　清洁供暖技术

我国农村大部分地区供暖和其他生活用能方式较为原始,供暖设备缺乏统一标准,技术落后。供暖热源以生物质能和散煤直接低效燃烧为主,燃烧和能源利用效率过低,传统柴灶薪柴的利用效率仅为 15% 左右,大量使用的燃煤土暖气效率仅为 40% 左右,造成巨大的能量浪费和污染物排放,严重威胁农民的身体健康和影响大气环境质量。目前,北京、天津、河北、山西、山东、河南等多个北方省市,以煤改电和煤改气作为主要技术路径,正在积极开展煤改清洁能源工作。太阳能、生物质能、空气能、地热能与余热作为常见的供暖用可再生能源,以其较低的运行成本优势得到了越来越多的重视。

5.2.5.1　燃气

燃气往往受到管网限制,只有部分城郊农村可以使用。在农村地区铺设燃气管网受到成本和安全性限制,往往采用液化气或压缩气的方式,通过罐装或在村庄设置小型供气站供能。山西、内蒙等地区煤层气丰富,正在尝试将煤层气提纯或与天然气掺混后作为清洁供暖主要能源加以应用。

燃气供暖主要通过燃气锅炉集中供暖、燃气壁挂炉＋散热器或地面辐射装置供暖,分布式燃气热电联产等多种方式实现。燃气供暖技术传统成熟,产业支撑和市场化能力较强,用户接受程度高,在城市煤改清洁能源工程中的应用最为广泛,但其应用受到供气管网和气源可靠性的影响,越来越严格的低氮排放要求也对其在农村地区的应用前景蒙上了阴影。

5.2.5.2　电力

电力供暖分为电直热和电蓄热两种方式。常见的电直热方式有直热式电暖器、发热电缆、电热膜、碳晶、热轨、碳纤维等,以户式系统为主。电直热升温快,控制方便,施工简单,但是运行费用最高,一般不建议采用,但在部分局部或间歇供暖的场合可以有选择地加以应用。电蓄热是指带蓄热装置的电供暖系统,常见的电蓄热方式有蓄热电暖器、蓄热电锅炉、电锅炉＋水蓄热、电锅炉＋相变蓄热等,既可以用于户式系统,也可用于集中供暖,其中蓄热电暖器是目前煤改电推广的主要设备之一。电蓄热系统利用夜间谷电将全天耗热量生产出来,可充分利用峰谷电价,有效降低运行费用;但系统对电力增容的要求更高,一般为电直热系统的2～3倍,系统初投资较高,必须要有优惠的峰谷电价加以匹配才能实施,还需要有良好的放热控制措施才能达到理想的效果。

5.2.5.3　空气源热泵

空气源热泵供暖系统是目前煤改电项目中应用最广的技术。它利用逆卡诺循环原理,通过输入电力从低品位的空气中提取热能,输送给供暖装置使用。空气源热泵可分为热风型和热水型。热风型热泵一般分室设置,室内机直接置于房间内,控制灵活方便,利于主动节能,没有防冻需求,但农户对室内机噪音和热风供暖的接受性还需要进一步评估;热水型热泵一般和常规热水供暖系统配套,一户一系统,末端散热方式与原土暖气相同,农户易于接受,但不易实现分室调节,长期不住室内系统有防冻要求。目前,以北京为代表的煤改电项目中热水型热泵占了绝大多数。

与电直接转化为热相比,空气源热泵能效高,一份电力可产生多份热量,对电网增容要求相对要低很多,在既有农村建筑中更易于实施。但是,空气源热泵也存在低温环境下性能下降、结霜融霜、室外机噪音等问题需要解决,在严寒和高湿度地区应用还有待进一步验证。

5.2.5.4　地热能

地热能供暖可以分为中高温地热直接供暖和浅层地源热泵供暖两种方式。中高温地热直接供暖直接利用地热资源供暖,仅需输配系统能耗,系统能效高,但其应用范围和规模受地热资源限制,采用地热井成本较高,采用取水换热方式回灌有一定难度,存在地热田被污染的风险;采用地下直接换热方式对管材承压要求高,换热效率低,换热面积大,初期投资昂贵。

浅层地源热泵供暖与空气源热泵类似,都具有能效高、一份电力可产生多份热量、对电网增容要求不高的特点。由于浅层地源热泵以浅层地热能作为热源,其性能较稳定,受环境温度变化的影响小。浅层地源热泵供暖系统一般可分为地下水、地表水和地埋管地源热泵三种形式,其中地下水地源热泵受水资源保护约束,很难取得许可;地表水在冬季温度较低,易于解冻,较少使用;地埋管地源热泵系统投资一般较高,在单纯供暖时需要注意地下土壤的热平衡问题和地埋管的打孔场地问题。

5.2.5.5　生物质能

生物质直接低效燃烧取暖的方式已逐渐被淘汰,有希望得到大量推广应用的是生物质固体成型燃料高效燃烧供暖、沼气燃烧供暖和村镇微型生物质热电联产供暖。

生物质固体成型燃料高效燃烧供暖技术,能够实现分散资源的分散利用,易于市场化和产业化,但生物质原材料收储运相对困难,固体燃料容易被掺假,混入垃圾煤炭等非环保材料,在某些区域受到环保部门抵制。此外,生物质固体燃料热值相对较低,价格较高,对后期供暖费用也会产生负面影响。

沼气技术在我国农村地区已推广多年,具有较好的应用基础。但是沼气存在热值低、需要专门燃具、在供暖季低温下产气量下降、原材料收储运较难、沼液沼渣处理和沼气池清淤等专业服务欠缺等问题,严重阻碍了该项技术的推广应用。

5.2.5.6　太阳能

太阳能热利用在我国具有悠久的历史和很好的应用研究基础,太阳能供暖作为太阳能热利用领域中的一个重要方向,一直受到众多的关注。太阳能供暖可以分为被动式供暖和主动式供暖两种,根据热媒不同,主动式供暖又可分为太阳能热水供暖和太阳能空气供暖两种类型。实施太阳能供暖一般需要建筑满足节能设计标准,最好主被动系统结合使用。

太阳能被动式供暖最典型的应用就是被动太阳房,从 20 个世纪 80 年代开始就在北方地区得到了大量应用,有效地改善了北方农村室内热环境。被动太阳房投资不高,效果明显,但主要起改善作用,要确保室内舒适,需要与其他辅助能源和主动系统配合使用。此外,被动太阳房还需对集热、蓄热、热分配和防过热进行综合设计,在保障供暖季舒适的同时,避免非供暖季过热问题。

太阳能热水供暖系统是在太阳能生活热水系统基础上发展起来的,集热技术成熟,产业和市场支撑较好,可分户或联合实施,也可与季节蓄热结合区域供暖。但是由于集热器暴露在室外,需要考虑防冻措施,在非供暖季系统闲置时还需要考虑防过热措施。在严寒或单纯供暖导致地下土壤过冷的项目中,也可与地埋管热泵系统复合应用,利用太阳能在非供暖季为地下补热,实现太阳能全年度的综合应用。

5.2.5.7　余热

余热供暖是指利用工业低品位余热进行供暖的方式。由于热源成本较低,余热供暖在技术和经济上均具有较好的可行性。但是,余热供暖最重要的是要有稳定的余热源,而余热资源与生产工艺紧密相关,连续性与稳定性一般较差;此外,余热源离用热点一般距离较大,需要远距离输送热媒,需要进行技术经济分析以确定其可行性。

5.3　恶臭气体污染的防治

5.3.1　农村恶臭污染产生的途径

农村恶臭气体种类繁多,目前凭人的嗅觉感知的恶臭物质有 4000 多种,按照化学组成成分可分为五大类:①含硫的化合物,如硫化氢、二氧化硫、硫醇等;②含氮化合物,如氨、胺类等;③卤素及其衍生物,如卤代烃等;④烃类;⑤含氧的有机物,如醇、酚、醛、酮、酸等。

农村的居住人口较为分散,经济发展方式以粗放型为主,农村的生活垃圾、生活废水目前还没有相应的垃圾收集点和统一处理设施,因此,农村的生活垃圾和生活废水是农村恶臭污染物的主要来源之一。农村恶臭生活污染源及污染物的识别,如表 5-1 所示。

表 5-1　　　　　　　　　　　农村恶臭生活污染源及污染物的识别

污染源类型	恶臭污染物排放点位	产生恶臭的原因	排放物质	恶臭物质
生活污染源	家用卫生间(有些地区为旱厕)、生活废弃物、剩余食物以及农村小诊所经营产生的医疗废物等	由于缺乏环境管理,农村的生活垃圾在田头、河岸及房前屋后等地随意堆弃,长期堆放,生活垃圾中有机成分将发酵,产生的废气散发出恶臭	生活垃圾	以含硫和含氮化合物为主,如硫化氢、氨、醛类、胺类等
	餐饮泔水、生活洗漱水、生活用品洗涤水、农具清洗废水等	农村的生活污水不经收集、处理,直接敞沟外排,废水本身所携带的物质使其具有特殊的令人不快的气味;另外,生活废水中含有淀粉、蛋白质、氨基酸和多种碳水化合物,这些化合物都极易引起污水的发酵,发酵的主要产物是低分子量的有机物质,且多为恶臭气体	生活污水	主要成分包括甲硫醇、甲硫醚、甲胺、二甲胺等

5.3.2　农村恶臭污染防治方法

1993 年国家制定了《恶臭污染物排放标准》,排污单位必须严格执行排放标准规定。向大气排放恶臭气体的排污单位,必须采取措施防止周围居民遭受污染。在人口集中地区和其他依法需要特殊保护的区域内,禁止焚烧沥青、油毡、橡胶、塑料、皮革、垃圾以及其他产生有毒有害烟尘和恶臭气体的物质。违反此规定的,由所在地县级以上地方人民政府环境保护主管部门责令停止违法行为,处 2 万元以下的罚款。

要及时处理各种垃圾等恶臭污染源,建立相应的垃圾污染物处理点,定期对周围环境进行清洗和消毒;对工业活动中产生的恶臭,可以根据不同条件和恶臭存在的状态,采取高温燃烧法、活性炭吸附法、洗液洗涤法、水洗法和掩埋法等综合措施。

5.4　农作物秸秆焚烧防治

近年来,农作物秸秆成为农村面源污染的新源头。每年夏收和秋冬之际,总有大量的小麦、玉米等秸秆在田间焚烧,产生了大量浓重的烟雾,不仅成为农村环境保护的瓶颈问题,甚至成为城市环境空气质量下降的罪魁祸首。据有关统计,我国作为农业大国,每年可生成 7 亿多 t 秸秆,成为用处不大但必须处理掉的废弃物。在此情况下,完全由农民来处理,就出现了大量焚烧的现象。对此,专家认为,解决秸秆在田间焚烧问题的关键在于提高农作物秸秆的综合开发利用及其利用率。

一入冬,农村家家户户取暖的小煤炉都烧起来了,而农村室内空气污染就源于多年使用的散煤、秸秆和薪柴。在农村,散煤、秸秆、薪柴是生活必备物质,量大、便宜、就地可取,它们的存在为农村生活带来了不少便利,但它们也是造成空气污染的罪魁祸首。农村家庭使用的炉灶大都效率低,燃烧不充分,又没有净化装置,单位用煤污染物排放量往往是工业和电厂的数十倍、数百倍甚至上千倍。另一方面,农村使用的散煤,灰分、硫分未经充分加工去除,本身的污染物含量就非常高。同时,农村家中一般都未安装净化器、抽油烟机等设备,无法将污染物迅速排出室外,导致室内空气污染度瞬间上升,空间封闭污染物无法及时散去。

目前我国每年消费煤炭约 38 亿 t,其中民用散煤 3 亿多 t,尽管民用散煤量占比不足我国煤炭年消费量的 10%,但其对大气污染的贡献率却占燃煤源的 50% 左右。按目前情况推算,民用散煤污染物排放已经超过了我国燃煤电站污染物的排放总和。家庭使用秸秆和薪柴排放的污染物与煤大体相当,因此是比散煤更重要的污染物排放源。

5.4.1　露天焚烧秸秆的危害

焚烧秸秆对环境的影响存在诸多方面,这些影响主要表现为以下五个方面。

5.4.1.1　秸秆焚烧对土壤的影响

土壤中有很多微生物,这些微生物可以分解腐殖质,而腐殖质是有机质的重要组成部分,能疏松土壤,增加土壤肥力。焚烧秸秆使地里温度升高,水分流失,并将微生物都杀死;土壤中的腐殖质、有机质也会矿化,破坏土壤生态系统的平衡,打破土壤的结构,如果用秸秆还田的方式来重新生成有机质,需要 5~10 年的时间。另外,秸秆中富含的氮、磷、钾等营养元素也会被烧掉,使土壤碱性增加,土壤发生板结,直接影响农作物的产量和农民的收益。

5.4.1.2　秸秆焚烧对大气的影响

秸秆焚烧时会使得大气中的二氧化硫、二氧化氮以及一些颗粒物质的浓度增加,导致空气污染指数上升,而且这些烟尘与其他污染物叠加在一起,会促使 PM2.5 的浓度增高进而引发雾霾天气。由于秸秆焚烧是对低空空气造成污染,在天气上反映得特别迅速和明显,尤其是焚烧秸秆的重点季节,很多城市会出现天气预警,经查实,都与秸秆焚烧有关。

5.4.1.3　秸秆焚烧对人体健康的影响

秸秆焚烧后产生的烟雾特别呛人,是因为焚烧产生了一些人体可吸入的颗粒,这些颗粒对眼睛、鼻子和咽喉的黏膜会产生刺激,尤其是对抵抗力较弱的老人和小孩,轻度会产生流泪、胸闷或咳嗽的症状,严重的话可能会引发呼吸道疾病,甚至肺癌。由于秸秆焚烧后的烟雾会随风而走,尽管是在郊区焚烧,可能也会影响城区居民的身体健康。

5.4.1.4　秸秆焚烧对动物的影响

秸秆焚烧使地面温度迅速升高,容易引起该环境内鸟兽蛇类的逃离或迁徙,使农田的生

态系统遭到破坏。鸟蛇迁徙之后,有害虫类可能会因此增加,不利于农作物的生长。

5.4.1.5　秸秆焚烧对交通的影响

在监测秸秆焚烧火点的报告中,会特意标出靠近机场、高速公路、铁路和国、省、县道的火点,就是因为这些火点可能会波及交通的出行,甚至造成交通伤亡事故,需要引起警示。2015 年 6 月 12 日,合肥通往徐州的高速路段上发生多辆汽车相撞的事故,造成 12 人受伤,另有 1 人死亡,而追究其原因,就是焚烧秸秆产生的浓烟阻碍了多名司机的视线。

除此之外,秸秆焚烧还有引发火灾的可能,天气干燥,秸秆焚烧的火星随着风飞走,很容易引起火灾,造成难以挽回的伤害。因此,不论从生态环境的角度来说,还是从人类安全健康的角度来说,秸秆焚烧都不是处理秸秆的好方法,尽管非常便捷省事,但在可持续发展和绿色发展的今天,绝不可以采取这种随意焚烧的方式。

5.4.2　秸秆综合利用情况

中国农作物种类繁多,主要有小麦、水稻、玉米、豆类、薯类、棉花、花生、油菜、甘蔗以及其他杂粮作物。据统计,2017 年中国秸秆理论资源总量已达 10.2 亿 t,较 20 世纪 90 年代初增加了近 4 亿 t,其中玉米、水稻、小麦秸秆量分别为 4.3 亿 t、2.4 亿 t、1.8 亿 t,三大作物秸秆量占比达到 83.3%。全国秸秆可收集资源量为 8.4 亿 t,已利用量约达到 7 亿 t,秸秆综合利用率(已利用量与可收集量的比例)超过 83%,其中秸秆肥料化、饲料化、燃料化、基料化、原料化等利用率分别为 47.3%、19.4%、12.7%、1.9% 和 2.3%,已经形成了肥料化、饲料化等农用为主的综合利用格局。

从区域分布来看,秸秆的产生量由大到小依次为华东区、中南区、东北区、华北区、西北区、西南区,分别占全国秸秆总量的 24.0%、22.9%、20.5%、13.9%、10.1%、8.7%,主要集中在华东、中南和东北地区。不同区域之间,华北区秸秆的综合利用率最高,超过 90%;华东区、西北区、中南区、西南区均超过 80%;东北区利用率较低,仅为 70%,表明东北地区是目前中国秸秆综合利用的重点和难点区域。

5.4.3　秸秆综合利用技术

在实践中,我国也有不少地方积极探索,创造性地采用了许多有益的经验和办法。如利用秸秆造纸;或者利用秸秆生产无甲醛系列秸板,广泛用作高档家具、高档包装、高档建筑材料以及高档音箱等基材,既能增加农民收入,还能出口增加外汇收入,使秸秆资源转化为经济优势;鼓励农民扩大养殖规模,使秸秆成为牛羊的粗饲料;可喜的是,一些地方已经利用秸秆汽化原理和技术,在农村推行秸秆沼气工程,这是十分有意义的事情。但是,由于秸秆利用的具体工艺还不完善,政策和资金投入不足,市场运作力度还很不够,秸秆加工设备以及相关加工设施有限,秸秆使用技术比较低下,秸秆综合利用的效率和效益有待提高,所以出现了当前的两难困境。

　　事实表明,秸秆焚烧与秸秆多少没有关系,而与秸秆综合利用率低下有直接关系,因此必须解决秸秆综合利用的问题。但如何提高秸秆综合利用,却不是农民自身可以解决的,必须采取多管齐下的措施与办法。首先要明确的是,秸秆问题必须通过市场化的途径加以解决,即要以市场化的理念来认识秸秆的资源价值,看待其发展前景,要以企业化的制度来推进秸秆的综合利用,拓宽其开发利用的途径;其次要明确和突出政府对秸秆综合利用的主要责任;最后还要明确农民和农村集体组织在秸秆综合利用中的任务和责任,不仅要做好宣传,而且要做好相关的管理工作。

5.4.3.1　秸秆肥料化利用

　　将农作物秸秆中的有机质和养分还田,可改善土壤的理化性状,提高土壤肥力,进而促进作物生长,达到逐年提高作物产量的目的。秸秆还田的途径主要为秸秆直接、间接还田。目前常用的秸秆直接还田技术包括机械埋压、留高茬收获或实行套种等;常用的秸秆间接还田技术包括快速腐熟还田、覆盖还田、堆沤还田、过腹还田、秸秆制成有机复合肥等。秸秆直接还田技术是当今乃至今后秸秆资源化利用的主要渠道。

5.4.3.2　秸秆能源化利用

　　根据农作物秸秆转换利用技术过程的不同,农作物秸秆作为能源的利用方式可分为以下三类:①为获取热量进行秸秆直接燃烧,可分为传统方式和现代方式。其中现代方式的直接燃烧包括秸秆加工成型、与煤混合燃烧和秸秆高效燃烧发电等。②将秸秆转化为气体燃料,如沼气、水煤气等。③将秸秆转化为液体燃料,如燃料乙醇等。

5.4.3.3　秸秆饲料化利用

　　当前农作物秸秆制备饲料的方法有物理法和化学法。物理法是通过改变秸秆长度和硬度,提高其消化利用率。常见化学法制备的秸秆饲料有秸秆氨化饲料、秸秆青贮饲料和秸秆微贮饲料等。中国应用化学法制备秸秆饲料的普及程度不高,秸秆饲料工业集约化生产水平较低,而且大部分秸秆饲料只限于挖坑青贮以及小规模的氨化处理。上述秸秆制备饲料的方法存在诸多的弊端:①秸秆通过切短、粉碎等物理方法加工后,仍存在秸秆消化率低、可利用的营养成分少等问题。②通过氨化等化学处理生产成本较高,并可能对环境造成严重污染,因而较难得到进一步的利用和推广。③青贮法处理秸秆虽然成本低、污染小、效率高,但容易引起饲料的腐败和恶臭。

5.4.3.4　秸秆工业原料化利用

　　秸秆作为工业原料,目前主要应用于板材加工、造纸、建材、编织、化工等领域。秸秆替代木材制作建筑、装修用的结构板、纤维板、复合板等,具有阻燃、防潮、隔音、不变形、不开裂、强度高、无污染等优点。例如,用秸秆纤维与树脂混合物可制成低密度板,用麦秸秆生产均质板装潢材料,具有新型、环保、附加值高的优点。秸秆编结产品加工可将秸秆综合利用和解决农民就业问题有机结合,加工附加值较高的工艺品,提高秸秆利用水平,变资源优势

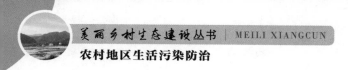

为农民增收的经济优势。而在化工领域,利用秸秆可提取焦油、木醋酸、木糖醇等物质。

5.4.3.5　秸秆基料化利用

　　秸秆基料化利用包括食用菌基料和育苗基料、花木基料、草坪基料等,目前主要以食用菌基料为主。秸秆作为良好的食用菌基料,搭配必要的培养基生产食用菌,原料来源丰富、价格低廉。另外,生产食用菌后的基料仍富含营养,既可加工成饲料实现过腹还田,也可作为优质有机肥直接还田,或者利用在农、林、渔等其他方面,是延长农业产业链和发展生态农业的重要组成部分,可收集利用的秸秆中因富含食用菌所必需的碳源、氮源、矿物质、维生素等营养物质,85%以上都可作为食用菌栽培利用。不仅如此,利用秸秆培养食用菌经济效益也是十分可观,可有效提高农民的经济收入。

第 6 章　乡村振兴背景下农村污染防治典型案例

6.1　循环经济与农村污水处理

传统的水资源利用是一种"水资源利用—废水处理—排放"的单向开放模式,此种利用模式必然导致我国水资源更为缺乏,经济发展和缺水之间的矛盾更为突出。近年来,随着我国经济发展水平的提高,我国城市处理污水的能力和水平不断提高,城市水环境保护和污水处理事业得到了长足的发展。然而,我国农村及小城镇日排污水约 1.37 亿 t,污水处理率仅为 6%。全国大部分农村的污水得不到有效处理,农村污水排放量占总排放量的比例越来越大,且有关农村污水处理方面的技术规范、标准、法规及政策很不完善。针对这一现状,将循环经济理念引入农村污水处理,积极采用新工艺,实现"资源—产品—再生资源"的反馈式流程,将污水资源化,走可持续发展之路。

6.1.1　循环经济

循环经济的理论研究与实践领域已经从废物回收利用逐步扩展到生产生活的各个方面。循环经济目前尚无统一的定义,仅有如下表述。

循环经济作为一种新的生产方式,是在生态环境成为经济增长的制约要素或成为一种公共财富阶段的一种新的技术经济模式,是建立在人类生存条件和福利平等基础上的、以全体社会成员生活福利最大化为目标的新的经济形态。形成"资源—产品—再生资源"闭环型物质流动模式,资源消耗的减量化、再利用和资源再生都仅仅是其技术经济发展模式的表征,其本质是对人类生产关系进行调整,其目标是追求可持续发展。

循环经济是指模拟自然生态系统的运行方式和规律要求,实现特定资源的可持续利用和总体资源的永续利用,实现经济活动的生态化,其实质是生态经济。

循环经济是对物质闭环流动型经济的简称,把物质、能量进行梯次和闭路循环使用,在环境方面表现为低污染排放甚至零污染排放的一种经济运行模式。循环经济实际上是一种模拟生态群落的物质循环特征,以物质不断循环利用、循环替代方式的经济发展模式,其特征是以实现可持续发展为目标,协调人与自然关系为准则,模拟自然生态系统的运行规律,通过自然资源的低投入、高利用和废弃物的低排放,使经济活动按照自然生态系统的规律、重构组成一个"资源—产品—再生资源"的物质反循环流动过程,从根本上消解长期以来的环境与经济发展的尖锐冲突,以最小的成本,获得最大的经济效益和环境效益,实现资源的可持续利用,使社会生产从数量型的物质增长,转变为质量型的服务增长,与自然界协调发展。

循环经济的本质是一种生态经济,是对传统线性经济的革命,可从以下角度理解其内涵。

一是从生态经济角度看,循环经济是运用生态学原理来指导人类社会的经济活动,倡导与环境和谐的经济发展模式。它要求把经济活动组织成一个"资源—产品—再生资源"的反馈式流程,其特征是低开采、高利用、低排放。所有的物质和能源在这个不断进行的经济循环中,均能得到合理和持久的利用,以把经济活动对自然环境的影响降低到尽可能小的程度,使经济系统和谐地纳入自然生态系统的物质循环过程中,实现经济活动的生态化。

二是从资源经济角度看,循环经济倡导在物质不断循环利用的基础上发展经济,建立起充分利用自然资源的循环机制,使人类的生产活动融入自然循环中去,最大限度地利用进入系统的物质和能量,提高资源利用率和经济发展质量。

三是从环境经济角度看,循环经济是环境和经济密切结合的产物,倡导的是经济与环境和谐发展,以解决经济增长与环境之间长期存在的矛盾,最终实现经济与环境"双赢"的最佳发展。

四是从物质流动角度看,传统工业社会的经济是一种单向流动的线性经济,物质流动体现为"资源—产品—废物"的单向流动特征;循环经济把经济活动组织成"资源—产品—再生资源"的闭环流动,实现"低开采、高利用、低排放",以提高资源利用率、经济运行质量和效益。

五是从技术经济角度看,循环经济以现代科学技术为基础,通过技术上的组合与集成,使一定区域内的不同企业、不同产业、不同城市之间有机地链接起来,形成相互依存的产业链和产业网,实现企业、产业、城市之间的资源互补和有效的循环使用,最终形成闭环式的经济发展模式。循环经济发展模式不仅可以体现在工业、农业、商业等生产和消费领域,还可体现在人口控制、城市建设、防灾抗灾等社会管理领域,最终实现社会的可持续发展。

6.1.2 循环经济与污水处理

农村地区用水量大,且用水质量的需求相对较低,使得农村污水处理后的中水利用有良好的可行性和必要性。结合我国农村的具体情况进行具体分析,按照循环经济的理念,采取有针对性的适宜的水污染防治以及水资源回用措施,将循环经济和农村污水处理结合起来,在农村污水处理的过程中实现处理后废物的减量化、资源化、无害化,维护生态平衡、高效利用资源。

我国农村经济还不够发达,普遍比较贫困,农村污水处理技术尚未普及,处理技术较为粗糙,因此在农村水环境的保护中首先需要培育农村污水处理设施建设和运行的市场机制,拓宽污水处理资金的筹措渠道,鼓励企业和民间集资进行村镇污水处理建设。其次应按照循环经济理论,鼓励并组织开发节能、高效、低成本的污水处理技术来满足农村的污水处理要求。最后处理后的污水应按照循环经济的 3R 原则,以尽量低的投入获取资源最高效率的使用和最大限度的循环,实现经济效益和社会效益的最大化。

农村的排水主要为生活污水,污水水质成分相对简单、水量较小,应主要进行分散型的小规模生物处理技术或高效土地净化处理技术。考虑到农村的土地资源较为丰富,土地价格相对便宜,处理设施的运行成本要求低等因素,处理后的中水可以回用于农田灌溉,以及满足生活中水质要求低的用水环节。治理农村污水的关键问题不应该还停留在污水处理的过程阶段,重点从源头上控制,以污水零排放为目标,实现水资源的合理利用,保护流域和地下水资源。针对此要求,主要应采取如下措施。

6.1.2.1　普及污水处理观念,提高生态环境意识

需要让广大农村居民意识到农村污水处理的必要性,让全民树立强烈的环保意识。要充分利用各种媒体和有效的宣传形式,普及生态知识,强化生态环境意识,用通俗易懂的语言介绍环保知识,在提倡物质文明和精神文明的同时,提倡生态文明。针对农村污水的实际情况,应主要加强对农民施用农药、化肥、节水灌溉等方面的科普教育。

6.1.2.2　加快制定农村污水处理相关标准规范和法律法规

我国农村污水处理工程技术政策和法规尚属空白。由于缺少标准规范的支持,我国一些地方建设小城镇和村镇污水处理厂时依旧沿用大中型污水处理厂的标准,不考虑当地实际,导致污水处理厂迟迟无法开工建设,或者建设完毕后运行艰难,成为“建得起、转不起”的面子工程。另外,缺少相应法律法规的约束,导致农村污水处理的执行力低下,污水治理、环境保护的口号虽响却无人同津。因此,推动该项工作的进行迫在眉睫。

6.1.2.3　走生态农业的道路

优化调整农业产业结构,发挥地区农业发展的新潜力,发展资源环境可承载的特色产业、有机农业等。推广实行生态平衡施肥技术和生态防治技术,从源头上控制化肥和农药的施用。引进先进的节水灌溉技术,提高农业用水的利用率,实现水环境和农业的可持续发展。

6.1.2.4　加强农村回用水的使用

农村污水处理后的中水,优先考虑将其充分回收利用,回用水适用于农用灌溉、厩舍清洗、农户日用等。另外,乡镇企业配套的污水处理站出水也可以根据水质指标决定用途。回用水的循环使用相应也对农村污水处理的达标率提高了要求。

6.1.2.5　开发推广先进的小型污水处理技术

先进的水处理工艺的标准应该是适合我国农村的实际,高效、低耗、低成本的污水处理技术。我国农村地区自身财力有限,管理者素质不高,应结合这些特点及当地农村的实际情况,开发推广一批处理效果好、建设投资费用低、运行管理简单的小型污水处理工艺。

6.1.3　典型案例

6.1.3.1　双城市污泥循环经济项目

双城市,隶属于黑龙江省哈尔滨市的县级市,位于黑龙江省会哈尔滨市西南 30km 处的松嫩平原上,是黑龙江省的南大门。双城市作为黑龙江省农牧业发展大县,也是全国闻名的粮食生产大县与全国食品工业百强县,杭州娃哈哈、台湾旺旺、南京雨润、北京汇源果汁等一大批高加值、高科技含量、高经济效益的食品企业先后在该市投资建厂,拥有粮食、乳品、禽蛋、肉制品四大产业链条,呈现出大农业、大畜牧业、大加工业、大市场的产业化格局。

在农业、高牧养殖业、食品工业发展过程中,伴随产生大量废弃物,如农作物收获时残留在农田里的农作物秸秆,农业生产过程中剩余的稻壳,畜牧业生产过程中的禽畜粪便和废弃物以及污水处理厂产生的污泥,这些废弃物影响了村屯的生态环境,成为村民心中期盼解决的重要问题。而另一方面,这类废弃物又是适合于能源利用的生物质,可通过转化形成生物质能。生物质能是一种可再生资源,且具有低污染、总量丰富、应用广泛等特点。

在哈尔滨工业大学的技术指导下,双城市与宇星科技发展(深圳)有限公司合作建设了沼气发电示范工程。该工程融合国内先进 CSTR 工艺(连续搅排反应器系统)与沼气发电机技术,充分利用农作物秸秆、畜牧养殖业产生的牛粪及城市污水处理产生的污泥,通过控制反应器中适宜的温度和湿度,经微生物厌氧发酵作用,一方面产生可燃烧的沼气用于发电;另一方面将产生的沼渣经干化加工成有机肥。该工程可实现年处理鲜牛粪 3 万 t、污水处理厂污泥 1 万 t(含水率 85%)和部分农作物秸秆,产生的沼气年发电量148.5 万 kW·h,年产有机肥 1 万 t。以"资源→农产品(畜产品)→农业废弃物→再生资源"反馈式流程模式组织农业生产,通过循环经济示范工程建设,依托废弃物再生资源化技术,着力开发生物质能源,推进再生资源综合利用,实现优化农业系统内部结构,改善农村生活环境,延长农业生态产业链,走出一条节约资源和保护环境的新道路,全面推进农村经济的绿色繁荣。

遵循废物减量化、资源化、无害化的原则,建设双城市农业、养殖业废弃物和污水处理污泥综合利用沼气发电高效循环利用工程,既是一项废弃物再利用获取电能的能源工程,又是一项污染治理的环保工程;既构建了环境农业经济体系,又实现了生态环境的可持续发展,真正将"发展经济,促进生产、流通、消费过程的减量化、再利用、资源化"落到了实处。

6.1.3.2　海林农场污泥循环经济项目

海林农场位于黑龙江省东南部的海林市境内,南临旅游景区镜泊湖,北靠滑雪圣地亚布力,西依中国雪乡双峰林场。海林农场始建于 1954 年,隶属黑龙江农垦总局牡丹江管理局,有耕地 13.1 万亩,人口 0.73 万,从业人员 3000 人,是一个由 3 个农业管理区、7 家股份制企业、12 个奶牛标准化养殖小区、1 所九年一贯制学校和 1 所一级甲等医院构成的,集农工牧游于一体的中小型国有农场。

海林农场经济构成主要有 4 个产业:农业、畜牧业、农副产品加工业、旅游服务业。按照"低碳、环保、节约、高效"的资源发展方向,秉承循环经济的原则,海林农场在提高资源利用率上走出了自己独特的发展之路,突破了北方寒区不能建设大型沼气站的禁区,2005 年建起了北方第一座工厂化沼气站,在实现沼气炊用、沼气发电、沼渣沼液有机利用后,2011 年实现了沼气提纯,开出了全国农村第一辆沼气轿车。

循环经济创新发展使海林农场成为黑龙江垦区发展循环经济、建设生态文明的一个成功典范。2011 年,中央党校"转变发展方式建设生态文明"课题组在海林农场召开高层研讨会,将其归结为一个概念——"海林模式"。为使循环经济惠及更多的民生产业,2012 年完成的沼气站扩建项目,使沼气的日产气量达到 6000m³,攻克了沼渣育菌的难题,沼气附属产品的使用范围进一步扩大,实现了立体开发格局。同时,利用甜叶菊秸秆、玉米秸秆制成生物有机燃料,既提高了秸秆的综合利用率,又减少了环境污染。

农场以沼气站为"节点",将甜菊糖甙厂产生的 COD 浓度很高的工业废水输送到沼气站,用作牛粪的稀释液,既解决了工厂排污的处理问题,又为沼气站提供了水源和热能,降低了沼气生产成本,而生产的沼气再发电供给工厂电能;沼气生产的副产品沼渣、沼液是非常好的有机肥,用来种植有机青贮、水稻和蔬菜,供牛和人食用。这样就形成了两个循环图:一个是工厂污水→沼气站→气→发电→为工厂和牛场提供电能;另一个是牛粪沼气站→有机肥(沼渣、沼液)→种植青贮蔬菜→供牛及人食用。农场还创新应用太阳能热水和发电余热为沼气池增温,较好地解决了冬季温度低产气量少的问题。现农场正在实施沼气的提纯、压缩和罐装,替代汽油用于旅游观光车项目。

6.2 农村生活垃圾收运实例分析

DL 县是四川省眉山市西部丘陵县,幅员 449km²,山区、丘区、坝区各占 1/3,辖 7 个乡镇、72 个村、499 个组,农户 4 万多户,农业人口 14.8 万。该县具有三个特点:一是财力薄弱。2010 年全县地方财政一般预算收入仅 8357 万元。二是农民人均纯收入较高。2010 年达6024 元,但并不平衡,山区和部分丘区农民收入相对较低。三是农村基础设施较为完善。四川省是典型的西部地区,大部分农村内均有河流,道路呈典型的网状分布,居民点分布于道路两侧,垃圾日产量小,且经济水平低。从 2011 年开始,四川省开始建立农村生活垃圾"村收集、乡(镇)运输、县处理"的运行机制,DL 县也根据自身条件把生活垃圾收运处理按"因地制宜、村民自治、项目管理、市场运作"的方式运行,并取得了相应成效。经过测算,经过农户初分、源头减量、二次分类处理后,生活垃圾减量约 80%,目前全县垃圾产量为 40t/d 左右,每人每天垃圾产量为 0.27kg。

DL 县的垃圾转运系统较完善,采用的模式是直接转运模式,没有建设生活垃圾转运站。该县实行的是源头分类收集减量的收集处理方式;各村都建有倾倒池和收集站,不可回收的垃圾通过人力车收集到村收集站,然后由县里的垃圾压缩车沿途收集后转运到眉山市的垃圾填埋场进行卫生填埋,转运车辆采用后装式压缩垃圾转运车。通过垃圾转运车的收集转运,该县各村的环境卫生非常好,DL 县的生活居住环境得到了很好的保护。

6.2.1 四川省 DL 县研究区收集布点实例分析

四川省是典型的西部地区,作为研究区的三个农村(小河村、隆兴村、桔花村)内均有河流,道路呈典型的网状分布,居民点分布于道路两侧,垃圾日产量小,且经济水平低。同北方地区的情况比较类似,所以应选择一个最优的垃圾收集点。DL 县张场镇农村生活垃圾产量如表 6-1 所示,经过数据矢量化、缓冲分析和拓扑分析,最后经过网络分析计算得到最优化结果。

表 6-1　　　　　　　　　　DL 县张场镇农村生活垃圾产量

村名	各村人口	垃圾产量(kg/d)
锁江村	2869	775
河湾村	2992	808
长流村	1178	318
金峡村	2631	710
大田坎村	2428	656
小河村	1215	328
陈嘴村	1336	361
大木河村	1467	396
观音村	2197	593
新桥村	2595	701
隆兴村	2708	634
红石村	2065	558
群力村	2875	776
桂花村	2221	600
青龙村	2453	662

小河村居民点沿道路呈网状分布,且村内有河流穿过,并有大量农田,但是由于垃圾日产量比较低,应选择一个垃圾收集优化点。

隆兴村道路条件较好,村内只有一条河流穿过,缓冲区范围不大,又因垃圾日产量低,仍取一个垃圾收集优化点。

桂花村情况类似于隆兴村,但因村东部靠山且交通不便,所以仅将垃圾收集优化备选点设定在村西部的两条主要道路上。

综上所述,我国西部经济不发达地区由于垃圾产量低,且经济条件相对不发达,交通条件相对较差,农村生活垃圾收集优化点应尽量选择一个最优解。一是可以减少政府财政支出;二是因垃圾产量低,设定过多的垃圾收集点并无意义。

6.2.2　四川省 DL 县农村生活垃圾转运技术研究实例

根据 DL 县现有垃圾产量及分布,考虑把 DL 县生活垃圾转运方式设置为两种方式。

方式一:设置转运站方式(一级转运系统),各村的生活垃圾进行分类减量后,采用小汽车或拖拉机运至转运站,然后经压缩后转运至填埋场。先考虑设置一个生活垃圾转运站,按重心法和中心法模型计算出转运站位置;然后把该县划分成两个片区,分别在两个片区按模型计算出转运站布点位置,考虑到该县生活垃圾量不大,最后采用模糊综合评判任意选择 1~2 个转运站,对该县生活垃圾进行收集转运。

方式二:采用垃圾压缩车沿途收集直接转运方式(直接转运系统),各村的生活垃圾进行分类减量后,用三轮车运至主要干道的村或联村收集站,然后采用垃圾压缩车沿线收集,直接转运至垃圾填埋场。

DL 县各村生活垃圾情况如表 6-2 所示。

表 6-2　　　　　　　　　　　　　DL 县各村生活垃圾情况

村名(编号)	坐标(x_i, y_i)	各村人口	垃圾产量 P_i(kg/d)	各村在片区中的权重
片区一				
锁江村(F_1)	(79,95)	2869	775	0.039
河湾村(F_2)	(71,94)	2992	808	0.041
长流村(F_3)	(84,91)	1178	318	0.016
金峡村(F_4)	(67,97)	2631	710	0.036
大田坎村(F_5)	(45,65)	2428	656	0.033
小河村(F_6)	(79,86)	1215	328	0.017
陈嘴村(F_7)	(62,88)	1336	361	0.018
大木河村(F_8)	(30,87)	1467	396	0.020
廖店村(F_9)	(37,94)	1072	289	0.015
岐山村(F_{10})	(34,114)	908	245	0.012
玉柱村(F_{11})	(42,105)	1163	314	0.016
三合村(F_{12})	(54,114)	717	194	0.010

续表

村名（编号）	坐标(x_i, y_i)	各村人口	垃圾产量 P_i(kg/d)	各村在片区中的权重
片区一				
金花村（F_{13}）	(49,126)	951	257	0.013
文武村（F_{14}）	(75,81)	1244	336	0.017
万年村（F_{15}）	(76,115)	893	241	0.012
峨山村（F_{16}）	(91,117)	1199	324	0.016
幸福村（F_{17}）	(127,117)	2017	545	0.028
虎皮寨村（F_{18}）	(105,115)	1324	357	0.018
万坪村（F_{19}）	(86,141)	1245	336	0.017
柏木村（F_{20}）	(106,126)	1603	433	0.022
青云村（F_{21}）	(123,131)	1595	431	0.022
官厅村（F_{22}）	(134,145)	1992	538	0.027
雄义村（F_{23}）	(146,70)	1360	367	0.019
光明村（F_{24}）	(143,56)	2578	696	0.035
中心村（F_{25}）	(141,64)	3731	1007	0.051
严沟村（F_{26}）	(131,71)	2354	636	0.032
高河村（F_{27}）	(131,67)	1653	446	0.023
罗沟村（F_{28}）	(125,81)	1920	518	0.026
宿场村（F_{29}）	(136,86)	2496	674	0.034
桂香村（F_{30}）	(115,76)	2478	669	0.034
团林村（F_{31}）	(109,76)	1772	478	0.024
中山村（F_{32}）	(95,103)	2684	725	0.037
金藏村（F_{33}）	(84,78)	2504	676	0.034
五龙村（F_{34}）	(97,76)	3304	892	0.045
石牛村（F_{35}）	(108,68)	2241	605	0.031
天宫村（F_{36}）	(147,85)	1559	421	0.021
黄金村（F_{37}）	(146,99)	2241	605	0.031
刘坡村（F_{38}）	(102,80)	1699	459	0.023
隆兴村（F_{39}）	(88,82)	2347	634	0.032
片区一生活垃圾总产量：19.7t/d				
片区二				
黄山村（F_{40}）	(161,143)	1205	325	0.016
元山村（F_{41}）	(158,158)	1060	286	0.014
麻柳村（F_{42}）	(169,135)	850	230	0.011
界牌村（F_{43}）	(181,154)	1271	343	0.017
正安村（F_{44}）	(152,62)	1799	486	0.024

续表

村名(编号)	坐标(x_i, y_i)	各村人口	垃圾产量 P_i(kg/d)	各村在片区中的权重
		片区二		
小桥村(F_{45})	(152,75)	3207	866	0.043
石河村(F_{46})	(168,94)	3297	890	0.044
龙埋村(F_{47})	(157,97)	2235	603	0.030
梅湾村(F_{48})	(151,106)	1559	421	0.021
观音村(F_{49})	(204,86)	2197	593	0.029
新桥村(F_{50})	(204,93)	2595	701	0.035
兴隆村(F_{51})	(163,114)	2708	731	0.036
红石村(F_{52})	(174,114)	2065	558	0.028
群力村(F_{53})	(193,89)	2875	776	0.038
桂花村(F_{54})	(177,99)	2221	600	0.030
青龙村(F_{55})	(179,79)	2453	662	0.033
大林村(F_{56})	(195,75)	1999	540	0.027
龙滩村(F_{57})	(176,94)	2512	678	0.033
龙鹄村(F_{58})	(165,124)	1434	387	0.019
板桥村(F_{59})	(182,102)	2548	688	0.034
白塔社区(F_{60})	(182,93)	2219	599	0.030
狮子村(F_{61})	(166,84)	2146	579	0.029
石马村(F_{62})	(176,66)	2148	580	0.029
会灵村(F_{63})	(175,60)	2226	601	0.030
凤凰村(F_{64})	(193,53)	2194	592	0.029
朱沟村(F_{65})	(214,47)	2859	772	0.038
古井村(F_{66})	(205,36)	3366	909	0.045
杨坝村(F_{67})	(200,34)	4011	1083	0.053
曾坝村(F_{68})	(215,19)	2385	644	0.032
大兴村(F_{69})	(166,60)	1769	478	0.024
黄庙村(F_{70})	(174,48)	2235	603	0.030
水口村(F_{71})	(192,34)	1860	502	0.025
金龙村(F_{72})	(204,19)	3540	956	0.047
片区二生活垃圾总产量:20.3t/d				

1.加权距离和最小准则(重心问题)

(1)一个转运站 P_1 选址

应用加权距离和最小准则模型对该县的重心点进行计算。得到该县的重心点的相对坐标为(142,83),地点在双桥镇天宫村西南方向 1.4km 附近,具体如图 6-1 所示。

$$x_c = \frac{\sum\limits_{i=1}^{n} x_i \, p_i}{\sum\limits_{i=1}^{n} p_i} = 142 \qquad\qquad y_c = \frac{\sum\limits_{i=1}^{n} y_i \, p_i}{\sum\limits_{i=1}^{n} p_i} = 83$$

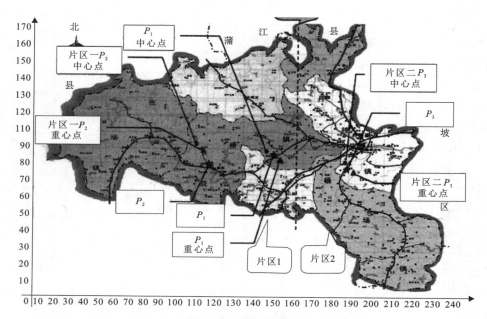

图 6-1　DL 县行政分布及转运站点选址情况

（2）对两个片区生活垃圾转运站进行选址

①片区一 P_2：应用加权距离和最小准则模型对片区一的重心点进行计算。得到该片区的重心点的相对坐标为（100，90），地点在双桥镇华头村东南方向 0.8km 附近，具体如图 6-1 所示。

②片区二 P_3：该片区的重心点的相对坐标为（182，76），地点在丹棱镇青龙村东南方向 1km 附近，具体如图 6-1 所示。

2.最大距离最小准则（中心问题）

由最大距离最小准则得到中心点为：

$$X = \frac{1}{n}\sum_{i=1}^{n} x_i \,(i=1,2,\cdots,n) \qquad\qquad Y = \frac{1}{n}\sum_{i=1}^{n} y_i \,(i=1,2,\cdots,n)$$

（1）一个转运站 P_1 选址

设置一个生活垃圾转运站的中心点坐标为（134，89），地点在双桥镇宿场村西北方向 0.8km附近，具体如图 6-1 所示。

（2）对两个片区生活垃圾转运站进行选址

①片区一 P_2：应用最大距离最小准则模型计算该片区的中心点，得到中心点坐标为

(95,94),地点在双桥镇华头村西北方向 0.6km 附近,具体如图 6-1 所示。

②片区二 P_3:该片区的中心点坐标为(179,83),地点在丹棱镇青龙村西北方向 0.6km 附近,具体如图 6-1 所示。

3.转运站备选点位置优缺点比较

对各片区的重心点和中心点的优缺点进行比较(表 6-3),最后确定各片区转运站的建设点。

表 6-3　　　　　　　　　　DL 县各转运站备选点位置优缺点比较

备选站点	重心点		中心点	
	优点	缺点	优点	缺点
P_1	该备选点离居民居住区较远,不会对居民生活产生臭气、噪声等影响问题	1.该备选点离主干道较远,没有好的道路方便大型压缩车的进出; 2.站点周围都是农田,存在征地和废水污染农田的影响问题。用水、用电不方便	该备选点离居民居住区较远,不会对居民生活产生臭气、噪声等影响问题	1.与各收集点的距离相同,没有考虑到各收集点的权值; 2.距河流较近,会存在废水排放污染问题; 3.离主干道较远,不方便进出
	小结:通过对两备选点的环境及用水、用电、交通条件的对比,备选点可设于两点之间的县道旁边,县道有较好的用水、用电及废水排放等有利条件,而且该点具有很好的交通条件,满足各种环境要求。具体位置如图 6-1 所示			
片区一 P_2	该备选点位于双桥镇华头村东南方向 0.8km 附近,距离周围各居民点 100m 以上,不会产生臭气和噪声污染问题	1.占用了农田,存在征地问题; 2.交通不方便,转运车辆难以进出; 3.存在废水的排放处理问题	1.该备选点离各行政村距离相等; 2.该备选点位于双桥镇华头村西北方向 0.6km 附近,远离居民区,不会对居民产生影响	1.占用了农田,离旁边的小河非常近; 2.用水、用电及排水不满足要求; 3.交通不方便,转运车辆难以进出
	小结:通过比较,两备选点不适合建设转运站。因此,把站点向南移动,选择在刘波村附近,该地接近县道,解决了交通、用水、用电、废水排放等问题。同时,有利于垃圾的收集转运。具体位置如图 6-1 所示			
片区二 P_3	距离周围居民区较远,满足环境要求	1.该备选点位于丹棱镇青龙村东南方向 1km 附近,周围的道路都是村路,交通条件不满足设点要求; 2.占用了农田,用水、用电及废水排放要求不能满足	该备选点位于丹棱镇青龙村西北方向 0.6km 附近,县道旁边,交通方便,距离周围居民区较远,满足用水、用电和环境要求	占用农田,存在征地等问题
	小结:通过两备选点的对比,两备选点在建设转运站方面都有所欠缺,考虑到各方面的条件,把备选点选择在青龙村旁,该处有垃圾收集间,可以进行改造扩建,满足用水、用电和土地使用要求,而且交通方便,距居民区较远。具体位置如图 6-1 所示			

4.实例的指标满意度法的计算

该镇的生活垃圾经分类减量收集后全部转运到市垃圾填埋场 U_1，总的垃圾量为 40t/d，垃圾收集点 $F_k(k=1,2,\cdots,72)$ 有 72 个，分别对应日收集量 $S_k(k=1,2,\cdots,72)$，具体如表 6-2 所示。垃圾转运站备选点位置共 3 个，分别为 $P_i(i=1,2,3)$，由于该县的垃圾量不大，在转运方式上考虑加入直接压缩转运方式，费用如表 6-4 所示。其中 F_k 与 P_i 对应的数值是指从垃圾收集站到垃圾转运站的费用，P_i 与自身对应的数值为垃圾压缩的可变成本费，P_i 与 U_i 对应的数值为垃圾转运站到垃圾填埋场的转运费用；垃圾转运站 P_i 与 F_i 对应的数值为垃圾转运站的日固定费；垃圾转运站个数上限为 $P=3$。

（1）确定层次分析法 S 层指标权重系数

由"农村生活垃圾收集处理及资源化系列丛书"之一《农村生活垃圾转运技术及应用)第二章 2.4.2 节可知：$\omega_1=0.6551$；$\omega_2=0.0864$；$\omega_3=0.2046$；$\omega_4=0.0539$。

（2）求解可行方案

由"农村生活垃圾收集处理及资源化系列丛书"之一《农村生活垃圾转运技术及应用》第二章 2.5.3 节可知：

$$f(x_{ijk}Z_i)=\sum_{k=1}^{m}\sum_{i=1}^{n}c_{ki}x_{ki}+\sum_{i=1}^{n}\sum_{j=1}^{l}h_{ij}x_{ij}+\sum_{i=1}^{n}Z_iv_i\omega_i^{\theta}+\sum_{i=1}^{n}Z_iF_i$$

经过过滤性条件 1 和 2 和相关收集范围，可得到可讨论方案 $K_1=(P_1)$、$K_2=(P_1P_2)$、$K_3=(P_1P_3)$、$K_4=(P_2P_3)$、$K_5=$（直接转运），计算结果如表 6-4 所示。

表 6-4　　　　　DL 县垃圾转运站各选址方案的总费用计算结果　　　　（单位：元/d）

| 方案 | K_1 | K_2 | | K_3 | | K_4 | | K_5 |
	P_1	P_1	P_2	P_1	P_3	P_2	P_3	（直接转运）
F_1	62	—	53	57	—	49	—	13
F_2	65	—	55	59	—	52	—	14
F_3	26	—	22	23	—	20	—	5
F_4	57	—	49	52	—	45	—	12
F_5	75	—	67	70	—	64	—	34
F_6	38	—	34	35	—	32	—	17
F_7	51	—	46	48	—	45	—	28
F_8	76	—	71	73	—	69	—	51
F_9	48	—	45	46	—	43	—	30
F_{10}	45	—	42	43	—	41	—	29
F_{11}	63	—	59	61	—	58	—	43
F_{12}	16	—	13	14	—	12	—	3
F_{13}	32	—	29	30	—	27	—	15
F_{14}	27	—	23	25	—	21	—	6

续表

方案	K_1	K_2		K_3		K_4		K_5（直接转运）
	P_1	P_1	P_2	P_1	P_3	P_2	P_3	
F_{15}	48	—	45	46	—	44	—	33
F_{16}	37	—	33	35	—	32	—	17
F_{17}	44	37	—	40	—	35	—	9
F_{18}	62	58	—	60	—	56	—	40
F_{19}	102	98	—	99	—	96	—	80
F_{20}	42	37	—	39	—	35	—	15
F_{21}	46	41	—	43	—	39	—	18
F_{22}	140	133	—	136	—	131	—	106
F_{23}	30	—	25	27	—	23	—	6
F_{24}	56	—	48	51	—	44	—	12
F_{25}	81	—	69	74	—	61	—	17
F_{26}	51	—	44	46	—	41	—	11
F_{27}	44	—	38	40	—	36	—	15
F_{28}	51	—	44	47	—	42	—	18
F_{29}	48	40	—	44	—	37	—	6
F_{30}	54	—	46	49	—	43	—	11
F_{31}	38	—	33	35	—	31	—	8
F_{32}	145	—	136	140	—	133	—	99
F_{33}	49	—	41	44	—	37	—	6
F_{34}	148	—	137	141	—	133	—	92
F_{35}	54	—	47	49	—	44	—	16
F_{36}	30	25	—	27	—	23	—	4
F_{37}	49	41	—	44	—	39	—	10
F_{38}	37	—	31	34	—	29	—	8
F_{39}	46	—	38	41	—	35	—	5
F_{40}	32	28	—	—	29	—	26	11
F_{41}	47	44	—	—	45	—	43	29
F_{42}	16	14	—	—	15	—	13	2
F_{43}	28	24	—	—	25	—	22	6
F_{44}	81	75	—	77	—	—	73	50
F_{45}	77	67	—	71	—	—	63	22
F_{46}	64	53	—	57	—	—	49	8
F_{47}	49	41	—	44	—	—	39	10
F_{48}	37	32	—	34	—	—	30	11
F_{49}	48	41	—	—	43	—	38	10

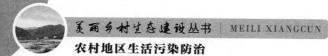
续表

方案	K_1 P_1	K_2 P_1	K_2 P_2	K_3 P_1	K_3 P_3	K_4 P_2	K_4 P_3	K_5 (直接转运)
F_{50}	56	48	—	—	51	—	45	12
F_{51}	59	50	—	—	53	—	47	13
F_{52}	45	38	—	—	41	—	36	10
F_{53}	109	100	—	—	103	—	96	60
F_{54}	43	36	—	—	39	—	33	5
F_{55}	48	40	—	—	43	—	37	6
F_{56}	57	51	—	—	53	—	48	23
F_{57}	55	46	—	—	50	—	43	12
F_{58}	31	27	—	—	28	—	25	7
F_{59}	61	53	—	—	56	—	50	18
F_{60}	43	36	—	—	39	—	33	5
F_{61}	42	35	—	—	37	—	32	5
F_{62}	47	40	—	—	42	—	37	10
F_{63}	59	51	—	—	54	—	49	21
F_{64}	43	36	—	—	38	—	33	5
F_{65}	69	60	—	—	.63	—	56	20
F_{66}	104	93	—	—	98	—	89	47
F_{67}	133	121	—	—	125	—	115	65
F_{68}	107	99	—	—	102	—	96	66
F_{69}	42	37	—	—	39	—	35	12
F_{70}	110	103	—	—	106	—	100	72
F_{71}	96	90	—	—	93	—	88	64
F_{72}	77	66	—	—	70	—	61	16
小计	4228	2285	1463	2350	1580	1880	1680	1695
收集量(t)	40	25.8	14.2	22.5	17.5	19.7	20.3	40
P_1	284	183	—	160	—	—	—	0
P_2	—	—	101	—	—	140	—	0
P_3	—	—	—	—	124	—	144	0
U_1	1955	1495	827	1069	831	958	987	2948
F_i	207	170	94	148	115	130	134	20
合计	6674	6618		6377		6053		4663
容量限值(t)	50	30	30	30	30	30	30	40

注:1.垃圾的单位收集成本为 45.8 元/(t·km)(数据来源于惠州市生活垃圾处理费征收方案研究——垃圾处理成本审计材料);

　　2.转运站运行成本(可变费率)为 7.1 元/t(数据来源于晋江垃圾转运市场化对策)。

经上述计算得到：$f(K_1)=6674,f(K_2)=6618,f(K_3)=6377,f(K_4)=6053,f(K_5)=4663$。

（3）确定各选址方案的定性指标因素的评价值

邀请专家对各选址方案的定性指标因素进行评价，结果如表 6-5 所示。

表 6-5　　　　　　　　　　DL 县垃圾转运站各选址方案的定性指标适宜度

	方案	K_1	K_2	K_3	K_4	K_5
环境影响	空气污染（主要以 NH_3 和 H_2S 为指标，mg/m^3）	$NH_3 \leqslant 0.0066$ $H_2S \leqslant 0.0029$	$NH_3 \leqslant 0.0066$ $H_2S \leqslant 0.0029$	$NH_3 \leqslant 0.0066$ $H_2S \leqslant 0.0029$	$NH_3 \leqslant 0.0066$ $H_2S \leqslant 0.0029$	$NH_3 \leqslant 0.0066$ $H_2S \leqslant 0.0029$
	噪声污染（dB）	<57.9	<57.9	<57.9	<57.9	<63
	废水污染	污染较少	污染较少	污染较少	污染少	沿途有滴漏，污染较少
	对周边居民影响距离（m）	336	252	252	168	80
周边适应性	交通条件与供水供电通信情况	交通便捷、供应很方便、个别收集点运输距离远	交通便捷、供应很方便、个别收集点运输距离远	交通便捷、供应很方便、个别收集点运输距离远	交通便捷、供应很方便、个别收集点运输距离远	交通便捷，不需要供水供电，运输距离远
政策法规	法律法规	完全符合	完全符合	完全符合	完全符合	完全符合
	规划要求	完全适合规划	完全适合规划	完全适合规划	完全适合规划	完全适合规划

（4）通过模糊综合评判可得出各方案的定性指标的评分结果 Z

1）定量因素以方案 K_1 为例，分别计算空气污染、噪声污染和对周边居民影响距离的评分结果 Z。

①将 0.0066 代入"农村生活垃圾收集处理及资源化系列丛书"之一《农村生活垃圾转运技术及应用》第二章 2.6.2 节构造的函数中，求得空气污染 U_{21} 的隶属度为：

$$r_{11}=r_{12}=r_{13}=0；r_{14}=0.6；r_{15}=0.4$$

评分结果：$Z_{121}=B \cdot E=(r_{11},r_{12},r_{13},r_{14},r_{15}) \cdot (1,2,3,4,5)^{\mathbf{T}}=4.4$

②将 57.9 代入"农村生活垃圾收集处理及资源化系列丛书"之一《农村生活垃圾转运技术及应用》第二章 2.6.2 节构造的函数中，求得噪声污染 U_{22} 的隶属度为：

$$r_{11}=r_{12}=r_{13}=0；r_{14}=0.96；r_{15}=0.04$$

评分结果：$Z_{121}=B \cdot E=(r_{11},r_{12},r_{13},r_{14},r_{15}) \cdot (1,2,3,4,5)^{\mathbf{T}}=4.04$

③将 336 代入"农村生活垃圾收集处理及资源化系列丛书"之一《农村生活垃圾转运技术及应用》第二章 2.6.2 节构造的函数中，求得对周边居民影响距离 U_{31} 的隶属度为：

$$r_{11} = r_{12} = r_{13} = r_{14} = 0; r_{15} = 1$$

评分结果：

$$Z_{121} = B \cdot E = (r_{11}, r_{12}, r_{13}, r_{14}, r_{15}) \cdot (1, 2, 3, 4, 5)^{\mathbf{T}} = 5$$

2）定性指标需要通过专家对各指标进行打分，然后计算得到。5 位专家（编号 $A \sim E$）的打分结果如表 6-6 所示。以方案 K_1 为例，分别计算废水污染、交通条件与供水供电通信情况、法律法规和规划要求的评分结果 Z。

表 6-6　　　　　　　　　　　　　　　　5 位专家打分结果（DL 县）

影响因素	专家打分																								
	K_1					K_2					K_3					K_4					K_5				
	A	B	C	D	E	A	B	C	D	E	A	B	C	D	E	A	B	C	D	E	A	B	C	D	E
Z_{s23}	4	4	4	4	5	4	4	4	4	5	4	4	4	4	5	4	4	4	4	5	4	4	4	4	4
Z_{s32}	4	4	4	4	4	4	4	4	4	4	4	4	4	4	4	4	4	4	4	4	5	4	5	5	5
Z_{s41}	5	5	5	5	5	5	5	5	5	5	5	5	5	5	5	5	5	5	5	5	5	5	5	5	5
Z_{s42}	5	5	5	5	5	5	5	5	5	5	5	5	5	5	5	5	5	5	5	5	5	5	5	5	5

注：分值 1、2、3、4、5 分别代表不利、不太有利、一般、有利、非常有利。

①废水污染打分情况：1 人认为满足要求，4 人认为在满足要求和基本满足要求之间，所以 $Z_{123} = 0.2 \times 5 + 0.8 \times 4 = 4.2$。

②交通条件与供水供电通信情况打分情况：5 人都认为在满足要求和基本满足要求之间，所以 $Z_{132} = 1 \times 4 = 4$。

③法律法规打分情况：5 人都认为满足要求，所以 $Z_{141} = 1 \times 5 = 5$。

④规划要求打分情况：5 人都认为满足要求，所以 $Z_{142} = 1 \times 5 = 5$。

同理计算出其他 Z_{sdi}，详细数值如表 6-7 所示。

表 6-7　　　　　　　　　　　　　　　　各因素评分结果（DL 县）

方案	K_1	K_2	K_3	K_4	K_5
Z_{s21}	4.4	4.4	4.4	4.4	4.4
Z_{s22}	4.04	4.04	4.04	4.04	2.94
Z_{s23}	4.2	4.2	4.2	4.2	4
Z_{s31}	5	5	5	5	5
Z_{s32}	4	4	4	4	4.8
Z_{s41}	5	5	5	5	5
Z_{s42}	5	5	5	5	5

将 Z_{sdi} 与各因素占指标的权重 W_{kd} 相乘,得到各方案各个定性指标的评分结果 Z_{sd},其中 s 取方案序数,d 取指标序数。以 K_1 为例,计算各 Z_{s2}、Z_{s3}、Z_{s4}:

U_2 各因素的权重值为:$\omega_{11}=0.5396$;$\omega_{12}=0.2970$;$\omega_{13}=0.1634$

$Z_{s2}=4.4\times0.5396+4.04\times0.2970+4.2\times0.1634=4.2604$

U_3 各因素的权重值为:$\omega_{14}=0.6667$;$\omega_{15}=0.3333$

$Z_{s3}=5\times0.6667+4\times0.3333=4.6667$

U_4 各因素的权重值为:$\omega_{16}=\omega_{17}=0.5$

$Z_{s4}=5\times0.5+5\times0.5=5$

同理计算其他 Z_{sd},具体数值如表 6-8 所示。

表 6-8 　　　　　　　　　备选方案的定性指标评价值(DL 县)

方案	K_1	K_2	K_3	K_4	K_5
Z_{s2}	4.2604	4.2604	4.2604	4.2604	3.9010
Z_{s3}	4.6667	4.6667	4.6667	4.6667	4.9333
Z_{s4}	5	5	5	5	5

(5)计算各备选方案的指标满意度

将定量指标值和定性指标值代入满意度算法,解得各备选方案的指标满意度,结果如表 6-9 所示。

表 6-9 　　　　　　　　　备选方案的指标满意度(DL 县)

方案	K_1	K_2	K_3	K_4	K_5
M_{qs1}	0	0.0274	0.1443	0.3060	1
M_{qs2}	1	1	1	1	0
M_{qs3}	0	0	0	0	1
M_{qs4}	0	0	0	0	0

(6)计算最终值 L_q

用 $L_q=W_b\cdot M_q$ 计算,评价指标层的权重值为:$\omega_1=0.6551$;$\omega_2=0.0864$;$\omega_3=0.2046$;$\omega_4=0.0539$。得到的评价结果如表 6-10 所示。

表 6-10 　　　　　　　　　备选方案的最终满意度值(DL 县)

方案	K_1	K_2	K_3	K_4	K_5
L_q	0.0864	0.1043	0.1809	0.2868	0.8597

由计算结果可以看出,方案 K_5 直接转运方式的最终满意度值最高,所以在该县选择转运方式时,直接压缩转运方式最优。通过实例分析得到,在农村地域面积较大、收集点分散、垃圾量少的情况下,应直接考虑采用沿途收集压缩转运方式,这样可节省大量的运行费用,

同时达到很好的效果。这种方式比较适合于地域面积较大、收集点分散、垃圾量少和经济不发达的农村。

6.3 农村生活垃圾处理实例分析

全面治理农村垃圾是改善农村环境的有力举措，是广大农民群众的迫切愿望。党中央、国务院明确提出，要全面推进农村人居环境整治，开展农村垃圾专项治理。为全面治理农村垃圾，解决好当前农村垃圾乱扔乱放、治理滞后等问题，住房和城乡建设部等部门制定出台《关于全面推进农村垃圾治理的指导意见》。2016年，全国村庄生活垃圾处理率达到60%左右，其中，东部地区对生活垃圾处理的行政村比例达68%。截至2016年底，浙江省86%的建制村实现生活垃圾集中收集有效处理；开展垃圾减量化、资源化、无害化处理村4500个，占建制村总数的16%。农村垃圾分类减量处理工作是改善农村人居环境、新农村建设的一项最根本的工作。2014年以来，浙江省在积极推行"分类减量、源头追溯、定点投放、集中处理"的农村生活垃圾处理模式取得显著的效果。2016年12月21日，习近平总书记在中央财经领导小组第十四次会议上，听取了浙江省关于普遍推行垃圾分类制度等的汇报，强调要普遍推行垃圾分类制度，要加快建立分类投放、分类收集、分类运输、分类处理的垃圾处理系统，形成以法治为基础、政府推动、全民参与、城乡统筹、因地制宜的垃圾分类制度，努力提高垃圾分类制度的覆盖范围。浙江普遍推行垃圾分类的经验在全国得到推广。

6.3.1 浙江农村生活垃圾治理回顾

回顾浙江农村生活垃圾治理实践，总结起来可以分为两个阶段。第一阶段：2003—2012年。2003年，浙江启动"千村示范万村整治"工程，以农村垃圾集中处理、村庄环境整治入手，推进美丽乡村建设。2003年，浙江省金华市澧浦镇后余村就开始推广"户集、村收、镇运、县处理"的垃圾处理模式，村民只需把垃圾集中在一处，村保洁员就会统一收走。这个模式在10年后遭遇了垃圾填埋场占地面积大、环境污染严重等弊端的挑战，这是全省乃至全国垃圾处理都面临的困境。随着浙江农村经济的快速发展和农村居民生活水平的提高，农村生活垃圾爆发式增长，农村生活垃圾该如何处理，成为浙江省亟待解决的重要问题。

因此，推动农村生活垃圾分类，实现减量化、资源化、无害化处置，成为浙江省首推的解决途径。由此，浙江省开启农村生活垃圾治理的第二阶段。第二阶段：2013—2020年。2013年，浙江推广农村垃圾减量化资源化试点，成效显著。2014年，省委、省政府积极推进"五水共治，治污先行"的决策部署，浙江省率先围绕"最大限度地减少垃圾处置量，实现垃圾循环资源化利用"的总体目标，改革农村垃圾集中收集处理的传统方式，探索农村垃圾减量化资源化处理的"分类收集、定点投放、分拣清运、回收利用、生物堆肥"等各个环节的科学规范、基本制度和有效办法，不断改善农村人居条件，提升农村生态环境质量，不断加大力度、健全机制、规范制度，全力推进全省农村垃圾减量化资源化处理。2013年以来，浙江分批选择村庄开展农村生活垃圾分类减量试点，垃圾分类制度由点及面，金华等地已实现了"全域覆盖"。2014 年 11 月 18 日,住房和城乡建设部召开全国农村生活垃圾治理工作电视电话会议,部署全面推进农村生活垃圾治理工作,提出全面启动农村生活垃圾 5 年专项治理,使全国 90％的村庄的生活垃圾得到处理。浙江在 2015 年已有 98％的村实现生活垃圾集中收集处理(图 6-2)。根据浙江省政府工作计划,力争到 2020 年,全省 50％的建制村生活垃圾分类处理达到省级标准,县以上城市全面推行生活垃圾分类处理工作。

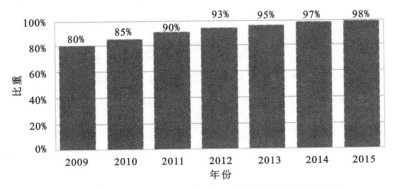

图 6-2　浙江省实现生活垃圾集中收集处理村的覆盖率

6.3.2　农村生活垃圾治理经验总结

6.3.2.1　农村生活垃圾分类

　　浙江省从源头实施减量化、资源化、无害化,对农村生活垃圾进行分类处置,按照"可烂的"厨余垃圾和"不可烂的"其他垃圾这种村民通俗易懂的分类方法在浙江农村迅速推开农村生活垃圾分类处理(图 6-3)。厨余垃圾包括剩饭剩菜、菜叶果皮、腐烂瓜果、动物内脏、零食碎末等;作物秸秆、枯枝烂叶、谷壳、笋壳、残次水果和饲养动物粪便等也作为可堆肥垃圾;可回收垃圾包括废纸、塑料、玻璃、金属和布料。有害垃圾包括电池、荧光灯管、灯泡、水银温度计、油漆桶、家电类、过期药品、过期化妆品等。其他垃圾包括砖瓦陶瓷、渣土、卫生间废纸、纸巾等难以回收的废弃物。调查统计显示,浙江农村生活垃圾集中处理率超过 90％,4500 个省级农村垃圾分类与减量试点村每年减少垃圾 40 多万 t。

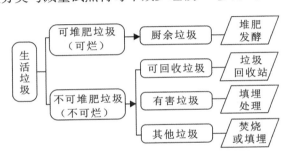

图 6-3　农村生活垃圾分类处理模式

6.3.2.2 治理经验

调查显示,浙江省农村生活垃圾治理坚持"政府主导、社会参与,科学规划,因地制宜、分类指导"的原则,变革农村垃圾集中收集处理的传统方式,规范农村垃圾"分类收集、定点投放、分拣清运、回收利用、生物堆肥"等各个环节,探索出机器堆肥、太阳能沤肥、环保酵素处理、发酵成沼气等处理模式。同时,不断加快生活垃圾处理设施建设和全覆盖,切实完善农村生活垃圾治理保障机制和长效管理制度,形成了城乡一体化的生活垃圾收集、转运、处置系统,实现了农村生活垃圾的无害化、减量化、资源化处置。在工作方式方法上,浙江省探索出一条符合现阶段浙江省实际的农村垃圾分类减量处理工作模式,初步形成了一套行之有效的工作方法和工作机制,以开展农村生活垃圾减量化资源化处理试点为抓手,由点到线、由线到面、由浅到深分层逐次推开农村生活垃圾治理工作,重点开展了全省700多个乡镇推进农村垃圾整乡整镇处理工作。同时,因地制宜、形式多样,按照村庄所处地形地貌不同和经济条件差异,差异化配备垃圾处理设施和选择垃圾处理技术模式(图6-4)。调查结果显示,目前,全省有快速成肥机器745台,太阳能沤肥池3681个,焚烧炉89个,焚烧发电处理装置886个,沼气处理池239个,垃圾填埋场131个,其他处理(如发酵、综合利用等)设施818个。在基层工作体系上,基本形成了上下联动、齐抓共管的工作格局,且各地积极探索垃圾分类处理新方法新模式,不断涌现农村垃圾分类减量处理工作的先进典型。

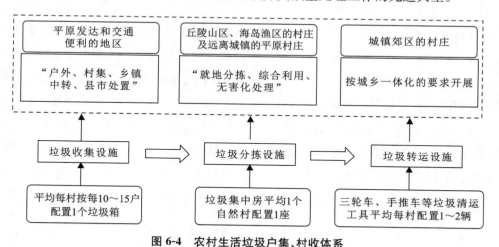

图6-4 农村生活垃圾户集、村收体系

浙江省农村生活垃圾分类处理工作已取得显著成绩(图6-5):一是农村生活垃圾集中收集处理的行政村全覆盖,比国家要求农村生活垃圾集中收集处理到2020年达到76%,提前了五年;二是全国率先利用机器成肥处理垃圾的省份,且全省有500多个村庄试点微生物发酵资源化快速成肥,此处理模式遥遥领先其他省份;三是全省83个县(区、市)中的4500个村庄推进农村垃圾分类与"三化"处理工作,是全国最早在农村开展垃圾分类的省份。

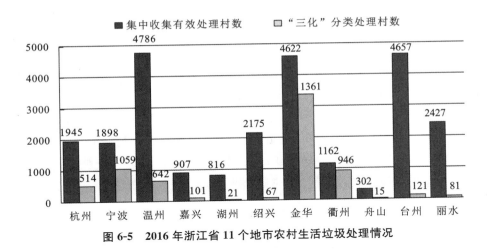

图 6-5　2016 年浙江省 11 个地市农村生活垃圾处理情况

调查结果显示,截至 2017 年 3 月,浙江省拥有 27069 个建制村,25697 个集中收集有效处理村,11084 个分类减量处理村,6928 个"三化"分类处理村,分类村户籍农户数达421.72 户,分类村户籍人口数达 1185.5 万,分类村常住人口数达 1174.6 万,农户垃圾桶6504430 只,公共垃圾桶 585883 只,普通清运车 16760 辆,分类清运车 15326 辆,大型垃圾清运车 1357 辆,保洁员和分拣员 47123 人。

浙江省农村生活垃圾治理经验归纳起来是"政策顶层设计、配套资金支持、企业参与运营、村民自觉自治",具体有以下几点。

1.领导重视、政府主推

2003 年,时任省委书记习近平作出了实施"千村示范万村整治"工程的重大决策。全省各地、各部门根据省委、省政府的决策部署,加大农村垃圾集中有效收集处理的工作力度。2013 年,省委、省政府部署开展农村垃圾资源化减量化试点工作,全省认真贯彻省委决不把脏乱差、污泥浊水带入全面小康的决策部署,积极推进农村垃圾减量化资源化处理,围绕"最大限度地减少垃圾处置量,实现垃圾循环资源化利用"的总体目标。并结合美丽乡村建设、"四边三化""二路二侧""三改一拆",以点带面,串珠成链、连线成片,进一步巩固农村生活垃圾治理工作成效,提升了效果。从 2014 年至今,浙江已出台《中共浙江省委关于建设美丽浙江创造美好生活的决定》和《浙江省餐厨垃圾管理办法》等政策,对推进生活垃圾分类提出要求,同时编制完成了《浙江省生活垃圾无害化处理设施建设"十三五"规划》和《浙江省生活垃圾分类五年行动规划》。

2.层层推进、制度保障

浙江省以千万工程为基础,成立了浙江农村生活垃圾分类减量处理领导小组,市县(市、区)党委、政府分管负责人也成立了相应组织,坚持"一把手"负总责,健全了网络体系,层层落实"一把手"责任制,层层责任考核,一级抓一级,一年一考核,做到各部门既各司其职、各负其责,又协作配合,形成工作合力。明确了县(市、区)农村生活垃圾治理工作主管部门和乡镇分管领导,各村通过社区委员会、村民理事会等机构,层层有专门机构和人员想事、干事,确保农村生活垃圾分类减量处理各项工作部署能够有效贯彻落实。在制度保障上,强化项目管理,重点指导农村生活垃圾分类减量处理工程进度、施工质量等环节,全面推行。强化分类指导,组成了技术指导组、环境整治等指导组,实行分类指导、重点督办,推动各项工作顺利开展。强化考核考评,对县(区)单位进行考核评比、动态排名、重点帮扶、限时办结,确保整改到位。强化资金保障,为确保民生工程资金优先安排、优先配套"以奖代补"资金,各县区结合实际进行配套,安排 1000 万元资金,及时安排资金计划。按照民生工程资金筹集方案的要求,制定了项目资金拨付制度,及时拨付资金。据最新调查统计数据显示,全省投入农村生活垃圾治理的市财政资金达 1111.58 亿元,县、乡财政资金达 12.7 亿元,村自筹资金 3.78 亿元,村民缴费总额 0.52 亿元。

3.企业参与、市场运营

浙江省在农村生活垃圾分类减量处理上,鼓励企业参与农村垃圾治理中,充分发挥市场机制在农村垃圾治理中的作用。积极探索分类处理第三方服务模式,对第三方服务进行"政府主导、公开招标、合同管理、评估兑现",通过市场竞标,引入竞争机制,成立美丽乡村环境服务有限公司、物业综合服务管理公司等,乡镇抓管理,第三方服务公司具体做,彻底解决农村生活垃圾分类"易反复、常反弹"的困扰,提高农村生活垃圾分类减量处理质量和群众满意度。在垃圾终端处理上,对参与垃圾处理的企业实行优惠政策,用市场运作方式提高垃圾处理效率及效益,提升垃圾终端处理能力和效果。

4.群众自觉、村民自治

村民自觉参与垃圾分类,是浙江省农村生活垃圾治理的坚实基础。浙江省突出群众主体,把尊重群众意愿贯穿始终,做到规划由群众参与、项目由群众提出、过程由群众掌握、效果由群众评议,充分体现"群众的事群众议、群众定、群众办",积极引导群众在房屋外立面改造、房前屋后建园绿化、庭院环境整治等户建项目上,发挥群众"自主建设,自主管理,自主发展"模式,引导调动群众筹资投劳、共建共享的积极性。浙江各级政府组织妇联、团委、工会等团体进村入户做宣讲,考核评出农户"红黑榜",高分农户挂三星级示范户牌,垃圾分类可换取生活用品等系列宣传、引导、奖励机制把农户充分发动了起来。同时,在中心村建立由农村党员、村民代表、德高望重的社会能人等群众代表组成的村民理事会,健全村民理事会在规划、建设、管理、监督等方面"四位一体"的自治机制,通过村民集体商议制定村规民约,将门前屋后保洁责任等纳入村规民约,引导形成村民主动参与的良好氛围和习惯行为。

6.3.2.3 处理技术和模式

1.微生物快速成肥

微生物快速成肥技术是利用微生物菌和配套装置对有机类垃圾进行处理,选用由 20 多个单体菌种组合成的复合菌群和有机垃圾一起投放不锈钢锅槽体内,以辅助加热后以菌群自身发酵热,当加温保持在 60~80℃,经缓慢搅拌使槽体内的上部始终保持着好氧菌所需要的养分,从而使高温细菌保持旺盛的繁殖和快速发酵,有机类垃圾快速分解,并经密封快速发酵后生成少量(约10％)的有机肥料,而且同步把水气通过除臭净化处理,全过程没有污水和有毒气体排放。农村生活垃圾中大部分是可腐烂的有机垃圾,加工后就能变成肥料。可腐烂的垃圾被投入生活垃圾资源化处理设备中,通过粉碎、添加菌种、加热发酵等程序后,有机肥料生成了。这些有机肥料质量高且价格相对低廉,受到农户的青睐。机械化快速成肥处理模式适合人口密集、垃圾较多,有一定经济能力购买机器的村镇。通过3年持续推进,浙江目前采用机器堆肥设施处理的村有1324个,微生物发酵快速成肥设施处理的省级试点村达到380个。

2.太阳能堆肥房

太阳能堆肥房又称"阳光房",屋顶由数块透明的太阳能采光板拼接而成,室内安装了透风口、淋水喷头等供氧增湿装置,地面由水泥浇筑并且铺设了收集垃圾渗漏液的下水道。可堆肥垃圾倒入房间后,通过太阳能采光板加温、添加高效微生物复合菌剂和管道通风,不仅可以快速制成有机腐透肥料,还能减少蚊蝇,实现了垃圾无害化、资源化利用。冬天需60多天制成高效有机肥,夏天仅需40~50天。经太阳能堆肥降解处理后的有机肥可直接用于农田肥料。太阳能堆肥主要采用好氧堆肥的原理,好氧堆肥的温度一般都比较高,为55~60℃,最高可达80℃,故也称高温堆肥。与传统的厌氧堆肥相比,好氧堆肥具有基质分解彻底、发酵周期短、异味小、占地面积小、可大规模采用机械处理等优点,因而好氧堆肥技术的应用已较为普遍。

3.环保酵素处理

浙江省有杭州、金华等地方已在积极推广环保酵素技术处理农村生活垃圾。环保酵素,也叫垃圾酵素,其生成原理是利用果蔬表面的微生物在厌氧的环境下将糖进行发酵,生成乳酸、酒精等物质。乳酸和酒精本身就具有除垢和抗菌作用,因此,在浓度适合的情况下,可以作为清洁剂、空气清新剂甚至皮肤表面辅助杀菌剂使用。发酵成功的环保酵素pH值在4左右,在此环境下,绝大多数有害细菌不能生存,加之乳酸和酒精的抗菌作用,不存在不卫生或易残留细菌的问题。

4.厌氧发酵

厌氧发酵是在一定的条件下,利用厌氧微生物的转化作用,将垃圾中大部分可生物降解的有机物质进行分解,转化为沼气的处理方式。它是一种成熟的垃圾能源化技术,将垃圾转化成沼气后,便于输送和储存,热值高,燃烧污染小,用途广泛。传统的厌氧堆肥具有工艺简单、不必由外界提供能量的优点,但存在着有机物分解缓慢、占地面积大、二次污染严重等缺点。在偏远的山村,村民多有堆肥习惯,如诸暨市推行波卡西堆肥模式,即通过厌氧发酵来分解厨余垃圾。这种模式实现了户分、村收、就地处置,让村民自家堆肥自家用,减少了运输等处理环节。

5.卫生填埋

填埋是我国城乡目前普遍采用的垃圾处理方式。填埋使垃圾与空气隔绝,垃圾中自身含有的微生物如果将有机物进行降解,本质上就属于厌氧发酵。如果采取相应措施,将填埋场产生的渗滤液加以处理的话,就属于卫生填埋。卫生填埋场(Ⅰ、Ⅱ级填埋场)一般都是封闭型或生态型的,有比较完善的环保措施,能达到或大部分达到环保标准,能对渗滤液和填埋气体进行控制,在我国目前约占 20%。其中,Ⅱ级填埋场即基本无害化,目前在我国约占 15%;Ⅰ级填埋场即无害化,约占 5%。

6.3.2.4　对策建议

目前,浙江省农村垃圾分类减量处理工作处于良好的发展态势,既取得了明显的成效,又赢得了群众的支持,因此,具备了坚实的工作基础和稳步发展的条件。浙江省在实现农村垃圾集中有效处理全覆盖的基础上,应完善垃圾分类长效机制,抓好垃圾分类巩固提升,以农村垃圾分类设施建设改善农村卫生面貌,改善农民生产生活环境,把农村垃圾分类减量处理工作深入持久地推进下去。

1.完善垃圾分类长效机制

要建立长效机制,从根本上解决我国垃圾围城的困境。严格地说,分类只是解决垃圾围城困境的起步,是从源头解决垃圾问题的举措,而不是总体方案。发挥政府引领作用和市场资源配置最大化,积极引导社会资源进入农村生活垃圾处理领域,是农村生活垃圾治理的主导路线。应贯彻落实国家发改委、住房和城乡建设部发布的《生活垃圾分类制度实施方案》,加快研究制定《浙江省生活垃圾分类制度实施方案》。加大对农村垃圾治理分类工作的财政投入,出台对资源回收利用企业的税收优惠政策,加强对农村垃圾处理技术创新和研发,引导社会力量创新农村垃圾处理技术。

2.加快垃圾分类处理市场化和产业化发展

应完善农村垃圾分类处理政策措施,加快建立完备的农村垃圾分类回收配套系统。前期分类不到位,后期处理难度大,这是目前很多农村垃圾分类处理的现实情况。村头巷尾摆设一些垃圾分类箱,远不是真正意义上的垃圾分类。应加强对垃圾处理设施的运行监管,逐步将初步进入市场化的垃圾处理企业从成长期导入成熟期,扶持垃圾处理企业市场化产业化发展。应发挥试点引领带动作用,深入推进农村垃圾减量化资源化试点工作。

3.加强技术创新和管理创新

针对农村的实际情况,创新农村生活垃圾分类减量处理的工程技术,加大新的处理工艺的研发力度,通过典型示范的开展,解决目前农村生活垃圾分类减量处理终端设施规模和技术难题。应积极推行"垃圾源头消减计划",建立奖惩结合的激励机制,探索建立农村物业管理收费制度,加强农村垃圾分类处理信息管理,运用网络技术建立垃圾分类处理基础信息库,加强对农村垃圾设施及保洁人员管理。

4.强化基层责任和民众主体作用

进一步强化县、乡、村在农村垃圾分类减量处理工作中的责任,县乡党政主要领导要靠前指挥,亲自部署,加强督查,始终保持高位推动的态势。要充分调动村干部的积极性,发挥他们的主导作用。应加强对各地农村垃圾分类减量处理的巡回督查,到村到组,确保督查工作全覆盖。发挥新闻媒体的舆论监督作用,对工作滞后的予以公开曝光,让那些措施不实、工作不力、效果不好的地方产生压力、激发动力,进一步推动工作。要进一步加大宣传力度,利用多种宣传媒介,采取多种宣传手段,做好宣传发动,提高群众思想认识,提高群众知晓度,营造良好氛围,掀起工作热潮,引导群众充分发挥主体作用,积极参与农村垃圾分类减量处理工作,将农村生活垃圾分类文化深入人心。

6.4　移动式有机质垃圾沼气化处理

目前国内有机质类生活垃圾的处理模式主要是收集后集中处理,广西在"美丽广西、清洁乡村"工作中采用的模式是"村收集、乡(镇)运输、县处理"。这种模式用于处理不易变质、可回收再利用垃圾等比较适合,但用于处理有机质类生活垃圾存在一定困难,因为广西地区农村居住比较分散,乡(镇)到县城距离也比较远,因此从收集到处理的时间较长,一般为1～3天,在运输过程中会孳生大量的有害病菌,分泌出的毒素(如黄曲霉素)很难再通过微生物的方法将其处理掉,只有经过高温蒸煮和烘干工艺实现,增加了处理成本。目前广西各县(区)垃圾处理均没有高温蒸煮和烘干工艺,有些乡(镇)将有机质类生活垃圾用简易焚烧炉进行焚烧,由于水分大、异味大等带来新的污染问题。

2012年以来,在广西南宁开展移动式沼气池处理家庭有机质类生活垃圾的试验试点工作,由广西林业科学研究院农村能源所研制的容积 $3m^3$ 移动式有机质垃圾处理沼气池高效厌氧消化处理有机质类生活垃圾比较可行,这样既回收沼气能源,又产生优质有机肥,并能形成以家庭为单位的微生态有机质类生活垃圾循环模式。

该装置其主要由发酵间、储气室和水压间等组成。该有机垃圾处理沼气池采用材料为PVC 工程塑料,容积 $3m^3$,直径 1.8m,高 1.8m,半埋式安装,埋入地下 80cm,地面露出部分100cm,水压式供气,可底层排沉渣、上层排浮渣(图6-6)。

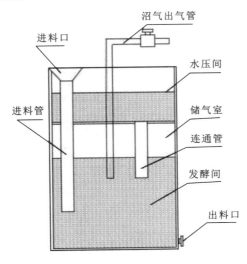

图6-6　移动式沼气池结构

移动式有机质垃圾处理沼气池优点如下。

6.4.1　沼气装置安装简单

该移动式有机垃圾处理沼气池由于使用了 PVC 工程塑料材质和小型化设计,重量轻、体积小,只有 20kg 左右,一个成年人就能移动。安装方式是半埋式安装,2 名工人当天安装当天投料,第三天即可正常用气。

6.4.2　原料来源丰富

每户家庭每天产生的餐余饭菜、瓜皮、果皮、杂草、绿化修剪废弃物、洗米水等,兼顾收集邻居两三户的餐厨垃圾,一般 1 个星期加入 1～2 小桶,约 2kg/桶,零星养殖时加入一些禽类粪便,原料加入量 8～10kg/d,年处理有机质类生活垃圾总量 3～3.5t/池(容积 $3m^3$)。

6.4.3　产气情况良好

每年定期检测所产沼气的甲烷含量,平均甲烷含量为 61.2%,甲烷浓度比普通户用水泥沼气池高 3%～5%,年产生沼气总量 250～$300m^3$;未安装移动式沼气池前,平均每年用液化气 12～13 罐,安装移动式沼气池后平均每年只用一两罐液化气,每年可以节省液化气开支 900～1200 元。

6.4.4　沼肥利用

配套种菜面积约 $30m^2$,蔬菜种植盘 20 个,目前全家 6 口人基本不用买青菜,种植火龙果 4 株,木瓜 2 株,芒果 1 株,番石榴 1 株等,一年四季自产水果不断,年平均节省购买青菜和水果约 1500 元。

6.4.5　处理成本低

整个处理过程不需要外加动力,并减少收集、运输环节,能耗低,产生的沼气替代液化气,沼肥替代化肥,增值高。而传统方法用于处理生活垃圾,政府每年需要投入的清运垃圾处理费约为 150 元/t,$3m^3$ 移动式沼气池减少的清运处理费为 300～375 元/池,极大地降低了垃圾处理成本。

6.4.6　处理投资少

$3m^3$ 移动式沼气池总造价为 2000 元,设计使用寿命 15 年,年可处理有机质类生活垃圾 3.5t,寿命期内总处理生活垃圾总量 52.5t,相当于每吨生活垃圾的设备投入约为 38 元。目前国内中等城市建立一个总库容 150 万 t 的垃圾填埋场,总投资高达 6000 多万元,约为 40 元/t,还没计算生活垃圾收集清理运输的设备投入费用,南宁新建的生活垃圾焚烧发电厂,整体投资相当于 133 元/t。

6.4.7　处理占地少

移动式沼气池可利用城镇、村庄有限空间进行垃圾处理,处理彻底,没有垃圾填埋场恶臭、渗液污染环境等问题,较好地解决了垃圾围城、垃圾占地等问题。

6.4.8　经济价值高,具备可持续发展前景

移动式沼气池处理生活垃圾后产生沼气能源,沼渣沼液是优质有机肥,按 1t 有机质类生活垃圾产气 $60m^3$ 计算,其产生价值约 120 元/t,产生沼渣肥 300 多 kg,相当于价值 150 元/t,因此使用移动式沼气池处理经济价值高,具备可持续发展前景。

参考文献

［1］刘俊良，马放，张铁坚.村镇污水低碳控制原理与技术［M］.北京：化学工业出版社,2016.

［2］陆学，陈兴鹏.循环经济理论研究综述［J］.中国人口·资源与环境,2014,24(5)：204-205.

［3］吕月珍，潘扬，孔朝阳.农村生活垃圾治理"浙江模式"调查研究［J］.科技通报,2018,34（12）：262-267.

［4］蒋湖波.广西农村有机垃圾沼气化处理新技术分析［J］.农业科技与信息,2018,554(21)：28-29.

［5］李笑.村官环境保护知识必读［M］.北京：经济管理出版社.2013.

［6］当代绿色经济研究中心.农村垃圾处理问题研究［M］.北京：中国经济出版社,2016.

［7］周家正，魏俊峰，阎振元，等.新农村建设环境污染治理技术与应用［M］.北京：科学出版社,2010.

［8］李颖.农村固体废物可持续利用［M］.北京：中国环境科学出版社,2012.

［9］赵由才，赵敏慧，曾超，等.农村生活垃圾处理与资源化利用技术［M］.北京：冶金工业出版社,2018.

［10］谢力军，吴影.农村环境污染与治理［M］.北京：中央广播电视大学出版社,2013.

［11］常杪，小柳秀明，水落元之，等.小城镇·农村生活污水分散处理设施建设管理体系［M］.北京：中国环境科学出版社,2012.

［12］夏训峰，席北斗，王峰，等.村镇生活垃圾清洁能源利用技术［M］.北京：中国环境出版集团,2018.

［13］张立秋，李淑更，曹勇锋，等.农村生活垃圾处理技术指南［M］.北京：中国建筑工业出版社,2017.

［14］王洪涛，陆文静.农村固体废物处理处置与资源化技术［M］.北京：中国环境科学出版社,2006.

［15］汪俊良.农村生活污水处理技术现状及发展趋势探究［J］.居舍,2019,23：53.

［16］冯宁，苏雷，李亚峰.农村生活污水处理技术与发展趋势［J］.节能,2016,35(8)：53-55.

［17］韩苗苗.农村水污染控制的创新思路与关键对策研究［J］.门窗,2015,106(10)：94-95.

［18］李希.混合植物型人工浮岛对生活污水的生态修复［D］.湖南农业大学,2009.

［19］胡凯泉.强化人工浮岛及人工湿地净化村镇污水研究［D］.湖南农业大学,2016.

［20］方媛瑗.人工浮岛修复富营养化水体的试验研究［D］.中国水利水电科学研究院,2016.

［21］ 赵振华,王宁.农村生活污水处理工艺选择探讨[J].给水排水,2010,S2:28-31.

［22］ 李华.浅析农村环境现状及其治理对策[J].农业工程技术:新能源产业,2012,11:35-36.

［23］ 李欲如,王晓敏,梅荣武.环境敏感区农村生活污水处理工艺设计案例分析[J].能源环境保护,2019,33(4):33-36.

［24］ 陈广,黄翔峰,安丽,等.高效藻类塘系统处理太湖地区农村生活污水的中试研究[J].给水排水,2006,32(2):37-40.

［25］ 王灿,范珂珂,王书杰,等.农村户厕改造的路径探析[J].河南农业,2020,5:51-53.

［26］ 霍雅芬.农村"厕所革命"政策实施问题研究——基于河南省四市的分析[D].河南大学,2019.

［27］ 梁福民.庄浪县农村户厕建设规范与思路[J].农业科技与信息,2020,4:127-128.

［28］ 李俊.基于新时代背景下"厕所革命"对乡村振兴的重要启示[J].农家参谋,2020,10:30.

［29］ 钟格梅.广西推进农村"厕所革命"的现实基础、主要困难和对策建议[J].广西城镇建设,2018,7:22-31.

［30］ 张颖.沈阳市农村生活垃圾分类收集处理研究[D].沈阳工业大学,2018.

［31］ 姚步慧.我国农村生活垃圾处理机制研究[D].天津商业大学,2010.

［32］ 雷媛.农村生活垃圾收集处理研究[D].南京农业大学,2017.